59 7 2

R.F.

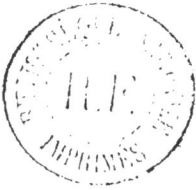

SCIENCE ET MORALE

8 R

ŒUVRES DE M. BERTHELOT

OUVRAGES GÉNÉRAUX

La Synthèse chimique, 8e édition, 1897, in-8º. Chez Félix Alcan.

Chimie organique fondée sur la synthèse, 1860; 2 forts volumes in-8º. Chez Mallet-Bachelier.

Les Carbures d'hydrogène, 1901; 3 volumes in-8º. Chez Gauthier-Villars.

Essai de Mécanique chimique, 1879; 2 forts volumes in-8º. Chez Dunod.

Sur la force des matières explosives, d'après la thermochimie, 3e édition, 1883; 2 volumes in-8º. Chez Gauthier-Villars.

Thermochimie : données et lois numériques, 1897; 2 vol. in-8º. Chez Gauthier-Villars.

Chimie animale : principes chimiques de la production de la chaleur chez les êtres vivants, 1899, in-18. Chez Gauthier-Villars et Masson.

Chimie végétale et agricole, 1899; 4 volumes in-8. Chez Masson et Gauthier-Villars.

Traité élémentaire de Chimie organique, en commun avec M. Jungfleisch. 4e édition, 1904; 2 volumes in-8º. Chez Dunod.

Traité pratique de calorimétrie chimique, 2e édition, 1905, in-8º. Chez Gauthier-Villars.

HISTOIRE DES SCIENCES

Les Origines de l'Alchimie, 1885; in-8º. Chez Steinheil.

Collection des anciens Alchimistes grecs, texte et traduction, avec la collaboration de M. Ch.-Ém. Ruelle, 1887-1888; 3 volumes in-4º. Chez Steinheil.

Introduction à l'étude de la Chimie des Anciens et du moyen âge, 1889, in-4º. Chez Steinheil.

La Chimie au moyen âge, 1893; 3 volumes in-4º. Imprimerie nationale. Chez Lacroix. Tome I, Transmission de la science antique; t. II, Alchimie syriaque; t. III, Alchimie arabe.

La Révolution chimique, Lavoisier, 2e édition, 1902, in-8º. Chez Félix Alcan.

Cinquantenaire scientifique de M. BERTHELOT, 1902, in-4º. Chez Gauthier-Villars.

LITTÉRATURE

Science et ......, 1886, in-8º. Chez Calmann-Lévy.

Science et Morale, 1897, in-8º. Chez Calmann-Lévy.

Correspondance avec Renan, 1898, in-8º. Chez Calmann-Lévy.

Science et Éducation, 1901, in-12. Société française d'Imprimerie.

LEÇONS PROFESSÉES AU COLLÈGE DE FRANCE

Leçons sur les méthodes générales de Synthèse en Chimie organique, professées en 1864, in-8º. Chez Gauthier-Villars.

Leçons sur la thermochimie, professées en 1865. Publiées dans la Revue des Cours scientifiques. Chez Germer-Baillière.

Même sujet, en 1880. Revue scientifique. Germer-Baillière.

Leçons sur la Synthèse organique et la thermochimie, professées en 1881-1882. Revue scientifique. Chez Germer-Baillière.

Leçons sur les principes sucrés, professées devant la Société chimique de Paris en 1862, in-8º. Chez Hachette.

Leçons sur l'isomérie, professées devant la Société chimique de Paris en 1863, in-8º. Chez Hachette.

8-09 — Coulommiers. Imp. PAUL BRODARD. — P3-09.

SCIENCE

ET

MORALE

PAR

M. BERTHELOT

DE L'ACADÉMIE FRANÇAISE

PARIS

CALMANN-LÉVY, ÉDITEURS

3, RUE AUBER, 3

—

Droits de reproduction et de traduction réservés.

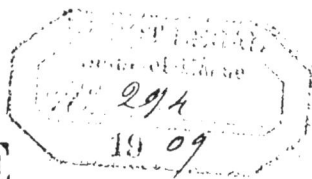

PRÉFACE

Le fondateur de la dynastie des Ming, arrivé à la soixante et onzième année de son âge, en appelait au témoignage de ses contemporains : « Toujours occupé du bien public, disait-il, je n'ai point à me reprocher d'avoir été paresseux ou négligent. Je ne tarderai pas à rendre à la nature le tribut que tous les hommes lui doivent, et cependant je suis tranquille, parce que je crois avoir fait tous mes efforts pour me rapprocher de la perfection, autant que le comporte la destinée humaine. »

C'est là un témoignage que tout savant sérieux a le droit de réclamer, s'il a consacré sa vie à poursuivre la vérité et à tâcher d'être utile à sa patrie. Depuis cinquante ans, je recherche la connaissance des choses, avec une curiosité et

a

une sympathie infinies. Comme tout homme digne
de ce nom, j'ai tâché d'acquérir une notion positive de la vie, et d'en tirer une conception idéale,
qui me servît de guide et de soutien dans l'existence privée et dans l'existence publique. J'ai
constamment pensé qu'un bon citoyen avait pour
devoir de ne refuser son concours à aucune œuvre,
à aucun tâche d'intérêt général.

Certes, celui qui envisage uniquement le souci
de sa gloire personnelle a tout profit à porter son
effort sur un seul point, à se concentrer dans le
domaine spécial où il a réussi à acquérir et à faire
constater sa supériorité. Un ancien a dit, peut-être
avec quelque exagération, que l'homme est un
animal jaloux et routinier : ce n'est pas sans résistance qu'il subit l'ascendant et la renommée d'autrui, et il n'admet guère que son semblable prétende à l'exercice d'aptitudes multiples. Il est plus
sûr de recommencer toujours à tracer le même
sillon : cela ne suscite aucun nouvel ombrage.

C'est cependant un sentiment justifié, et souvent
un devoir, qui pousse l'artiste et le savant à tenter
de renouveler son œuvre et ses services, par une
incessante évolution : il y est parfois sollicité pres-

que malgré lui, et on ne saurait contester que sa tentative soit légitime, s'il agit dans la pensée du bien public, en dehors de toute combinaison personnelle.

Voici un demi-siècle que j'ai atteint l'âge d'homme, et j'ai vécu fidèle au rêve idéal de justice et de vérité qui avait ébloui ma jeunesse ; je l'ai poursuivi, par ma seule inspiration, sans avoir appartenu ni aux écoles officielles, ni aux groupes particularistes. Les amis, chaque jour plus rares, hélas! qui ont été les témoins de ma vie savent que j'ai toujours agi avec pleine sincérité : sans me dissimuler les faiblesses inhérentes à la nature humaine, mais en m'efforçant de me rectifier constamment, et de purifier mon cœur de toute malveillance et de toute trahison.

La curiosité universelle qui n'a cessé de m'animer, le désir de diriger ma vie vers un but supérieur, fût-il inaccessible, n'ont été ni refroidis ni calmés par les années : j'ai toujours eu la volonté de réaliser ce que je croyais le mieux moral, pour moi-même, pour mon pays, pour l'humanité. C'est là d'ailleurs la tradition historique de la France, celle qui dans le passé a élevé si haut son autorité

parmi les nations, et qui seule peut la soutenir
dans le présent, aussi bien que dans l'avenir. En
m'y conformant, selon la modeste mesure de mon
énergie, j'ai été conduit à fournir le maximum
d'effort, afin de faire passer en actes les vir-
tualités contenues en puissance dans ma nature
individuelle. Jamais je n'ai consenti à regarder ma
vie comme ayant un but limité : la recherche d'une
situation définitive, ou d'une fortune personnelle,
aboutissant à un repos et à une jouissance vulgaires, m'ayant toujours apparu comme le plus
fastidieux objet de l'existence. La vie humaine n'a
pas pour fin la recherche du bonheur!

Pendant la première partie de ma carrière, j'ai
vécu dans mon laboratoire solitaire, avec quelques
élèves, mes amis, animés du même zèle pour la
recherche scientifique, et poursuivant cette œuvre
de synthèse qui a transformé la chimie et l'industrie modernes. Tout en étant attaché à cet objet
particulier, je n'ai jamais cessé de m'intéresser
aux problèmes historiques, philosophiques et sociaux soulevés par la science qui formait le
centre et en quelque sorte le pivot de ma vie.
Mais, depuis 1870, mes visées se sont élargies,

par suite de la nécessité de remplir de nouveaux devoirs à l'égard de la patrie vaincue et abaissée. Depuis ce dernier quart de siècle, j'ai dû sortir de mon laboratoire ; j'ai été sollicité à passer de la théorie personnelle à l'action publique, dans des directions multiples : Défense nationale, en raison des problèmes qui touchaient à ma compétence spéciale ; Instruction publique, à laquelle j'ai été mêlé toute ma vie ; Politique générale, qui incombe à tout citoyen dans une république.

On trouvera dans le présent volume, comme dans celui que j'ai publié il y a quelques années [1], la trace des devoirs divers que je me suis efforcé de remplir. Il débute par des articles sur la destination générale de la science et sur ses applications à la morale et à l'éducation. Je citerai notamment un discours prononcé dans un banquet qui m'a été offert à Saint-Mandé, en 1895, par les amis de la liberté de penser. Le rôle de la science dans l'éducation de l'adolescence et les services qu'elle rend à l'agriculture sont examinés dans d'autres articles. J'ai cru utile de reproduire éga-

---

1. *Science et philosophie*, chez Calmann Lévy.

lement les discours que j'ai prononcés au Sénat, pour la défense de la haute culture, en 1888 et 1889, lors du vote de la loi militaire.

Une seconde partie de ce volume offre un caractère plus spécialement biographique. Elle débute par des articles relatifs au centenaire de l'Institut et à la Société philomathique, et elle se poursuit par des notices sur Pasteur, Cl. Bernard, P. Bert, J.-J. Rousseau, etc. J'y ai joint un petit discours sur la censure, prononcé à la Chambre des députés en 1887.

Enfin la dernière partie du volume renferme des articles historiques et philosophiques, résumant divers résultats spéciaux, que j'ai exposés dans de grands ouvrages relatifs à l'histoire de la science, mais peu accessibles au grand public : par exemple, sur la transmission des industries antiques au moyen âge; sur la chimie arabe; sur la découverte de l'alcool; sur les perles; sur Papin et l'invention de la machine à vapeur; sur les sociétés animales, telles que les fourmis. Elle se termine par quelques vues relatives aux transformations que la science fait éprouver aujourd'hui aux sociétés humaines. Je demande la

permission d'y insister, pour montrer la portée
politique et sociale des découvertes scientifiques
de notre temps.

Jusqu'ici, en effet, les littérateurs et les historiens ont présenté les progrès accomplis par l'humanité comme les effets combinés de l'évolution
intérieure des idées et de l'intervention extérieure
et empirique des incidents fortuits, agissant sur
les sentiments, les passions, les intérêts collectifs
des hommes. Le développement successif des évé-
nements, qui se sont produits dans le cours des
siècles, résulterait ainsi d'une sorte de fatalité.

Si ces vues semblent justifiées jusqu'à un certain point par l'étude du passé, on peut se
demander si elles ne commencent pas dès à présent à être mises en défaut par l'influence toujours croissante de la science; c'est-à-dire de la
volonté réfléchie et de la raison humaine, déter-
minées par l'observation des faits et par l'expérimentation.

La science en effet touche à l'action, en politique, en morale, aussi bien qu'en industrie.

Je citerai comme exemple les changements matériels et moraux que les nations européennes ont

éprouvés depuis un demi-siècle, par suite de la
construction des chemins de fer, de la transformation radicale des moyens de transport et du
développement extrême des relations publiques et
privées, survenu à la suite de l'emploi du télégraphe et du téléphone. Certes, ce ne sont pas là
les fruits d'une lente évolution spontanée ; ces
changements ne sont attribuables ni aux invocations des mystiques, ni aux dissertations des rhétoriciens, ni aux discours et aux intrigues des
politiciens. Non ! Ces changements ont été la conséquence rationnelle, quoique imprévue pour les
hommes d'État d'autrefois, de faits et de lois
découverts dans nos laboratoires. Ils établissent
une solidarité de plus en plus grande entre les
peuples et les individus. Tel est le fruit de l'œuvre
par laquelle le savant ne cesse d'accroître le patri-
moine et le capital collectifs des peuples, celui dont
nos contemporains profitent déjà et dont nos descendants vont hériter.

Sous ce rapport, disons-le hardiment, nous n'en
sommes encore qu'au début de l'ère nouvelle.
Aucun des savants ou des industriels, ayant
concouru aux progrès si rapides de l'électricité et

de ses applications, n'oserait limiter les conséquences sociales qui vont en résulter dans l'avenir, fût-ce le plus voisin de nous.

Nul non plus ne pourrait méconnaître que le jour est peut-être prochain, où les progrès de la chimie réaliseront la fabrication économique des matières alimentaires : ce jour-là, la culture du blé et l'élève des bestiaux sont exposées à la même destinée dont la culture de la garance a été atteinte sous nos yeux. Un immense déplacement d'intérêts s'accomplirait et la masse de la population finirait par en profiter. Mais pense-t-on qu'une législation quelconque pût opposer un arrêt durable à la marche de la révolution sociale, qui résulterait d'une semblable découverte?

Demain ou après-demain sans doute, les progrès combinés de la mécanique de la physique et de la chimie permettront à l'ingénieur de diriger les machines volantes à travers l'atmosphère. Au jour de la navigation aérienne, que deviendront le commerce, les douanes, les relations internationales, civiles et militaires?

Les personnes habituées à raisonner sur l'avenir, d'après la seule expérience du passé, se hâteront sans doute de dire que ce sont là des rêves.

Peut-être! Mais aussi l'intervention continue de la science, dans l'ordre moral et économique de nos jours, est un fait sans précédent en l'histoire. Les prévisions annoncées ne sortent pas de la mesure des résultats scientifiques déjà obtenus, de ceux que nous voyons chaque jour réalisés sous nos yeux. Nous pouvons affirmer que, soit les changements rêvés ici, soit d'autres non moins considérables, s'accompliront dans la courte durée de quelques générations.

Sans doute, on peut trouver que je pousse à l'extrême les conséquences des idées par lesquelles je désire frapper les esprits; mais il est certain que la marche de plus en plus rapide des sciences, leur importance croissante, justifiée par les services rendus aux peuples et aux gouvernements, montrent avec évidence qu'il y a là un facteur nouveau, dans tous les problèmes d'ordre politique, moral ou économique, agités aujourd'hui; facteur dont le germe existait à peine autrefois; puissance grandissante, opposée à l'esprit étroitement conservateur et stationnaire des partisans du passé.

La science seule peut fournir les bases de doctrines librement consenties par les citoyens de l'avenir, doctrines opposées à la foi aveugle et imposée du charbonnier d'autrefois.

Par la science, toute politique de résistance absolue est frappée d'impuissance, comme contraire à la nature humaine et aux progrès continuels de nos connaissances. Par elle tomberont à la longue toutes les prétentions des croyances mystérieuses et toutes les superstitions. Ceux-là même qui s'en font encore les promoteurs ont cessé d'y croire : leur langage a perdu son ancienne arrogance, parce qu'ils commencent à comprendre que la science possède désormais la seule force morale, sur laquelle on puisse fonder la dignité de la personnalité humaine et constituer les sociétés futures. C'est la science qui amènera les temps bénis de l'égalité et de la fraternité de tous devant la sainte loi du travail.

Mais il ne faudrait pas s'imaginer que ces sociétés y trouveront une forme immuable. L'esprit scientifique ne s'arrête jamais ; il va toujours en avant et il excite une activité sans cesse plus intense dans les intelligences et les industries ; il a com-

mencé déjà à transformer et il transformera avec
une vitesse croissante la répartition des richesses
et la figure des sociétés humaines.

Quant à nous autres savants, nous sommes les
vrais amis du peuple, parce que nous sommes,
par conviction et par éducation, les esclaves de
la loi scientifique, qui est en train de changer
le monde. Elle métamorphose l'humanité, à la fois
en améliorant la condition matérielle des individus, si humbles et si misérables qu'ils soient;
en développant leur intelligence; en détruisant
à mesure les organismes économiques transitoires
qui les oppriment, et auxquels on avait prétendu
les enchaîner; enfin et surtout, en imprimant dans
toutes les consciences la conviction morale de la
solidarité universelle, fondée sur le sentiment de
nos véritables intérêts et sur le devoir impératif de
la justice. La science domine tout : elle rend seule
des services définitifs. Nul homme, nulle institution désormais n'aura une autorité durable, s'il ne
se conforme à ses enseignements.

M. BERTHELOT.

Août 1896.

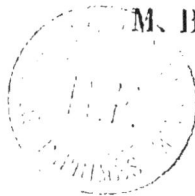

SCIENCE ET MORALE

LA SCIENCE ET LA MORALE

I

Nous assistons en ce moment à un retour offensif du mysticisme contre la science : il prétend reconquérir sur elle, par des arguments oratoires, la domination du monde qu'il a perdue, après l'avoir si longtemps maintenue par le fer et le feu. C'est là une vieille querelle, qui n'a jamais cessé depuis les temps mythiques du Paradis terrestre et du vieil Enoch, temps où les « anges révoltés contre Dieu révélèrent aux hommes la science maudite du bien et du mal et les arts défendus ». Le mysticisme réclame de nouveau le monopole de la morale, au nom des principes religieux.

Cette prétention repose sur des affirmations erro-

1

nées : l'histoire du développement de la race humaine
et des civilisations prouve, en effet, que les origines
et les progrès de la morale ont été tirés de tout autres
sources. Les religions se sont approprié la morale,
elles ne l'ont pas créée et elles en ont trop souvent
combattu l'évolution et les progrès. En réalité, dans
ce domaine, aussi bien que dans celui de la métaphysique, elles n'ont fait autre chose qu'emprunter
aux connaissances de leur époque des notions et des
hypothèses, qu'elles ont érigées aussitôt en systèmes
absolus, en dogmes définitifs.

Mais les temps sont changés. La science, si longtemps mise en interdit, la science persécutée pendant
tout le moyen âge, a conquis aujourd'hui son indépendance, à force de services rendus aux hommes : elle
peut dédaigner les négations des mystiques. Aussi
bien la jeunesse a refusé de suivre ces guides falla-
cieux : quelles que puissent être les séductions de
leur langage et la sincérité de leurs croyances, elle
professe de son côté des convictions plus hautes, plus
certaines et plus généreuses. Elle sait que la prétendue
banqueroute de la science est une illusion de personnes étrangères à l'esprit scientifique; elle sait que
la science a tenu les promesses faites en son nom par
les philosophes de la nature, depuis le xviie et le
xviiie siècles : c'est la science seule qui a transformé

depuis lors, et même depuis le commencement des temps, les conditions matérielles et morales de la vie des peuples.

Les changements accomplis à partir du début des civilisations n'ont pas eu d'autre promoteur que la science, quoique l'origine véritable en soit restée longtemps cachée et comme obscurcie par le mélange d'éléments empruntés à l'imagination. Voici deux siècles et demi seulement que la méthode scientifique s'est dégagée de tout alliage étranger et manifestée dans sa pureté : son efficacité a été attestée dans les ordres les plus divers, par une évolution industrielle et sociale sans cesse accélérée.

Certes, il existe et il existera toujours bien des choses blâmables, bien des souffrances, bien des iniquités dans le monde. Mais ce qui a donné crédit à la science, c'est qu'au lieu de se borner à engourdir les mortels dans le sentiment de leur impuissance et dans la passivité des résignations, elle les a poussés à réagir contre la destinée, et elle leur a enseigné par quelle voie sûre ils peuvent diminuer la somme de ces douleurs et de ces injustices, c'est-à-dire accroître leur bonheur et celui de leurs semblables. Cette œuvre, en effet, elle ne l'exécute pas à l'aide d'exhortations verbales, ou de raisonnements *a priori* ; mais en vertu de procédés et de règles vraiment efficaces,

parce qu'ils sont empruntés à l'étude même des conditions de l'existence et des causes de nos maux. Tel
est le but que la science n'a cessé et ne cessera jamais
de poursuivre, avec un dévouement infatigable à
l'idéal et à la vérité, avec un amour sans bornes pour
l'humanité. Aujourd'hui son influence s'exerce surtout
sur les nations de l'Occident, jusqu'au moment où elle
aura étendu sur toute la surface de la terre sa domination bienfaisante.

Qu'il nous soit permis de développer ces vérités,
pour combattre un scepticisme aussi opposé au progrès que celui du pseudo-Salomon de l'Ecclésiaste,
qui proclamait à la fois la vanité des promesses de la
science et de celles de la religion, pour engager les
hommes à s'enfermer dans les jouissances égoïstes du
présent. Je désire montrer que les règles directrices
de la vie humaine ne sont pas empruntées aujourd'hui,
et qu'elles n'ont jamais été empruntées en réalité, à
des révélations divines : pas plus par les religions
antiques que par les religions modernes, par celles de
l'Orient que par celles de l'Occident. Dans cet ordre,
je le répète, aussi bien que dans celui des origines et
des fins, toute solution dogmatique, à moins d'être
chimérique, n'a jamais reposé que sur les connaissances positives possédées par ceux qui l'ont énoncée.

II

Quelques observations d'abord au sujet d'une expression qui a donné lieu à de singuliers malentendus, le mot *mystère*. Ce mot est exclu aujourd'hui du langage et des méthodes scientifiques, aussi bien que le mot miracle, qui en est au fond synonyme pour quiconque cherche dans les mystères les principes de sa connaissance et les règles de sa vie. On ne rencontrera ni l'un ni l'autre dans les mémoires des physiciens et des chimistes. Si le mystère et le miracle sont ainsi rejetés en dehors de nos explications, ce n'est pas en vertu de déductions purement logiques; c'est parce que partout où il nous a été donné d'approfondir les phénomènes, nous avons constaté qu'ils étaient constamment produits en vertu d'une relation déterminée entre les effets et les causes. C'est précisément cette constatation *a posteriori* qui a constitué la méthode scientifique.

Certes nous ne prétendons pas donner le dernier mot de l'univers; nous professons, au contraire, qu'il ne peut être formulé à l'avance, et nous savons que parmi l'infinie variété des phénomènes, nous ne parviendrons jamais à en parcourir et à en observer que

la plus minime partie. Nous connaissons toute l'étendue
de nos ignorances et nous en avons la modestie; mais
elle ne doit pas se traduire par un scepticisme universel. Elle ne saurait davantage nous faire croire à
l'existence de vérités surnaturelles et paralyser nos
efforts, au profit du mysticisme. La méthode scientifique
a été reconnue, par l'expérience des âges écoulés,
comme par celle des âges présents, la seule méthode
efficace pour parvenir à la connaissance : il n'y a pas
deux sources de la vérité, l'une révélée, surgie des
profondeurs de l'inconnaissable; l'autre tirée de l'observation et de l'expérimentation, internes ou ex-
ternes.

Voilà ce que signifie l'exclusion du mystère, dans
l'étude de l'homme et de l'univers et dans le gouvernement des individus et des sociétés, qui est, ou plutôt
qui devrait être, la conséquence de cette étude. Le
mystique qui prétendrait diriger sa vie et ses affaires
privées d'après les seules notions du merveilleux serait
bien vite perdu : l'histoire générale, aussi bien que la
pathologie mentale, montre que les peuples et les particuliers qui ont adopté le mystère et l'inspiration
divine comme guides fondamentaux n'ont pas tardé à
être précipités dans une ruine morale, intellectuelle et
matérielle, irréparable.

Laissons donc aux mystiques leurs rêves; ne les

troublons pas dans les fantaisies individuelles ou collectives de leur imagination ; mais ne souffrons pas que leur intolérance nous impose ces rêves comme la règle de l'activité sociale. Sans doute, l'homme a toujours cherché à échapper ainsi à la sévérité du déterminisme; de même qu'il essayait autrefois d'imposer sa volonté aux puissances supérieures par les conjurations de la magie, ou de fléchir la rigueur du destin par d'inutiles prières. Mais il ne faut pas que ces illusions nous fassent départir de la rigueur de notre manière de procéder, et détruisent, par un mélange irrationnel, la rectitude de nos résultats.

Ce départ inflexible entre la méthode scientifique et le mystère n'a pas toujours été fait; il est le produit d'une longue élaboration, où les conceptions imaginatives et mystiques, les conceptions logiques, les conceptions empiriques et expérimentales ont été pendant longtemps associées et confondues. Pour mieux le faire entendre, essayons de résumer en quelques traits généraux l'évolution historique de la science : en toutes choses, c'est en remontant aux origines que l'on arrive à mieux comprendre l'état présent.

III

Reportons-nous à ces périodes lointaines, pendant lesquelles notre espèce s'est dégagée peu à peu de l'animalité; nous pouvons le faire, dans une certaine mesure, à l'aide des découvertes de l'archéologie, comparées avec les récits des voyageurs qui ont observé des tribus sauvages, arrêtées aux divers degrés de l'évolution accomplie depuis les âges primitifs parmi les peuples civilisés. L'examen approfondi des mœurs et des instincts des espèces animales, la connaissance des lois du développement psychologique et physiologique de l'individu, surtout dans son enfance, se joignent à l'histoire, pour jeter une vive lumière sur les problèmes que nous agitons ici.

L'ensemble de ces études a montré comment les races humaines, chacune suivant son degré d'intelligence, ont créé peu à peu les instruments, les armes, les usages, à l'aide desquels elles ont remporté leurs premiers triomphes sur la nature et réalisé leurs premières organisations. La famille et l'État, la morale et la vertu sont graduellement sortis des instincts de sociabilité, que nous voyons en action, aujourd'hui comme autrefois, parmi les races animales.

Mais l'intelligence des premiers hommes était trop faible pour concevoir, soit les lois abstraites de son propre développement, soit celles des phénomènes naturels : elle les a personnifiées; elle en a fait des êtres réels, construits à sa propre ressemblance, c'est-à-dire des âmes et des dieux. Telle est, en effet, la tendance universelle, constatée par les voyageurs chez les sauvages. Nos propres enfants, eux aussi, sont prompts à transformer en fantômes surhumains leurs joies, et surtout leurs craintes : les images du rêve leur servent à cet égard de guides. En un mot, l'observation montre que les hommes sont entraînés, par un penchant spontané, à objectiver les produits de leur propre pensée, pour créer des personnes et des symboles, auxquels ils assignent bientôt un caractère absolu, autonome et divin.

Voilà comment, à l'origine des civilisations, toute invention, toute organisation a été attribuée à des révélations célestes. Les hommes les plus intelligents et les plus instruits fondèrent leur domination sur ces préjugés, qu'ils partageaient d'ailleurs, et lorsque les temples s'élevèrent à Memphis et à Babylone, toute connaissance se trouva concentrée autour des autels: les mêmes individus, protégés par leur caractère sacré, représentaient alors la science et la religion; ils confondirent les deux ordres de notions dans un commun

1.

dogmatisme. Un semblable état de choses s'est reproduit au début du moyen âge, à la suite de la destruction
de la culture antique par les Barbares.

De là le caractère singulier de ces sciences primitives, telles que l'astrologie et l'alchimie, où les résultats positifs étaient associés aux rêves de la magie, et
où l'efficacité des pratiques expérimentales devait être
assurée par l'emploi des formules et des incantations,
destinées à subjuguer la volonté des dieux, et à commander leur concours. Le miracle était alors obligatoire pour la divinité et indépendant de toute notion
morale.

Les philosophes grecs, les premiers, essayèrent de
dégager la science véritable de cet alliage, et de la
rendre purement rationnelle. Aussi furent-ils d'abord
accusés d'impiété, accusation qui n'a pas cessé de
retentir depuis deux mille ans, et qui a coûté la vie,
depuis Socrate, aux hommes les plus purs et les plus
désintéressés.

Cependant, quelle qu'ait été la puissance du génie
grec, il n'est point parvenu à une conscience claire de
la méthode scientifique, telle que nous l'appliquons
aujourd'hui dans l'étude du monde et de l'homme.
Cette méthode n'a été nettement séparée de la logique
pure et bien fixée, qu'aux xviie et xviiie siècles, époque
où se sont constituées définitivement les sciences

expérimentales et les sciences d'observation, la physique, l'astronomie, la mécanique, la chimie, la physiologie, l'histoire naturelle. La méthode s'est étendue depuis aux sciences historiques et sociologiques, où elle a remplacé les vieux systèmes issus de la théologie du moyen âge. Ajoutons enfin que c'est seulement de notre temps que la méthode scientifique, qui vise au relatif et qui exclut l'absolu, a commencé à être pleinement appliquée et étendue à tous les ordres de notions.

Les Grecs en effet étaient rationalistes, aussi bien que nous. Mais c'étaient surtout des raisonneurs, qui s'attachaient à construire l'univers *a priori*, attribuant à leurs constructions le même caractère absolu que les religions. Ils s'efforçaient de représenter le monde et l'homme par des systèmes, déduits en apparence de la logique pure : chacun des grands philosophes de l'antiquité a eu ainsi son système du monde, et cette tradition s'est perpétuée jusqu'à nous, en passant par Descartes, par Leibnitz, par Hegel. En réalité, l'analyse de chaque système philosophique montre que son contenu solide a été toujours emprunté aux connaissances scientifiques de son époque : c'est d'elles qu'il a tiré sa force et sa substance.

A cet égard, l'effort des constructions rationnelles des philosophes a été semblable à celui des construc-

tions dogmatiques des religions : il a consisté à objectiver, à transformer en affirmations indépendantes
des données, puisées primitivement dans l'observation
et dans l'expérience. Mais c'est sur ces dernières que
la partie vraiment forte et défendable des systèmes et
dogmes a toujours reposé. Les idées probables qui
pouvaient y être ajoutées, résultaient également des
inductions, dissimulées ou inconscientes, que les philosophes et les théologiens ont pu tirer des faits acquis,
au moment où elles ont été énoncées. Au delà de ce
terme, systèmes et dogmes finissent toujours par dégé-
nérer en hypothèses arbitraires et dès lors nuisibles.
En effet, par cela même qu'ils sont déclarés définitifs,
ils ne tardent guère à devenir des obstacles à l'évolution qui se poursuit. L'humanité a dû briser ainsi, non
sans efforts, sans souffrances et parfois sans danger,
les moules successifs dans lesquels les religions, aussi
bien que les philosophies purement rationalistes, ont
prétendu enfermer aux différentes époques le monde
extérieur et le monde de la conscience.

Pour bien concevoir toute l'étendue des progrès
accomplis à cet égard, c'est-à-dire l'état présent de
nos idées sur la méthode scientifique, il convient
d'examiner brièvement quelle est la base de nos connaissances, d'après les sciences d'aujourd'hui : — je
ne parle pas des mathématiques, instrument admirable

de recherches, mais qui ne contient par lui-même aucune réalité substantielle; — je veux parler uniquement des sciences positives, fondées sur la constatation des faits.

IV

Quelle est donc l'origine véritable de nos connaissances réelles sur l'humanité et sur l'univers, dans l'ordre des phénomènes, comme dans l'ordre des lois? Quelle est, dans l'ordre des probabilités, la source effective de nos conceptions sur les origines et les fins de toute chose particulière? Le point de départ de nos imaginations sur ce qu'on appelait autrefois Dieu et l'autre monde, et que l'on nomme aujourd'hui l'inconnaissable? — Est-ce de l'inconnaissable, est-ce de de nos conceptions sur les origines et les fins que sont tirées les données directrices de la vie matérielle et morales des individus et des sociétés? Ces données directrices ne reposent-elles pas sur quelque base plus inébranlable, dont la vue claire servira désormais de guide à l'humanité, autant que le comporte la faiblesse de notre intelligence et de notre volonté?

La réponse à ces questions ne doit pas être cherchée

dans des affirmations absolues, auxquelles a cessé de
prétendre la science moderne, toujours subordonnée
à l'état présent des faits observés, et incessamment
évolutive; mais elle est donnée par la nature et le
degré de certitude de nos résultats.

La science en effet se présente à nous sous un
double point de vue : science positive, qui est la base
solide de toute application, dans le domaine matériel
comme dans le domaine moral; et science idéale, qui
comprend nos espérances prochaines, nos imaginations, nos probabilités lointaines.

Le lien commun entre les deux points de vue, c'est
la méthode. Notre méthode consiste à observer d'abord
les faits, — je dis les faits internes, dévoilés par la
conscience, ou sensation intime, aussi bien que les
faits du dehors, manifestés par la sensation extérieure,
— et à provoquer le développement des uns et des
autres par l'expérimentation, source principale de nos
découvertes. Cette méthode est la même pour les faits
sociaux et politiques, pour les faits matériels et industriels.

Ainsi l'étude des faits constitue le point de départ
de toute connaissance. Une fois constatés, l'intelligence
humaine les rapproche et cherche à en établir les
relations générales : c'est là ce que nous appelons les
lois scientifiques, et c'est sur ces lois que repose

toute application de la science, tant aux individus qu'aux sociétés.

Mais cette pure constatation des faits et de leurs lois ne suffit pas à l'esprit humain. Entraîné par une tendance invincible, il s'appuie sur les faits et s'élève au-dessus d'eux, pour construire des représentations, des symboles, à l'aide desquels il rassemble ses connaissances en un système coordonné d'hypothèses. Un semblable système est même indispensable, si l'on veut aller plus loin, et faire des découvertes; car pour trouver de nouveaux faits et de nouvelles relations, il faut d'abord les imaginer; puis on en poursuit la réalisation. Chacun développe à son gré, suivant son inspiration individuelle, suivant ses sentiments et ses facultés créatrices, les conséquences des imaginations et des symboles, à l'aide desquels il s'est figuré les faits et les lois; mais aussi le savant doit être toujours prêt à abandonner ses croyances hypothétiques, dès que les faits lui en ont démontré la vanité. Quoi qu'il en soit, chacun finit par édifier ainsi son système du monde; c'est un échafaudage appuyé à la base sur les faits, mais dont la solidité — je veux dire la certitude ou plutôt la probabilité — diminue à mesure qu'on monte plus haut.

Ainsi les faits et les lois d'abord, puis les symboles et les hypothèses inventés pour les coordonner, con-

stituent la base fondamentale et même l'unique sub-
stratum de tout système. Telles sont aujourd'hui les
vues générales, telle est la manière de procéder de
ceux qui cherchent à ériger l'idéal scientifique au-
dessus de l'empirisme.

L'histoire des philosophies, ainsi que je l'ai rappelé
plus haut, montre qu'elles n'ont jamais eu d'autre
fondement solide ou vraisemblable dans le passé. Mais
la méthode qui servait à bâtir leurs systèmes n'a été
clairement mise en évidence et universellement comprise que vers ces derniers temps.

Il en est de même des religions. Leurs conceptions
sont celles de l'époque où elles ont été fondées, trou-
blées par un alliage trop souvent impur de fantaisies
purement imaginatives, quand elles n'avaient pas été
inventées pour servir les besoins de domination des
sacerdoces. Les religions anciennes personnifiaient
les forces de la nature; les dogmes du Christianisme,
le Verbe, la Trinité, ont été empruntés aux Alexandrins. Aussi les religions n'ont-elles jamais pu produire leurs titres et leurs preuves devant l'humanité,
ni résister à aucune discussion sincère : poussées à
bout, elles finissent toujours par faire appel à la révélation, c'est-à-dire à l'inconnaissable.

La diversité, l'opposition profonde qui existent entre
la méthode scientifique et la méthode théologique,

employées pour la recherche de la vérité, se manifestent à un degré plus frappant encore dans l'application de ces méthodes au gouvernement des individus et des États.

Tandis que les théologiens, dupes de leurs illusions et de leur orgueil, érigent leurs systèmes sur les origines et les fins des choses en principes absolus et invariables, révélés par la divinité, dont ils se déclarent *a priori* les organes; tandis qu'ils prétendent les imposer, même par la force, comme les règles éternelles de la vie privée et de la vie sociale; les savants, plus modestes, ayant reconnu la source relative et historique de ces assertions, se bornent à tracer des règles actuelles à la conduite pratique de la vie, en morale et en politique, aussi bien qu'en hygiène et en industrie : règles toujours provisoires, modifiables de jour en jour par l'évolution des siècles futurs, comme elles l'ont été incessamment dans le cours des siècles passés.

Quant aux fins et aux origines, ce n'est pas leur connaissance incertaine qui peut fournir la direction de la vie. Sans doute la science ne doit, à mon avis du moins, ni en proscrire ni en récuser la recherche; elle ne refuse aucun problème, pas plus celui de l'évolution des espèces que celui de leurs commencements; pas plus celui des débuts de la race humaine que celui de la production même de la vie, c'est-à-dire de la transformation des molécules purement chimiques en cellules vivantes. Mais si elle accepte ces problèmes, elle ne prétend pas, dès aujourd'hui, les avoir résolus. Elle tend d'un lent effort vers leurs solutions obscures, en s'appuyant sur des généralisations progressives, qui deviennent de plus en plus douteuses, à mesure qu'elles s'appliquent à des phénomènes et à des lois plus multiples et plus éloignés de nos perceptions immédiates.

Bref, si la science ne ferme aucun horizon, cela ne veut pas dire qu'elle prétende avoir pénétré l'essence des choses, mot vague dont se paient les théologiens, et qui cache toujours au fond des notions représentatives et anthropomorphiques : sous les mots essence, nature des choses, nous voilons les idoles de notre imagination. Lorsque les philosophes ont cherché à épurer cet ordre de notions, ils ne sont jamais parvenus qu'à un terme suprême, dépouillé peu à peu de tout attribut particulier, c'est-à-dire à un moule de notre propre esprit, à un type vide de réalité.

En tout cas, ce qui caractérise la science moderne, c'est qu'elle s'empresse de déclarer l'incertitude croissante de ses constructions idéales. Si elle ne refuse pas d'examiner les problèmes d'origine, si elle fournit même les seules données probables, à l'aide desquelles

on puisse en poursuivre la solution, elle n'affirme rien
et ne promet rien à cet égard ; elle regarderait comme
téméraire d'asseoir sur de semblables constructions
les règles des applications industrielles, aussi bien que
les règles morales assignées à la conduite des individus ou des sociétés. Dans les réalités, nous ne pro-
cédons jamais au nom de principes absolus, parce que
nous avons reconnu que tous nos principes reposent
sur des hypothèses empruntées aux faits d'observation, sous une forme directe ou dissimulée. C'est une
illusion de tout déduire de principes absolus : qui
prétend s'appuyer sur l'absolu ne s'appuie sur rien.

V

On ne saurait dès lors reprocher à la science la banqueroute d'affirmations qu'elle n'a pas faites, d'espérances qu'elle n'a pas suscitées. Les affirmations, les
espérances de cet ordre, et par conséquent leur banqueroute, sont au contraire attribuables aux religions :
ce sont ces dernières qui doivent en porter la respon-
sabilité. Certes, nous respectons les sentiments moraux,
que les religions d'ailleurs n'ont jamais tirés d'une
autre source que la science, je veux dire d'une observation plus ou moins profonde de la nature humaine.

Mais il est impossible d'exiger le même respect pour ces croyances surannées, que les religions persistent à vouloir nous imposer dans l'ordre moral, aussi bien que dans l'ordre historique.

Ce n'est pas la science qui a prononcé le mot de création et retracé *a priori* l'histoire de la fabrication du soleil et de la lune, dans l'ignorance la plus complète du système général du ciel; ce n'est pas la science qui a proclamé l'époque future et prochaine de la destruction de toutes choses, et qui en a retracé le plan chimérique : *peritura per ignem*; ce n'est pas la science qui a subordonné l'univers à notre microcospique globe terrestre, et qui lui a donné pour fin le Jugement dernier et l'Enfer égyptien, le Paradis persan avec ses anges et ses démons, les songes messianiques et apocalyptiques d'il y a deux mille ans. Jamais les dogmes religieux n'ont apporté aux hommes la découverte d'aucune vérité utile, ni concouru en rien à améliorer leur condition. Ce ne sont pas eux qui ont inventé l'imprimerie, le microscope, le télescope, le télégraphe électrique, le téléphone, la photographie, les matières colorantes, les agents thérapeutiques, la vapeur, les chemins de fer, la direction méthodique de la navigation, les règles de l'hygiène. Ce ne sont pas eux qui ont dompté et tourné à notre usage les forces naturelles.

Ce ne sont pas davantage les dogmes religieux qui ont institué le sentiment de la patrie et celui de l'honneur, aboli l'esclavage et la torture, proclamé le respect de la vie humaine, la tolérance et la liberté universelles, l'égalité et la solidarité des hommes.

Mais je ne veux pas retracer ici le tableau des services rendus par la science à l'humanité : assez d'autres les ont dits, et les rediront; je préfère m'attacher à montrer que la morale n'a point d'autres bases que celles que lui fournit la science; à dire comment les progrès passés et futurs de la morale, pour les individus comme pour les sociétés, ont été et seront toujours corrélatifs avec les progrès de la science.

Dans cet ordre, comme dans tous les autres, les prétentions des religions résultent de la même illusion, de la même transposition d'idées qui leur a fait attribuer à leurs systèmes dogmatiques le mérite original des vérités et des règles, qu'elles avaient au contraire commencé par emprunter aux notions scientifiques et instinctives.

VI

La connaissance humaine est acquise par une méthode unique, l'observation des faits; mais elle est
tirée de deux sources différentes, l'une interne, l'autre
externe.

La sensation nous révèle le monde extérieur, et
c'est le point de départ de toutes les sciences
physiques, naturelles et historiques. Elle montre la
petitesse et la subordination de l'individu dans l'humanité, présente et passée; la petitesse et la subordination de l'humanité elle-même, accablée et comme
anéantie dans l'ensemble infini de l'univers. A ce point
de vue, toute morale consiste dans notre humble
soumission aux lois nécessaires du monde; les religions ne disent pas autre chose, lorsqu'elles abîment
l'esprit humain devant la volonté divine. Dans ce
domaine tout est objectif.

Au contraire, dans le monde interne, celui de la
conscience, l'homme apparaît seul : son esprit, son
sentiment deviennent la mesure des choses. Celles-ci
n'existent pour nous qu'à la condition d'être connues;
à ce point de vue donc elles n'existent que pour notre
intelligence et dans notre intelligence. Dans ce domaine
tout est subjectif.

Tel est le contraste, je ne dis pas l'opposition, entre les deux sources de notre connaissance.

Or les deux sources, interne et externe, de notre science positive sont également, je le répète, les deux sources de notre morale. Ceci est un point capital dans la vieille querelle que le mysticisme renouvelle aujourd'hui.

La morale humaine, pas plus que la science, ne reconnaît une origine divine : elle ne procède pas des religions. L'établissement de ses règles a été tiré du domaine interne de la conscience et du domaine externe de l'observation. Ce sont au contraire les religions, ou, pour préciser davantage, quelques-unes d'entre elles et les plus pures, qui ont cherché à prendre leur point d'appui sur le fondement solide d'une morale qu'elles n'avaient pas créée. Mais, en vertu de cette même transposition illusoire, née d'un procédé purement logique que nous rencontrons partout, les religions ont déduit de la morale certains symboles, certaines idoles divines, auxquelles elles ont attribué ensuite la vertu d'avoir créé les notions mêmes, qui avaient au contraire servi à les imaginer.

Entrons dans le cœur du sujet, en commençant par les notions tirées de la source intérieure. L'homme de notre temps trouve au fond de sa conscience l'idée du bien et du mal et le sentiment ineffaçable du devoir, c'est-à-dire l'impératif catégorique dont parle Kant. Le devoir est conçu d'ailleurs par l'homme vis-à-vis de soi-même et vis-à-vis des autres hommes, c'est-à-dire qu'il comprend la solidarité : ce sont là des faits de conscience fondamentaux, indépendants de toute hypothèse théologique ou métaphysique. Les explications que l'on pourrait donner de l'origine de ces faits de conscience, et que je vais rappeler, n'enlèvent rien à leur caractère essentiel, ni à la constatation positive de leur existence : il n'y a, et il ne saurait y avoir, aucune contradiction entre les deux manières d'envisager la morale.

Venons donc au second point de vue. Les notions empruntées à la source extérieure de nos connaissances, c'est-à-dire à l'histoire et aux sciences naturelles, telles que l'anthropologie, la zoologie, la physiologie et la psychologie des espèces animales et de l'homme, nous offrent la morale sous un jour différent, parce qu'elles en montrent les origines instinctives et l'évolution. L'espèce humaine, en effet, ne représente qu'un cas particulier, parmi la multitude des espèces animales qui vivent en société. Or, chez celles-ci, et à mesure qu'elles se manifestent avec une perfection plus marquée, nous voyons apparaître les premiers éléments de la moralité. La famille, née des instincts qui président à la conservation de l'espèce, existe, au moins temporairement, chez les oiseaux et les mammifères, pour ne pas descendre plus bas. Elle existe avec le sentiment de l'amour maternel, et, dans certains cas, de l'amour paternel, élevés au plus haut degré.

Chez les espèces sociables nous ne rencontrons pas seulement le sentiment de la famille, mais aussi celui de la solidarité et du dévouement de l'individu à la collectivité, poussés parfois jusqu'au sacrifice de sa vie. L'étude des races humaines demeurées sauvages a montré combien leur moralité spéciale était voisine de celle des espèces animales sociables, sinon même inférieure pour quelques-unes : il y a, à cet égard, de grandes diversités dans les instincts sociaux, chez les hommes comme chez les animaux. Mais l'existence d'un fondement général, commun aux uns comme aux autres, est démontrée par l'observation.

Les instincts sociaux, les sentiments et les devoirs qui en dérivent ne sont donc pas propres à l'espèce humaine, et dus à quelque révélation étrangère et divine : ils sont inhérents à la constitution cérébrale et physiologique de l'homme, constitution semblable à celle des animaux, quoique d'un ordre supérieur, et qui l'est devenue surtout pendant le cours des siècles, par l'effet des conquêtes de notre intelligence. Le perfectionnement héréditaire de ces instincts est la base

véritable de la morale et le point de départ de l'organisation des sociétés civilisées.

A mesure qu'elles progressaient en civilisation,
leurs connaissances positives, incessamment accrues,
ont montré l'utilité sociale de certains devoirs et de
certaines lois morales, qui furent rendus obligatoires
par les chefs des États : prêtres et législateurs. Mais
ces lois, déduites de notions scientifiques, étaient associées et comme amalgamées avec les prescriptions
arbitraires de la théocratie et proclamées suivant des
formules mystiques, dont aucun esprit n'était alors
affranchi. Leur nécessité fut imposée à l'origine au nom
des dieux, au même titre que les sacrifices humains,
les prostitutions sacrées, et tant d'autres pratiques
immorales ou sanglantes, nées des préjugés et des
superstitions primitives.

L'histoire des formations et des évolutions religieuses, qui se sont succédé dans l'humanité depuis
sept mille ans, montre qu'il n'existe entre la morale et
le mysticisme aucun lien génétique, aucune relation
nécessaire; pas plus dans les religions égyptiennes,
babyloniennes et juives, que dans le christianisme de
l'empire romain, ou dans celui qui a évolué pendant
le moyen âge et les temps modernes. Parmi les nations,
comme parmi les individus, les personnalités les moins
morales se rencontrent souvent parmi les plus reli-

gieuses. Sans sortir de l'Europe, il suffit pour s'en convaincre de jeter un coup d'œil sur les populations fanatiques du midi de l'Espagne ou de l'Italie, ou bien d'étudier la vie des mystiques musulmans ou chrétiens qui ont écrit sur l'amour divin. En somme, l'histoire prouve que le développement de la morale dans le monde a été lié à la fois avec celui de la science, dont elle procédait, et des religions, qui y trouvaient un de leurs points d'appui. Mais, pas plus au point de vue extérieur de l'histoire qu'à celui de la conscience intérieure, la morale n'a été le produit des religions : c'est toujours la même illusion représentative, qui transforme en cause génératrice de certaines idées les notions qui en sont issues.

L'homme trouve la morale en lui-même et il l'objective en l'attribuant à la divinité ; tandis que c'est lui-même qui n'a cessé de la perfectionner dans le cours des âges et des peuples par la généralisation de l'idée du devoir et de celle de la solidarité. Il a trop longtemps attribué ces progrès à des révélations religieuses, dont il était le véritable constructeur. C'est cette objectivation perpétuelle de la morale dans les religions, attestée par l'histoire et variable avec les temps et les lieux, qui a fait naître les diversités et les oppositions attestées par la phrase célèbre : « Vérité en deçà des Pyrénées, erreur au delà » ; mais cette phrase ne s'applique pas en réalité à la science, elle s'applique uniquement aux croyances et à la morale religieuses. En effet, la première conséquence d'une semblable transposition des origines positives de la morale a été d'en arrêter le développement, celui-ci étant désormais figé, et comme cristallisé dans les moules dogmatiques, au degré même de l'évolution où il y avait été saisi. De là a procédé l'esprit d'intolérance, naturel aux gens qui croient posséder le bien et la vérité absolus et qui, redoutant d'être ébranlés dans leur foi par la critique, veulent interdire aux autres le droit même de la discuter. C'est par là également que la notion plus haute et plus noble de la solidarité humaine a été si longtemps paralysée par celle de la charité chrétienne, noble et touchante aussi, mais qui représente un point de vue inférieur et désormais dépassé.

C'est ainsi que la « vieille chanson » de la résignation mystique a pesé sur le moyen âge et sur ses successeurs, et suspendu le progrès social, en refusant aux masses populaires tout droit théorique à l'amélioration de leur condition. Ç'a été une des grandes victoires de la Révolution française de proclamer les principes d'une nouvelle morale sociale, dont les conséquences se poursuivent et se poursuivront désormais dans l'humanité : non sans obstacle d'ailleurs, les progrès ayant toujours été accomplis jusqu'ici au milieu des catastrophes provoquées par le conflit entre l'obstination aveugle des conservateurs et l'élan brutal des révolutionnaires.

VII

Voilà comment la notion de la morale, déjà distinguée des religions par les philosophes grecs et latins, puis confondue de nouveau avec elles au moyen âge, s'en est aujourd'hui séparée définitivement dans la vie civile. La morale, comme la science dont elle dérive, est devenue purement laïque dans la constitution de l'État. Insistons sur ce point. Il ne s'agit pas d'instituer un nouveau système de morale, pour l'imposer par des prescriptions violentes et arbitraires; non, je veux parler de la morale des honnêtes gens, de la morale qui proclame le devoir, la vertu, l'honneur, le sacrifice, le dévouement au bien et à la patrie, l'amour des hommes, la solidarité. Telle est la morale dont les principes, déjà inscrits dans nos lois, tendent à développer chaque jour davantage leurs bienfaisantes conséquences; plus lentement sans doute que ne le voudrait l'impatience des hommes de progrès, mais d'une façon continue et invincible.

Cette morale ne relève d'aucun système absolu, pas

plus de l'égoïsme féroce, qui proclame sans pitié le combat pour la vie, que de l'ascétisme fanatique, qui veut conquérir pour son dieu la domination du monde, ou qui se concentre dans des pratiques nuisibles à l'individu et stériles pour ses semblables, avec l'espoir tout personnel des récompenses d'une autre vie.

La conception de la morale moderne a un caractère plus généreux et plus universel. Elle est d'ailleurs plus ou moins haute, selon les intelligences; sa pratique est plus ou moins délicate, d'après les sentiments diversement développés des peuples et des individus. Mais, en définitive, elle répond aujourd'hui, comme elle a toujours répondu, à l'état des connaissances, c'est-à-dire de la science inégalement avancée suivant le temps, les lieux et les personnes. Par là même, elle ne saurait demeurer immobile dans aucun décalogue; elle se modifie peu à peu avec les découvertes continuelles des sciences physiologiques, psychologiques et sociologiques. De même qu'il existe à côté de la science positive une science idéale, qui en dérive d'ailleurs, mais qui la précède et en inspire la marche; de même il y a une morale idéale, qui annonce et précède l'évolution de la morale future. Telle fut la morale idéale des philosophes grecs, dont le christianisme s'appropria les préceptes; — les pères de l'Église l'ont reconnu, attribuant le fait à quelque inspiration divine anticipée ; — telle fut celle des philosophes du xviiie siècle, dont la Révolution française proclama les principes égalitaires. Telle est aujourd'hui la morale des penseurs qui préconisent les belles espérances de l'avenir : la fraternité des peuples, la solidarité universelle des individus.

VIII

Ces idées, cette conception de la morale moderne deviennent de jour en jour prépondérantes, et si elles n'ont pas encore acquis parmi les hommes le crédit inébranlable de la science, c'est à cause de la longue servitude religieuse imposée à l'éducation. Jusqu'à notre temps, on avait prétendu fonder l'éducation morale du peuple et les règles de sa conduite sur le catéchisme, c'est-à-dire sur des doctrines et des prescriptions théologiques ; au lieu de l'établir sur des données positives, empruntées à la conscience et aux sciences historiques et naturelles. Aussi est-ce sur ce point et à juste titre qu'a porté et que porte de plus en plus l'effort des bons citoyens, qui veulent transformer l'éducation populaire. Les antiques préjugés qui tenaient prisonnière l'intelligence humaine ont tiré de là leur force et leur persistance : nos pères ont

mangé du verjus et voilà pourquoi nos dents sont aga-
cées. Mais gardons-nous de penser qu'il s'agisse
aujourd'hui, après avoir éliminé les dogmes formels,
de maintenir dans l'éducation, comme ses principes
essentiels, je ne sais quel résidu vaporeux, quel sque-
lette d'affirmations, dépouillées de la substance dogmatique qui en faisait autrefois la force et la consis-
tance. Certes, l'homme répugne au doute et au vide,
dans l'ordre moral comme dans l'ordre intellectuel;
mais il ne faudrait pas croire que la disparition de toute
hypothèse théologique va inaugurer le règne du crime
et de l'anarchie. Déjà Lucrèce se riait de ces vaines
terreurs. Ce qu'il est devenu nécessaire de mettre en
évidence dans l'ordre moral, comme on l'a fait dans
l'ordre intellectuel, ce sont les certitudes positives,
acquises par la constatation des faits du monde intérieur et extérieur et de leurs lois scientifiques; c'est
sur ces lois exactes que nous devons asseoir nos préceptes et notre doctrine, tout en maintenant à côté et
au-dessus les probabilités et les hypothèses idéales.
Chacun peut imaginer, à son gré, ces dernières; mais
elles ne doivent plus servir de base à nos enseignements.

De cette manière de voir résulte une méthode
nouvelle d'éducation morale; c'est en effet celle qui
tend à prédominer en fait dans la direction de nos

sociétés modernes; mais il convient de l'instituer dès la jeunesse, afin d'y accoutumer les esprits.

Depuis les origines de l'histoire, et il y a soixante ans encore, la première enfance était bercée par les nourrices à l'aide de contes de fées et de fantômes, dont les images persistantes obsédaient ensuite la vie humaine. Aujourd'hui, parmi les classes cultivées du moins, ces contes ne sont plus récités. Aussi les ogres, les vampires, les anges et les diables, pas plus que les trésors magiques, ne hantent plus les imaginations des hommes de notre temps, sans que leur esprit ou leur moralité en ait été aucunement affaibli. Il en sera de même, quand les vains rêves et affirmations des croyances théologiques auront cessé d'être enseignés.

A mesure que ces images cesseront d'être imprimées dans leurs cerveaux dès la jeunesse, les hommes perdront l'habitude traditionnelle d'affirmer les choses avec d'autant plus d'assurance qu'ils les ignorent davantage. Ils ne seront dépouillés par là d'aucune force intellectuelle ou morale; mais les contradictions qui arrêtent nos sociétés auront diminué : à mesure que nous verrons grandir la force de la morale nouvelle, les institutions, comme les individus, seront pénétrées par le sentiment de plus en plus intense de la solidarité, née des instincts fondamentaux de la race humaine.

Au lieu d'être dirigées par les inspirations fanatiques des prophètes divins, par les conceptions égoïstes des despotes, ou par les combinaisons des gouvernants, trop subordonnées jusqu'ici aux arrangements privés des politiciens et aux préjugés de ceux qui les élisent, nos institutions auront alors pour base nécessaire la connaissance des relations positives, découvertes par les sciences sociologiques et naturelles. A l'avenir, dans l'ordre de la politique, comme dans l'ordre des applications matérielles, chacun finira par être assuré qu'il existe des règles de conduite, fondées sur des lois inéluctables, constatées par l'observation, et dont la méconnaissance conduit les peuples, comme les industriels, à leur ruine. Déjà ces règles entrevues ont modifié profondément les relations réciproques des nations, convaincues par les sciences sociologiques que la guerre ne nuit pas moins aux vainqueurs qu'aux vaincus, parce qu'elle affaiblit matériellement les uns comme les autres et qu'elle entretient entre eux des sentiments de haine héréditaire, de plus en plus condamnés par la moralité générale. Il ne tardera pas à en être de même dans l'ordre de la politique intérieure, quels que soient les apparences et les accidents transitoires de notre époque.

Nous voyons chaque jour comment l'application des doctrines scientifiques à l'industrie accroît continuellement la richesse et la prospérité des nations : il suffit de comparer l'état de l'Europe aujourd'hui avec ce qu'il était au siècle dernier pour le reconnaître. L'application des mêmes doctrines à l'hygiène et à la médecine diminue sans cesse les douleurs et les risques de la maladie et augmente la durée moyenne de la vie. L'histoire du siècle présent prouve également à quel point le sort de tous, je dis celui des plus pauvres et des plus humbles, a été amélioré par les idées nouvelles ; sans méconnaître d'ailleurs combien nous sommes éloignés d'avoir atteint sous ce rapport le degré que réclament la justice et la morale modernes, celui vers lequel nous devons tendre et nous efforcer. Telles sont les conséquences de la méthode scientifique, conséquences que nous poursuivons et que nous réaliserons, dans l'ordre moral comme dans l'ordre matériel, en dépit de toute opposition : c'est ainsi que le triomphe universel de la science arrivera à assurer aux hommes le maximum de bonheur et de moralité.

DISCOURS

PRONONCÉ AU BANQUET DE SAINT-MANDÉ

LE 5 AVRIL 1895

L'Union de la Jeunesse républicaine a pris l'initiative d'offrir un banquet d'honneur à M. Berthelot, le 5 avril 1895, au Salon des familles, avenue de Saint-Mandé. Les convives atteignaient le nombre de 750 à 800. La vaste salle du restaurant, qui a déjà abrité tant d'agapes populaires, était trop petite pour contenir cette foule qui débordait dans les couloirs et les antichambres.

M. Berthelot occupait le centre de la table d'honneur; à sa droite était assis M. Brisson, président de la Chambre des députés, et à sa gauche M. Poincaré, ministre de l'instruction publique. Les personnages officiels ou simplement célèbres, membres de l'Institut, savants, hommes de lettres, professeurs, sénateurs, députés et conseillers municipaux étaient disséminés au hasard à travers les tables.

Les cartes d'invitation portaient en titre ces mots : « Hommage à la science, source de l'affranchissement de la pensée », avec un dessin de M. Guillaume.

A la fin du banquet, MM. Poincaré, mininistre de l'instruction publique, Berthelot, Delpech, sénateur, Edmond Perrier, membre de l'Institut, professeur au Muséum d'his-

toire naturelle; le docteur Blatin, au nom de la franc-
maçonnerie; Delbet, au nom de l'école positiviste; Deshayes,
au nom de la Jeunesse républicaine; Goblet, député, ancien
président du Conseil des ministres; Rousselle, président
du Conseil municipal de Paris; Ch. Richet, professeur à la
Faculté de médecine de Paris, au nom des anciens élèves
de M. Berthelot; Emile Zola, Brisson, président de la
Chambre des députés, ont pris successivement la parole.

Voici le discours de M. Berthelot :

Messieurs,

En prenant la parole, mon premier devoir est de
vous remercier de l'honneur que vous m'avez fait en
m'invitant à ce banquet, provoqué par l'initiative de
la Jeunesse républicaine et dont je lui suis profondément reconnaissant.

Je dois remercier particulièrement le président de
la Chambre, qui vient apporter ici l'autorité d'une vie
tout entière consacrée au triomphe de la raison et de
la démocratie; le ministre éclairé et sympathique, qui
s'associe à toutes les hautes manifestations de l'opinion
dans le domaine de l'art et de la pensée. Si j'aperçois
devant moi tant de savants, d'artistes, d'écrivains
illustres, la gloire de la patrie et de la civilisation,
tant d'hommes d'État éminents, les chefs du Parlement,
les représentants de la France et de la ville de Paris,
les organes des grandes associations républicaines, je
dois reconnaître que ce n'est pas l'amitié privée de

3

quelques-uns d'entre eux pour votre invité qui les a
rassemblés. En réalité, c'est votre dévouement à une
grande cause, embrassée par tous les citoyens réunis
autour de cette table. Ils y sont venus, appelés par
leur commun amour pour la liberté de penser, pour
la liberté de l'art, pour la liberté politique, libertés
inséparables, ainsi que leurs conséquences prochaines,
l'égalité sociale et la solidarité entre tous les membres
de l'humanité! Voilà le lien moral qui existe entre
tous les convives de ce banquet, convoqué au nom de
la science émancipatrice.

Nous continuons ainsi la tradition de nos pères : car
cet idéal des sociétés nouvelles a été proclamé dans le
monde par les philosophes et les savants de la Révolution française, au nom de la raison et de la science,
courbées depuis des siècles sous le joug oppresseur
de la théocratie, de la monarchie et de la féodalité :
trois pouvoirs qui dominent encore aujourd'hui sur la
terre, en dehors de la France et des États-Unis. La
culture scientifique, jusqu'à ce jour, ne l'oublions pas,
n'a été pleinement affranchie que parmi quatre ou
cinq peuples civilisés. Je regarde comme un très grand
honneur d'avoir été choisi par vous comme le repré-
sentant de cet idéal. Je n'ai d'autres titres à ce choix
qu'un demi-siècle d'un travail incessant, une vie constamment dévouée à l'amour des hommes, de la patrie

et de la vérité. Elle s'est écoulée, permettez-moi de vous le rappeler, à côté d'un ami bien cher, Renan, dont le souvenir présent à vos esprits plane aussi sur cette enceinte !

Messieurs,

La science a deux puissances : l'une morale, l'autre matérielle ; l'une et l'autre s'étendent à tout le domaine humain, dans l'ordre industriel et dans l'ordre social. Je vous demande la permission de vous rappeler d'abord quelle est l'origine de cette double puissance.

Elle est tout entière dans notre méthode, qui consiste à tirer toute connaissance exacte de l'observation et de l'expérience, en écartant le mystère des révélations : telle est cette méthode, qui guide le savant dans son cabinet et dans son laboratoire. Le savant est modeste, d'ailleurs, et tempéré dans ses affirmations : ce qu'on lui reproche souvent comme une preuve d'impuissance, tandis qu'il s'en fait honneur, parce qu'il connaît les limites de la certitude humaine et la faiblesse de son propre esprit. Voilà pourquoi il n'enseigne aucun catéchisme et ne se déclare jamais l'organe infaillible d'un dogme invariable.

Il a pour seul guide l'amour de la vérité et il a confiance dans son triomphe final, en voyant les résultats acquis. Éprouvée en toute circonstance, affermie chaque jour par des succès plus étendus et plus multipliés, la méthode scientifique est devenue la source principale, sinon unique, du progrès moral et matériel des sociétés d'à présent.

Je dis à présent, je devrais dire toujours. La science, en effet, par ses résultats et ses lois proclamées directement aujourd'hui, tandis qu'autrefois elles étaient dissimulées sous le voile des symboles philosophiques ou religieux; la science, je le répète, a été la source de tous les progrès accomplis par la race humaine, depuis ses lointaines origines.

Dans l'ordre purement industriel, personne n'oserait le contester, tant sont évidents les changements produits depuis un siècle par les applications de la mécanique, de la chimie, de l'électricité à l'organisation des peuples civilisés.

Ils sont si grands que l'on pourrait à peine s'en faire une idée, si l'on n'avait comme terme de comparaison l'état actuel des sociétés arriérées de l'Orient, et, pour prendre un point de recul plus éloigné, l'état des sociétés barbares de l'Afrique. Je ne veux pas vous en retracer ici le tableau; le temps consacré à ce banquet s'écoulerait avant que j'aie pu décrire une minime partie des conquêtes pacifiques de l'industrie moderne.

Mais ce qu'il faut dire, ce qu'il faut proclamer bien

haut, c'est que le progrès matériel dû à la science est le moindre fruit de son travail; elle réclame un domaine supérieur et plus vaste, celui du monde moral et social.

En effet, tout relève de la connaissance de la vérité et des méthodes scientifiques, par lesquelles on l'acquiert et on la propage : la politique, l'art, la vie morale des hommes, aussi bien que leur industrie et leur vie pratique.

Je dis l'art et la poésie d'abord; car le sentiment du beau domine les races humaines, à un degré d'autant plus éminent qu'elles sont plus avancées en civilisation. En Orient comme en Occident, dans le présent comme dans le passé, nous en voyons éclater les manifestations multiformes.

Les monuments de l'art datent de la plus haute antiquité; nous les rencontrons déjà aux âges de la pierre, et nous les retrouvons dans ces tombeaux qui renferment les précieux débris d'un art remontant aux origines même de l'histoire. Les dessins, les bijoux, les peintures, les sculptures, les édifices découverts à Memphis, à Babylone, à Mycènes, tout nous montre quel rôle jouait l'art, appuyé sur une science pratique déjà profonde et raffinée, dans la vie des peuples, il y a cinq ou six mille ans.

Mais ce n'est pas seulement au point de vue matériel

des procédés d'exécution que la science apporte à l'art
son concours. L'art et la poésie n'atteignent toute leur
perfection que par un étroit accord de leurs conceptions avec la connaissance de la nature et des réalités
constatées par la science : j'entends par là la connaissance intérieure des sentiments et des lois du monde
intellectuel et moral; j'entends aussi la connaissance
extérieure de l'humanité et de l'univers; connaissances
exprimées et chaque jour agrandies par nos découvertes en histoire, en biologie, en physique, en astronomie. Les grands artistes de la Renaissance, Michel-
Ange et Léonard de Vinci, étaient aussi des savants,
dont la pensée, libre comme leur art, avait dû s'affranchir des préjugés dogmatiques de leurs contemporains.

Vous savez tous avec quelle magnificence les conceptions modernes ont été exprimées par nos grands
poètes. Les *Novissima Verba* de Lamartine, le *Satyre*
de Victor Hugo, le *Caïn* de Leconte de Lisle sont dans
toutes les mémoires. Entre la science et l'art, entre la
science et la poésie, il existe cette relation nécessaire,
cette alliance indissoluble du beau et du vrai, déjà
proclamée par Platon.

Entrons maintenant dans le domaine du bien : il
appartient aussi à la science. Morale privée et morale
publique, politique et sociologie, il n'y a rien là qui

doive être arbitraire, rien qui ne doive être mis en conformité avec les règles scientifiques, déduites de l'observation et de l'induction, c'est-à-dire de la connaissance des lois qui président à la constitution physiologique et morale de l'homme.

C'est la science qui établit les seules bases inébranlables de la morale, en constatant comment celle-ci est fondée sur les sentiments instinctifs de la nature humaine, précisés et agrandis par l'évolution incessante de nos connaissances et le développement héréditaire de nos aptitudes.

Il n'existe aucun doute sur les véritables origines de la morale, car les théologiens eux-mêmes sont d'accord avec nous pour reconnaître que la morale qu'ils appellent naturelle préexiste à leurs révélations. Ce qui leur est propre, c'est la prétention de fixer la morale dans des préceptes immobiles, qui en arrêtent le progrès : c'est la volonté persistante de refouler la science et de comprimer la pensée par l'invention du bras séculier, déclarée encore ces jours-ci légitime par les plus autorisés de nos prédicateurs; légitime, disent-ils, partout où la domination reconnue de la vraie religion est en mesure de réclamer l'appui des gouvernements.

Et cependant, depuis les sacrifices humains, les invocations magiques et les pèlerinages antiques, destinés autrefois à provoquer l'intervention miraculeuse de la divinité, jusqu'à l'ascétisme stérile et contre nature et les superstitions grossières qui déshonorent les cultes purifiés des nations modernes, il a existé une chaîne non interrompue de mystères, de croyances et de cérémonies, successivement affirmés comme les produits infaillibles de la révélation divine et entretenus par l'ignorance et le fanatisme systématiquement cultivés.

Messieurs,

C'est une histoire bien connue, mais que l'on ne saurait trop rappeler, que celle de l'évolution par laquelle la science a émancipé la pensée; et la pensée, à son tour, a émancipé les peuples. Mais la liberté de la science est une chose moderne. Vous savez tous comment la doctrine sacerdotale, réservée aux seuls initiés, fut tirée des temples par les philosophes grecs; comment Socrate et bien d'autres furent déclarés les ennemis des dieux et de la société, et furent mis à mort pour avoir professé la morale indépendante. Le lien étroit qui existe entre l'affranchissement de la pensée et l'affranchissement des servitudes sociales était dès lors manifeste. Mais le nombre des hommes accessibles aux enseignements de la science était trop peu considérable, pour que celle-ci pût acquérir directement sur les masses populaires l'autorité qui provoque les grandes rénovations.

Une révolution eut lieu en effet : elle prit la forme d'une religion plus pure, le christianisme, qui s'appropria les idées morales des savants et des philosophes et en commença l'application, mais en les enveloppant d'un dogmatisme nouveau. Aussi, à peine eut-il triomphé, qu'il reconstitua la théocratie et concourut avec l'invasion des Barbares à amener la ruine de l'organisation sociale et de la civilisation. Pendant dix siècles, les efforts tentés pour réveiller l'esprit scientifique furent étouffés par le fer et le feu, jusqu'au jour où la Renaissance de la culture antique et la Réforme religieuse, premier fruit de la science appliquée aux dogmes et aux pratiques théologiques, commencèrent la résurrection morale du monde.

Alors furent proclamés la tolérance des idées et le droit au libre examen, mais seulement dans le cercle de la foi chrétienne. Les savants qui prétendaient en sortir furent également persécutés par les partisans de l'ancienne foi et par les sectateurs de la nouvelle.

Tandis que les catholiques brûlaient Bruno et Vanini, les calvinistes élevaient le bûcher de Servet.

Mais, Bossuet le déclare, on ne fait pas sa part à la liberté d'examen. Cette liberté, une fois admise pour certaines croyances, s'étend inévitablement à toutes.

3.

Les découvertes géographiques de l'Amérique et de la route des Indes, et surtout les découvertes astronomiques de Copernic et de Galilée, ainsi que la négation des causes et qualités occultes dans les actions physiques, bouleversèrent à la fois toutes les opinions reçues sur le système du monde, sur l'enchaînement mystique des phénomènes et sur l'importance exclusive attribuée jusque-là à l'autorité dans la science, à la race humaine dans l'univers, et, à la surface même de la terre, aux dieux et aux dogmes sauveurs de l'Occident, désormais mis en balance avec ceux de l'Extrême-Orient.

En même temps, la découverte de l'imprimerie assurait à la propagation des idées une force et une étendue ignorées jusque-là.

La science devenait ainsi l'émancipatrice de la pensée à un triple titre : je veux dire, par les moyens matériels d'action qu'elle fournissait, par les horizons qu'elle ouvrait et par le caractère de certitude, constamment vérifiable, de ses méthodes.

C'est ce que les philosophes du XVIII° siècle, nos ancêtres immédiats, ont mis en évidence et fait accepter de tout homme raisonnable par leur puissante et irréfutable propagande : j'en atteste Voltaire et Diderot, d'Alembert et Condorcet !

La Révolution française en est sortie. Permettez-moi,

Messieurs, d'insister sur son caractère fondamental. Depuis quelques siècles, pour ne pas remonter plus haut, il y a eu bien des révolutions dans le monde. Mais ni la Réforme d'Allemagne, ni la Révolution d'Angleterre, ni celle qui a fondé les États-Unis, n'ont proclamé dans les actes qui les ont constituées leur indépendance de tout dogmatisme et de toute idée religieuse; aucune n'a déclaré qu'elle voulait asseoir les sociétés humaines sur le fondement solide et définitif de la science et de la raison.

C'est au nom de ces principes que la Convention créa, il y a juste un siècle, nos grandes écoles d'instruction publique et ce foyer de lumière universelle, l'Institut, dont vous voyez à ce banquet tant de représentants.

Voilà, Messieurs, l'originalité de la Révolution française, ce qui en fait un événement plus que national. Ce jour-là, une ère nouvelle s'est ouverte pour l'humanité, jusqu'alors assujettie à l'autorité des révélations. Les esprits réfléchis de l'époque, tels que Gœthe, ne s'y sont pas mépris. Désormais, il ne s'agit plus d'imposer aux hommes de nouveaux dogmes, fussent-ils rationnels, à la place des anciens dogmes théologiques. A cet égard, les idées des politiques et des sociologues, trop absolues au début, ont été rectifiées peu à peu et ramenées à une conformité de plus en plus étroite avec les méthodes et les conceptions scientifiques, qui y ont introduit la notion de l'évolution. La morale privée, la morale sociale et les institutions qui en dérivent changent et progressent comme le reste : elles s'avancent aujourd'hui vers un idéal de solidarité supérieur aux conceptions chrétiennes, fondées sur la résignation à l'oppression, sur la haine de la nature, envisagée comme maudite, sur le mépris du travail, regardé comme une œuvre servile : conceptions qui ont été imposées pendant tant de siècles comme la limite dernière de la perfection. Aujourd'hui nous déclarons le droit de tout homme au développement de ses facultés par l'éducation ; nous déclarons son droit à la vie matérielle, intellectuelle et morale. Nous déclarons que notre devoir à tous ne consiste pas seulement à aider notre prochain par une aumône ou une charité, trop souvent aveugle ou insuffisante ; mais nous devons le prendre par la main comme un frère et lui assurer, par tous les moyens pacifiques et légaux, sa part légitime dans les bénéfices d'une société, où toute jouissance et toute propriété sont les fruits du travail accumulé par les générations antérieures. Nous tendons ainsi vers le règne idéal de la fraternité et de la solidarité sociale, proclamées par la Révolution. Telles sont, ou plutôt telles doivent être, les conséquences de l'application de la science moderne à la morale et à la politique. En les poursuivant dans un esprit de modération, de tolérance, de justice et d'amour, leur évolution légitime amènera par degrés et sans violence une transformation complète des sociétés humaines.

LE BUT DE LA SCIENCE [1]

Le 27 novembre 1885 a eu lieu, chez Lemardelay, la cinquième réunion de la conférence *Scientia*. Le dîner était offert à M. Berthelot et à M. Ernest Renan. Il y avait environ quatre-vingt-dix convives, parmi lesquels nous citerons MM. Guillaume, Ch. Garnier, Janssen, docteur Richet, Levasseur, Cahours, de Lacaze-Duthiers, membres de l'Institut, les professeurs Trélat et Verneuil, et un grand nombre de notabilités. Madame Edmond Adam assistait à cette fête scientifique, organisée par MM. G. Tissandier, Ch. Richet, de Nansouty et Talansier.

Au dessert, M. Renan a pris le premier la parole et a souhaité en ces termes la bienvenue à M. Berthelot :

Quelle joie vous m'avez préparée, Messieurs! Ce toast sera certainement un des plus chers souvenirs de ma vie. En pensant à moi pour être l'interprète de vos sentiments envers l'homme illustre que vous fêtez aujourd'hui, vous vous êtes souvenus d'une vieille amitié, qui, ces jours-ci justement, atteint à sa qua-

1. Discours prononcés au banquet *Scientia* par MM. Renan et Berthelot, le 27 novembre 1885

rantième année. Oui, c'était au mois de novembre 1845.
Je venais d'accomplir de pénibles sacrifices. En sortant du séminaire Saint-Sulpice, le monde s'offrait à
moi comme un vaste désert d'hommes; ma récompense fut de vous trouver, cher ami, dans cette petite
pension de la rue de l'Abbé-de-l'Épée (alors rue des
Deux-Églises), où j'exerçais *au pair* les fonctions de
répétiteur. Vous faisiez votre classe de philosophie au
collège Henri IV; vous eûtes, je crois, le prix d'honneur au grand concours, à la fin de l'année. J'avais
quatre ans de plus que vous. Deux ou trois mots que
nous échangeâmes discrètement nous eurent bientôt
prouvé que nous avions ce qui crée le principal lien
entre les hommes, je veux dire la même religion.

Cette religion, c'était le culte de la vérité. Dès
cette époque, nous étions des *nazirs*, des gens qui
ont fait un vœu, les hommes-liges de la vérité. Notre
part d'héritage était choisie, et cette part était la meilleure. Ce que nous entendions par la vérité, en effet,
c'était bien la science. Les premiers jugements de
l'homme sur l'univers furent un tissu d'erreurs. C'est
la science rationnelle qui a rectifié les aperceptions
erronées de l'humanité. La science est donc l'unique
maîtresse de la vérité. Au bout de quarante ans, je
trouve encore que nous eûmes pleinement raison de
nous attacher à elle. Il y a trois belles choses, disait

saint Paul : la foi, l'espérance, la charité; la plus
grande des trois, c'est la charité. Il y a trois grandes
choses, pouvons-nous dire à notre tour, le bien, la
beauté, la vérité; la plus grande des trois, c'est la
vérité. Et pourquoi? Parce qu'elle est vraie. La vertu
et l'art n'excluent pas de fortes illusions. La vérité est
ce qui est. En ce monde, la science est encore ce qu'il
y a de plus sérieux. La philosophie du doute subjectif
élève ici ses objections contre la légitimité même des
facultés rationnelles de l'esprit. Cela ne m'a jamais
beaucoup touché, je l'avoue. Oh! si je n'avais d'autre
doute que celui-là!... Comme je me sentirais léger!
La science est un ensemble dont toutes les parties se
contrôlent. Je crois absolument vrai ce qui est prouvé
scientifiquement, c'est-à-dire par l'expérience rigou-
reusement pratiquée.

Que la science rigoureuse ne réponde pas à toutes
les questions que lui pose notre légitime curiosité,
cela est sûr. Mais qu'y faire? Mieux vaut savoir peu
de choses, mais les savoir effectivement, que de s'imaginer savoir beaucoup de choses et se repaître de chimères. Que de bases, d'ailleurs, établies et solidement
établies! La terre est un globe, d'environ trois mille
lieues de diamètre, et dont la densité approche de
celle du fer. Voilà qui est incontestable! Eh bien, cela
fixe singulièrement mes idées. Je préfère cette vérité

à une série de propositions métaphysiques plus ou moins dénuées de sens. Il ne pouvait pas y avoir d'exercice normal de l'esprit avant qu'on fût fixé sur des points comme celui-là. Quand on croyait que la terre était une plaine, recouverte par une voûte en berceau, où les étoiles filaient, à quelques lieues de nous, dans des rainures, il était vraiment bien superflu de raisonner sur l'homme et sa destinée. Nous devons plus à l'astronomie qu'à aucune théologie du monde. Supposons une planète dont l'atmosphère fût laiteuse, si bien que les habitants de cette planète ne pussent constater l'existence d'aucun corps déterminé dans l'espace. Les habitants de cette planète seraient les plus bornés des êtres. Ils seraient emprisonnés fatalement dans l'hypothèse géocentrique, dans les idées, familières à la vieille théologie, d'un développement divin se déroulant à leur profit exclusif.

J'estime donc très peu fondée l'éternelle jérémiade de certains esprits sur les prétendus paradis dont nous prive la science. Nous savons plus que le passé; l'avenir saura plus que nous. Vive l'avenir! Vous aurez largement contribué, cher ami, à ce progrès de l'esprit, où la part de notre siècle, quoi qu'on dise, sera belle. Dans la plus philosophique peut-être des sciences, la chimie, vous avez porté les limites de ce que l'on sait au delà du point où s'étaient arrêtés vos devanciers. Dilater le *pomœrium*, c'est-à-dire reculer l'enceinte de la ville, était à Rome l'acte de mémoire le plus envié. Vous avez dilaté, cher ami, au secteur où vous travaillez, le *pomœrium* de l'esprit humain. Vivez longtemps pour la science, pour ceux qui vous aiment; vivez pour notre chère patrie, qui se console de bien des défaillances en montrant au monde quelques enfants tels que vous.

M. Berthelot a répondu en ces termes :

Messieurs,

Je vous remercie de l'honneur que vous m'avez fait en m'invitant à présider ce banquet. Succéder à des hommes tels que MM. Chevreul, Pasteur, de Lesseps aurait de quoi m'intimider. Toutefois, je me rassure en pensant que M. Chevreul a déclaré être le doyen des étudiants de France. Vous ne me refuserez pas, je l'espère, le titre d'étudiant ordinaire : je pioche assez pour cela dans mon laboratoire. Voici plus d'un demi-siècle que je poursuis mes études avec acharnement. Mon ami Renan le sait mieux que personne, car il y a déjà quarante ans que nous travaillons ensemble, dans des voies différentes, mais avec une philosophie commune. C'est ainsi que nous avons poursuivi de concert la vérité, vous, mon ami, dans l'ordre des sciences de l'histoire, et moi dans l'ordre des sciences de la nature. Nous avons choisi chacun notre part, comme Marthe et Marie dans l'Évangile ; plus heureux qu'elles, aucun de nous deux ne regrette son choix et n'envie la part échue à l'autre. Notre curiosité est infinie et le domaine de la vérité n'a pas de limites. Nous continuerons à la poursuivre, tant que la vieillesse, aujourd'hui ouverte devant nous, n'aura pas épuisé notre énergie. C'est donc, Messieurs, à titre d'étudiants, toujours laborieux et curieux, travaillant de notre mieux pour le bien de la patrie et de l'humanité, que nous acceptons votre banquet et vos témoignages de sympathie.

A la conférence *Scientia*...

M. Gaston Tissandier, parlant des origines de la conférence *Scientia*, a rappelé ensuite que ces réunions ont surtout pour but de rapprocher, dans des banquets intimes, les jeunes savants des maîtres qui marchent toujours en avant et qui sont la gloire de la patrie :

La France, a-t-il dit, qui donne les bons fruits, le bon vin, la sève féconde des produits du sol, a toujours donné aussi les grands hommes et les grands génies ; tant qu'elle en fera naître comme ceux que nous avons fêtés hier, que nous fêtons aujourd'hui et que nous aurons à fêter demain, il est permis d'avoir confiance dans son avenir et ses destinées.

Enfin, M. Janssen, unissant dans un même toast les
deux éminents convives, a rappelé que « c'est à M. Berthelot que la science doit la conquête de M. Renan, et ce
n'est pas là, a-t-il ajouté au milieu des applaudissements
unanimes, un des moindres services que l'illustre savant
a rendus non seulement à la science, mais à l'époque
actuelle et au monde entier ».

LA SCIENCE ÉDUCATRICE

LA CRISE DE L'ENSEIGNEMENT SECONDAIRE (1891)

L'enseignement secondaire traverse en ce moment une crise générale, en France et en Allemagne principalement. Les principes sur lesquels l'enseignement classique repose, depuis le xvie siècle, sont aujourd'hui contestés par l'esprit démocratique et utilitaire qui domine de plus en plus nos sociétés modernes : la protestation élevée par les encyclopédistes du siècle dernier n'a cessé de grandir et de trouver un appui de plus en plus puissant dans l'opinion publique.

La nécessité impérieuse des connaissances scientifiques et pratiques, pour toutes les carrières ouvertes à l'activité des citoyens, a fait éclater les vieux cadres ; les hommes chargés de diriger l'enseignement public se débattent, entre cette nécessité inéluctable, proclamée par tous les organes de l'opinion, et leur désir de conserver une organisation éprouvée, qui a

donné à la France, depuis deux siècles, sa prééminence littéraire et artistique dans le monde. De là une
fluctuation des systèmes, des méthodes et des programmes, continuellement remaniés depuis dix ans,
sans que l'on entrevoie un terme fixe à cet état de perturbation. De là aussi le trouble des familles, indécises
sur la direction à donner à leurs enfants : trop souvent elles sont portées à se rejeter vers les représentants attitrés de l'ancien régime, assis avec constance
dans une sorte d'immobilité intellectuelle et morale,
qu'ils ont l'habileté de concilier avec une fructueuse
préparation mécanique aux examens et concours de
nos mandarinats modernes.

Je veux essayer d'exposer l'état de la question de
l'enseignement secondaire, ses données présentes, et
de signaler, sinon une solution absolue, du moins les
directions vers lesquelles me semble incliner le courant de l'opinion des hommes éclairés. Tant que les
idées de la majorité d'entre eux ne seront pas nettement fixées sur ce qu'il y a à faire, on continuera à
osciller entre ces termes extrêmes : le maintien presque
intégral du vieil enseignement classique, maintien
auquel ont abouti en effet les derniers remaniements
de programmes, et la suppression des langues mortes,
opérée dans un enseignement spécial perfectionné,
que l'on désigne en ce moment sous le nom d'enseigne

ment classique français. Il faudrait, à mon avis, pour
sortir de ces données étroites, accomplir une révolution
radicale, changer les méthodes et rompre tous ces
moules surannés, en transformant notre système présent de diplômes et de concours. Mais les temps ne
sont pas mûrs pour une révolution aussi profonde.
Quand ils viendront, et leur avènement pourrait être
plus proche qu'on ne le croit, notre enseignement
secondaire, sous ses formules présentes, est sans
doute destiné à disparaître, au sein de la nouvelle
évolution scientifique et utilitaire qui se prépare;
comme a disparu l'enseignement scolastique et dialectique du moyen âge, en présence de l'enseignement
classique inauguré par la Renaissance. Quoi qu'il en
soit, je n'ai pas l'intention de construire ici le système
de l'avenir, tel que je l'entrevois, et il serait préma-
turé d'examiner d'une façon précise de semblables
prévisions, nécessairement conjecturales, et auxquelles
d'ailleurs mes sympathies et mon éducation personnelles m'empêcheraient d'accorder une complète
adhésion. Nous n'en sommes pas encore là d'ailleurs : auparavant, on essaiera des régimes transitoires et des conciliations; c'est aussi ce que je me
propose de faire aujourd'hui.

Il convient de chercher d'abord quelle est, aux yeux
des familles et au point de vue de l'État, la destination

effective de l'enseignement secondaire. Pour en faire mieux comprendre l'état actuel, je rappellerai sommairement les phases dialectiques, puis classiques, qu'il a traversées depuis le moyen âge jusqu'à notre temps : ce qui m'amènera à examiner le problème du jour, celui des deux formules fondamentales de l'enseignement secondaire, ainsi que les rôles respectifs des langues anciennes et des langues vivantes, et celui de l'enseignement des sciences, toutes questions agitées dans ces derniers temps. J'insisterai surtout sur l'opposition qui existe entre l'éducation fondée sur les données littéraires et l'éducation fondée sur les données scientifiques, discipline dont le véritable caractère me paraît avoir été souvent méconnu, sinon même ignoré, par quelques-uns des défenseurs des anciennes formules d'enseignement. Tel est même l'objet principal de la présente étude et sa conclusion : je me propose d'établir que la science a sa vertu éducatrice propre, au sens le plus complet du mot, et que, si l'on veut constituer à côté des humanités anciennes une culture originale, qui ne soit pas la contrefaçon affaiblie de l'enseignement classique, cette culture doit avoir un caractère essentiellement scientifique.

Ce sujet est si vaste qu'il serait téméraire de prétendre l'embrasser tout entier dans le cadre d'un simple article. Tout ce que je désire, c'est exposer

certaines vues personnelles, qu'une étude et un manie-
ment prolongés des affaires de l'instruction publique
m'ont suggérées : je réclame l'indulgence du lecteur
pour ce que ces vues pourront avoir d'incomplet, ou
de contraire à ses propres idées.

I. — LA DESTINATION DE L'ENSEIGNEMENT SECONDAIRE.

L'objet de l'enseignement secondaire et sa destination ont été souvent définis, *a priori*, d'après l'opinion
ou le système que chacun se fait sur le but idéal de
l'éducation et sur le caractère qu'elle doit imprimer à
l'individu. Je demanderai la permission de me placer à
un autre point de vue et d'examiner *a posteriori* ce
que recherchent d'une part et veulent les familles,
en faisant élever leurs enfants, et ce que la société
a le droit de réclamer de son côté, au double point
de vue des carrières particulières et de l'éducation
générale.

Je parlerai seulement de l'organisation française, où
l'État fait une grande partie des frais de l'instruction
à tous ses degrés; en même temps qu'il assure à la
jeunesse instruite, par ses diplômes et par ses fonctions, les principaux débouchés. Que ce soit là une
situation désirable, plus ou moins avantageuse par

4

rapport à celle des autres pays, il ne s'agit pas de le discuter ici : à moins de nous lancer dans des constructions chimériques, nous ne pouvons que constater les faits présents et les prendre pour point de départ des réformes et des progrès futurs.

Quand un père de famille amène son enfant dans un établissement d'enseignement secondaire, sa principale préoccupation est d'assurer l'avenir de l'enfant, c'est-à-dire de lui faire donner une éducation qui lui permette plus tard l'accès à une carrière utile et dont il puisse vivre : médecine, droit, professorat, industrie, commerce, armée, marine, professions administratives. Mais il désire aussi que son fils soit compris dans les classes réputées supérieures et pour cela, il cherche à lui assurer les connaissances et l'éducation générale d'un galant homme, ou tout au moins le vernis de cette éducation : c'est ce que l'on est censé posséder, quand on a fait ses humanités.

Tel est le double point de vue qui domine les familles, lorsqu'elles livrent leurs enfants à l'enseignement secondaire public : point de vue pratique et utilitaire et point de vue d'opinion, lesquels agissent à leur tour pour fixer l'idéal de cet enseignement et en définir le caractère. Ils le régleraient même entièrement, en vertu de la loi de l'offre et de la demande, si l'enseignement secondaire, en France, était donné unique-

ment par des institutions privées, sans aucune intervention de l'État, comme en Amérique et, jusqu'à un
certain point, en Angleterre.

Nous arrivons ici à un autre des caractères fondamentaux de l'enseignement secondaire en France. Il
s'agit de l'intervention de l'État, représenté par le
parlement, les ministres et les conseils chargés par la
loi de la direction de l'enseignement. L'État français,
en effet, n'a jamais envisagé cet enseignement comme
une chose dont il pût se désintéresser, ni au point de
vue général du gouvernement, ni au point de vue
spécial des professions. Il le peut d'autant moins
qu'il se charge lui-même de le donner à la moitié, au
moins, des enfants, et qu'il en détermine en outre
l'objet par ses programmes, diplômes et concours.
Ceci demande à être développé, pour montrer au nom
de quelles idées l'État réclame la direction de l'enseignement secondaire.

Au point de vue général, nous avons toujours conservé quelque chose des conceptions de la cité antique,
d'après lesquelles l'État a pour devoir d'être l'éduca-
teur des citoyens et de les façonner, suivant un certain
type conforme au but social que l'État regarde comme
le meilleur. Au moyen âge, et jusqu'à la fin du
XVIIIᵉ siècle, l'État se considérait comme destiné à
assurer l'autorité exclusive des principes catholiques

et monarchiques, envisagés comme la base même de la société. Aujourd'hui, ces principes ont perdu leur force et ils ont été remplacés par un objectif bien différent, celui de la libre pensée et de la démocratie. L'idée de la patrie, que le moyen âge avait presque oubliée, a reparu depuis le xve siècle en France et elle a pris une force qui s'accroît tous les jours. C'est l'une des conceptions dominantes des peuples modernes, et leur constitution en grands corps de nationalités, dans ces derniers temps, n'a fait que la fortifier davantage ; quelle que soit d'ailleurs la destinée contraire que lui réserve peut être un lointain avenir. Ainsi, la majorité des Français regardent l'État comme tenu d'assurer à l'enseignement secondaire public un caractère national, moderne et républicain. L'État en a d'autant plus le droit que les frais des établissements qui y sont consacrés sont assumés, pour une part considérable, par le budget.

Attachons-nous maintenant aux objets spéciaux de l'enseignement secondaire. Les familles, comme l'État, tendent vers un même but professionnel. Il est bien peu d'enfants, je le répète, qui suivent les cours uniquement pour développer leur culture intellectuelle, sans avoir en vue aucun objet pratique ou profession. C'est ce qui rend un peu illusoire toute polémique *a priori* sur les buts généraux de l'enseignement secondaire, telle que celle qui a été soulevée dans ces derniers temps.

En fait, l'enseignement secondaire a deux degrés, suivant l'âge auquel les enfants doivent terminer leur culture générale pour entrer dans les carrières productives.

Dans son degré inférieur, c'est-à-dire jusque vers l'âge de quatorze à quinze ans, qui répond à la fin de la quatrième, il prépare les enfants à des professions privées : agricoles, commerciales ou industrielles, ouvertes à tous sans réserve, et d'application immédiate. Il confine sous ce rapport à l'enseignement primaire supérieur, et même, dans une certaine mesure, à l'enseignement technique proprement dit, lesquels aboutissent aux mêmes professions.

Dans son degré supérieur, le problème est plus complexe. En effet, on s'est proposé, d'une part, de maintenir la culture au plus haut degré intellectuel et moral, afin de former des hommes éclairés, des citoyens dévoués à la patrie et à ses institutions, et, d'autre part, on a prétendu diriger cette culture, de façon à réaliser une préparation encyclopédique de l'ensemble des professions libérales, vers lesquelles les jeunes gens se dirigent, au sortir de nos écoles.

Le premier but a donné naissance à bien des discussions : j'y consacrerai une partie de la présente

4.

étude. Mais je dois m'attacher pour le moment au
second objet, qui répond à une destination plus clairement définie et plus universellement acceptée. En
effet, nous pouvons aisément dresser le tableau des
connaissances élémentaires qu'il est indispensable de
posséder pour pouvoir entreprendre ensuite avec
fruit, soit les études spéciales aux professions d'avocat,
de médecin, de pharmacien, d'ingénieur, etc. ; soit la
préparation aux concours des grandes écoles de l'État :
Normale supérieure, Polytechnique, Saint-Cyr, centrale, agronomique, etc. Nous avons affaire à des
données clairement définies par les programmes de
concours et d'examen, et par là même, l'orientation
des études secondaires qui y conduisent est déterminée
avec précision.

Ici cependant s'est présentée une difficulté qui
domine toutes les discussions relatives aux enseignements classique ou spécial; difficulté à laquelle on n'a
su donner encore aucune solution satisfaisante, ni
même acceptable en principe. Elle résulte de l'obligation que l'on s'est imposée de préparer à la fois, par
un même enseignement, à l'ensemble des professions
libérales et des grandes écoles. Par suite, on a été
forcé d'enseigner simultanément à tous les enfants,
au moins jusqu'à la rhétorique, les éléments de toutes
les sciences; tandis que l'on se regardait comme

obligé de maintenir simultanément pour tous un enseignement littéraire élevé. De là, la surcharge des programmes et des études, qui écrase à la fois les professeurs et les élèves ; surcharge aggravée encore par
les prétentions des spécialistes chargés de rédiger
les programmes, et qui s'indignent contre toute tentative pour en restreindre le détail indéfini. Un conflit
funeste s'est élevé à cet égard entre la destination
générale de l'enseignement et ses objets spéciaux, et
la première a été en grande partie sacrifiée. Je
demande la permission d'insister sur le caractère de
ce conflit.

L'enfant, et l'homme qu'il est appelé à devenir, ne
sont pas des êtres passifs, des récipients dans lesquels
on emmagasine de gré ou de force une certaine somme
de doctrines et de sciences, distribuées d'une façon
plus ou moins harmonique ; doctrines et sciences,
qu'ils retrouveront plus tard dans les écoles d'application et dans la vie tout entière. Loin de là : ce
qu'il s'agit de développer dans l'enfant, en même
temps que la mémoire et l'habileté momentanée à
répondre à un examinateur, c'est l'aptitude au travail
et l'activité personnelle ; il s'agit d'exciter la curiosité
et l'initiative du jeune homme, et de provoquer dans
son esprit l'élaboration propre, et en quelque sorte la
digestion des ces connaissances hâtivement accumu-

lées. Par là seulement on mettra réellement en valeur les facultés individuelles et les capacités latentes.

Platon disait déjà : « Les leçons qu'on fait entrer de force dans l'âme n'y restent pas. N'use donc pas de violence envers les enfants dans les leçons que tu leur donnes; fais plutôt en sorte qu'ils s'instruisent en jouant; par là tu seras plus à portée de connaître les dispositions de chacun. Il faut mener les enfants à la guerre sur des chevaux, les approcher de la mêlée. Tu mettras à part ceux qui auront montré plus de patience dans les travaux, plus de courage dans les dangers, et plus d'ardeur pour les sciences. »

En un mot, on doit solliciter par de premiers essais d'instruction les goûts et les aptitudes, afin de pouvoir les discerner et les mettre à profit; mais on ne peut arriver à ce résultat essentiel qu'en laissant à l'enfant un certain loisir pour se développer, suivant le sens particulier qu'il préfère : il faut seulement l'obliger au travail.

Or, c'est ce loisir du travail et des goûts personnels qui tend à disparaître dans nos systèmes d'enseignement secondaire. Pendant les années de l'adolescence, les plus fructueuses peut-être pour l'évolution intellectuelle, on se hâte de faire entrer l'enfant dans des moules obligatoires : — la critique que je formule ici s'applique à l'enseignement des établissements libres, aussi bien et plus peut-être encore qu'à l'enseignement officiel. — Au lieu d'avoir pour premier objet les sciences ou les lettres en elles-mêmes, c'est-à-dire la recherche de la vérité scientifique et de la beauté littéraire, qui sollicitent l'enfant par leur attrait propre, sauf à le déterminer ensuite vers tel ou tel but pratique d'une façon plus particulière; l'enseignement est tout d'abord et presque exclusivement dirigé en vue des programmes d'examen. Les mobiles les plus élevés de l'intelligence sont ainsi, dès l'enfance, supprimés, ou déviés de leur destination. Les baccalauréats et les concours des écoles spéciales gâtent les dernières et les plus précieuses années de l'adolescence, celles où devraient apparaître les initiatives et les vocations individuelles.

S'agit-il d'un examen proprement dit, subi sans limitation du nombre des admissibles, le jeune homme est mis en présence de programmes indéfiniment étendus. Au lieu d'être invité à approfondir une science qui lui plairait, il doit, en théorie du moins, aborder l'universalité des connaissances humaines : il s'en tire le plus souvent en apprenant par cœur un manuel, et il perd pour jamais le goût de toutes ces sciences, réduites pour lui à de stériles formulaires.

Dans les concours, le mal est autre et d'autant plus grave qu'il s'agit ici des enfants les plus distingués et

les plus laborieux. Or, ceux qui se préparent à subir
les concours pour entrer dans une école supérieure,
telle que l'École polytechnique, n'ont pas trop de tout
leur temps et de tout leur effort pour bien connaître
le détail illimité des questions d'examen, définies à la
fois par les programmes et par la routine, ou la fantaisie personnelle des examinateurs; questions soigneusement notées à mesure, dans des cahiers spéciaux, par les professeurs et répétiteurs qui assistent
aux examens. Tandis que les candidats futurs s'y con-
sacrent tout entiers, souvent avec un effort excessif
qui épuise leur santé, ils abdiquent leur individualité
et, absorbés par le mécanisme de la préparation, ils
perdent, eux aussi, la curiosité et l'amour de la réflexion
originale.

C'est là le plus profond défaut peut-être du système
d'éducation secondaire adopté en France : il atteint à
la fois l'enseignement public et l'enseignement libre,
parce qu'ils aboutissent au même ensemble d'examens
et de concours. Le remède serait facile à concevoir,
mais non à appliquer, parce que le mal résulte de
notre organisation sociale. Il est difficile d'ailleurs de
se faire entendre, à cet égard, des personnes formées
par ces procédés abusifs et qui se sont accoutumées
à résumer l'idéal de l'instruction dans les concours
auxquels elle aboutit. L'objet essentiel devient alors

le concours même; on le confond avec les épreuves
destinées à classer les candidats, et à assurer pour
tous l'égalité des conditions. « Quelle objection faites-
vous? me disait un jour un examinateur de l'École
polytechnique : notre système, c'est la justice absolue. » — Un directeur des études que je ne dési-
gnerai pas, — il est mort aujourd'hui, — ajoutait :
« Peu importe de nommer dans notre École un
professeur médiocre, de préférence à un homme
supérieur : car ce sera le même pour tous les élèves;
le classement n'en sera pas changé. » Les idées de
justice et d'égalité, qui sont les fondements légitimes de l'institution des concours, produisent ainsi
des effets particulièrement nuisibles au développement
général de la nation, aussi bien qu'au recrutement
même des fonctions auxquelles ces concours aboutissent : car ce que l'État réclame, ce sont les hommes
les plus intelligents et les plus capables de remplir les
services publics, et non ceux qui ont été façonnés avec
la plus parfaite perfection mécanique à un certain
examen. Cette conception étroite des concours et programmes est assurément la cause principale qui altère
la marche de notre enseignement secondaire et qui en
fausse les résultats.

Nous venons de résumer les destinations que l'esprit
public et l'opinion des familles ont attribuées à l'en-

seignement secondaire en France, tel qu'il existe à l'heure présente. Avant d'entrer dans des détails plus circonstanciés sur la double formule littéraire et scientifique que tend à affecter cet enseignement et dont la prédominance relative, l'association, ou la séparation, suscitent aujourd'hui les plus vifs débats, il me paraît utile de rappeler comment on est arrivé à l'état actuel, et par quelles phases successives l'instruction des adolescents a passé depuis quelques siècles. La connaissance du passé est indispensable pour bien comprendre l'état présent et préparer les directions de l'avenir.

II. — L'ENSEIGNEMENT DES ADOLESCENTS AU MOYEN AGE ET DEPUIS LA RENAISSANCE.

Le nom d'enseignement secondaire est moderne; mais la chose est ancienne et elle a existé de tout temps; car de tout temps on a cru nécessaire de donner à l'enfant une certaine éducation, qui le préparât aux devoirs de l'âge viril. Sans remonter jusqu'à l'antiquité, que nous ne connaissons pas bien, il suffira de rappeler qu'avant la Révolution, l'Université prenait comme aujourd'hui l'enfant dès l'âge de neuf à dix ans et le rendait, vers dix-sept à dix-huit ans, avec le titre de maître ès arts; dès l'âge de vingt et un à vingt-deux ans, il pouvait être gradué en théologie, en droit ou en médecine. Les méthodes générales d'instruction avaient traversé dans le cours des siècles, au moyen âge, puis aux temps modernes, diverses périodes qu'il n'est pas superflu de rappeler.

On sait que c'est vers la fin du XIIe siècle que se constitua le régime des universités et que ce nom même apparaît pour la première fois : les cadres généraux constitués à cette époque, successivement étendus et perfectionnés, subsistèrent jusqu'au XVIe siècle. L'objet principal de l'enseignement était alors la logique, réputée l'art par excellence. Quand l'écolier avait appris la lecture, l'écriture, les éléments de la grammaire latine, il commençait, vers l'âge de douze ans, à faire un cours de logique, soit à Paris, soit dans une autre université comptant au moins six régents, et il pouvait ainsi se mettre en mesure de subir, dès l'âge de quatorze ans, les épreuves qui lui conféraient le titre de *détermi-nant* [1], c'est-à-dire de bachelier, dans notre langue actuelle. Cet âge de quatorze ans était inférieur de deux ans à la limite fixée par nos règlements présents, et il représentait également une limite, l'âge moyen étant, alors comme aujourd'hui, un peu plus élevé. Le candidat devait justifier, par des certificats plus ou moins sérieux, qu'il avait suivi un cours ordinaire, et

---

1. *Determinare* : passer des thèses, dans le latin de cette époque.

5

au moins deux cours extraordinaires, sur l'Introduction de Porphyre, le livre des Catégories, l'Interprétation, la Syntaxe de Priscien, un cours ordinaire et un
cours extraordinaire sur les Topiques et les *Elenchi*
d'Aristote, etc. Il devait en outre avoir fréquenté pendant deux ans, non seulement les cours dogmatiques,
mais les *disputes* ou argumentations des maîtres, et
avoir disputé lui-même pendant le même temps dans
les écoles. On voit comment cet enseignement était
essentiellement logique et dialectique, et combien il
était vide de substance et de notions positives. Dès
1275, on compliqua les épreuves, en établissant un examen particulier d'admissibilité et une argumentation ou
dispute, soutenue avant Noël, sur un sujet de morale,
contre un maître régent, en présence des élèves. Dans
l'épreuve principale, le déterminant disputait tous les
jours jusqu'à la fin du carême, rue du Fouarre, dans
les Écoles de sa nation [1]. Ce devait être un étrange
spectacle que ces disputes, — nous dirions dans le
langage familier de nos classes, ces *colles* perpétuelles,
— soutenues pendant des mois par des écoliers de
quatorze ou quinze ans. Elles ne leur déplaisaient pas ;
car Platon observait déjà que l'enfant a un goût particulier pour les disputes vaines : il exerce ainsi à vide

[1]. L'Université était divisée en nations ou provinces d'origine.

son instrument cérébral, comme le nouveau-né exerce
son appareil musculaire, sans but apparent, ni utilité
déterminée. Cependant, nous avons peine à nous
figurer ce régime scolastique, cet entraînement perpétuel de l'adolescent vers les subtilités formelles de la
dialectique. En fait, cependant, la plupart des jeunes
gens, de manière ou d'autre, arrivaient à se dispenser
de ce fatigant exercice; si bien qu'en 1472 on supprima
officiellement les disputes du carême. Ce fut vers la
même époque que le nom de bachelier se substitua à
celui de déterminant. Les études qui précédaient ce
premier grade répondaient, en réalité, à notre enseignement secondaire; à cela près que la durée en était
plus restreinte et le caractère stérile.

L'adolescent, une fois pourvu de son titre, était admis
à suivre les leçons de la faculté des arts et à continuer
l'acquisition des connaissances qui devaient le conduire à obtenir, après vingt et un ans accomplis, la
licence, c'est-à-dire la permission d'enseigner (*licentia
docendi*); et, plus tard, à être admis à la maîtrise,
c'est-à-dire à l'exercice effectif, par ses nouveaux collègues. — Les Facultés de théologie, de droit (décré-
tistes), de médecine, présentaient des filières analogues.

Les études préparatoires à la licence, données dès
lors dans l'Université, comprenaient des enseigne-

ments qui se sont partagés depuis entre notre enseignement secondaire et notre enseignement supérieur :
par exemple, les mathématiques et l'astronomie.

Les cadres de l'enseignement universitaire, purement logiques et grammaticaux au début, s'étaient
élargis peu à peu dans le cours des temps. Les théologiens eux-mêmes, au xvᵉ siècle, commencent à mépriser
la scolastique et à remettre en honneur le culte des
lettres et de l'éloquence ; on établit à cette époque, à
côté des cours de logique, des cours de morale et de
rhétorique. En 1452, on ajouta aux études les règles
de la versification : c'est la date de l'apparition du vers
latin, qui a pris dans l'enseignement une importance
croissante aux xviiᵉ et xviiiᵉ siècles, pour être éliminé
seulement de nos jours. Cinq ans après, la faculté des
arts institua des leçons extraordinaires de grec. Malgré
tout, l'exercice fondamental dans les études et dans les
examens était toujours la dispute orale, qui parfois
dégénérait en rixe : les compositions écrites, d'ailleurs,
n'étaient point en usage. On exigeait en principe cet
usage incessant de l'argumentation, comme éminemment propre à aiguiser l'esprit et à donner aux jeunes
gens l'habitude de la parole ; l'éducation de l'enfance
et de l'adolescence étant alors réputée avoir pour objet
principal de former l'instrument de l'esprit, indépendamment de la matière même enseignée.

Vers la même époque s'opéra, d'une façon d'abord inaperçue, un changement dans la discipline qui devait avoir les plus profondes conséquences ; je veux parler de l'institution des internats. Les élèves étaient libres dans les vieilles écoles du moyen âge, logés chez leurs parents, ou dans des familles privées, ou autrement, comme ils pouvaient. Ils suivaient dans ces conditions les cours publics ou privés. Mais peu à peu les désordres qui naissaient d'un tel état de choses, surtout pour les enfants isolés, donnèrent lieu à une institution nouvelle. Au xve siècle, en effet, nous trouvons établie l'institution des pensionnats et collèges, sous la direction des *Pédagogues*. Les cours libres de la rue du Fouarre, si célèbres du temps d'Abélard, disparaissent. En 1503, voici quelle était, par exemple, l'organisation des études du collège de Montaigu : de quatre heures à six heures du matin, lever ; à six heures, messe ; de huit à dix heures, leçon, répétition ; de dix à onze heures, discussion et argumentation ; à onze heures, dîner et repos ; puis examen et dispute ; de trois à cinq heures, leçon ; à cinq heures, vêpres, puis dispute ; à six heures, souper ; à sept heures, examen sur les leçons du jour, etc. ; à huit heures du soir en hiver, à neuf heures en été, coucher. Les élèves étaient partagés suivant leur âge en plusieurs *lectiones*, ou classes. Ce régime était plus dur que le nôtre; les mœurs générales étaient, d'ailleurs, plus rudes.

Cependant une évolution générale s'effectuait dans les esprits. En même temps que les institutions féodales et religieuses du moyen âge tombaient en décadence, l'idéal antique reparaissait, avec la Renaissance, et l'objet de l'éducation se trouvait par là même changé; il prenait un caractère nouveau, qui a persisté jusqu'à notre temps et qu'il convient de définir, parce qu'il joue un rôle capital dans nos discussions actuelles.

Au moyen âge, l'éducation, essentiellement scolastique et théologique, aboutissait à la dialectique, envisagée comme son but supérieur. La Renaissance se proposa un autre but, et elle introduisit dans l'éducation cette idée de la prépondérance de la culture littéraire, sur laquelle nous avons vécu jusqu'au siècle présent. La transformation fut rapide.

Dès la fin du XVIᵉ siècle, nous lisons dans les programmes d'étude pour 1583 du collège de Guyenne (*schola aquitanica*) tout un système organisé, comprenant dix années, de la dixième à la seconde et à la première (notre rhétorique); système absolument pareil à celui de notre enseignement secondaire actuel, à cela près que les programmes en étaient purement littéraires. La seule différence essentielle entre l'organisation d'alors et la nôtre ne se manifeste qu'après

la rhétorique : il s'agit des enseignements de la philo-
phie et des mathématiques, qui étaient donnés à cette
époque dans les facultés des arts, tandis que de notre
temps ils font partie intégrante de l'enseignement des
lycées : je ne sais si l'on ne reviendra pas plus tard
sur ce dernier système. Au début donc, dans les collèges du xvɪᵉ siècle, on enseignait seulement les langues anciennes et surtout le latin ; car l'enseignement
du grec a toujours été imparfait, et dès les xvɪɪᵉ et
xvɪɪɪᵉ siècles, on entend les mêmes plaintes que de nos
jours sur l'imperfection de cet enseignement et le peu
de fruits qu'il produit. Malgré l'enthousiasme justifié
des lettrés pour l'hellénisme, il n'a jamais été adopté
et poursuivi avec zèle que par quelques élèves exceptionnels. Le latin demeurait donc l'objet fondamental.
Dans les statuts de 1598, destinés à consacrer une
première réforme de l'enseignement, l'histoire, la
géographie, la langue et la littérature françaises ne
sont pas présentées comme objets obligatoires ; mais
ces études ne tardèrent pas à le devenir, les idées sur
le but de l'instruction s'élargissant sans cesse.

Au xvɪɪᵉ siècle, dans le collège de Juilly, puis à
Port-Royal, le français est déjà le but et l'instrument
général de l'enseignement. Le développement et la
constitution définitive de la littérature française, envisagée comme une nouvelle culture classique, de valeur

comparable à celle des langues anciennes, datent du temps de Louis XIV ; elle a eu son contre-coup nécessaire sur l'enseignement. Ainsi, dans le plan de réforme de Rollin, au commencement du xvIII° siècle, le français prend une part considérable ; l'histoire ancienne y joue un grand rôle et on y voit apparaître un petit abrégé d'histoire de France. Il semblait que l'introduction de l'esprit moderne et la connaissance des choses actuelles fussent regardées jusqu'alors comme contraires à la dignité de l'enseignement.

Par une conséquence inévitable, la place du latin et du grec dans les études diminue. En lisant les écrits de l'époque, on croirait déjà assister aux discussions de notre temps sur la meilleure répartition des heures de travail, entre des sujets d'étude devenus chaque jour plus nombreux. Le rôle des langues anciennes dans l'éducation allait, d'ailleurs, par la force des choses, en s'amoindrissant. On avait cessé depuis longtemps de parler le latin, dans l'usage courant des classes, et son emploi comme langue universelle des savants, déjà restreint au xvII° siècle, cesse au xvIII°. Résultat extrêmement grave, car, en perdant son emploi pratique, le latin perd aussi cette vitalité qui l'avait soutenu si longtemps. C'est à ce moment qu'il passe de l'état de langue vivante, parlée et écrite, à l'état définitif de langue morte. Les méthodes suivies dans son enseignement ont subi le contre-coup de ce changement et se sont trouvées dépouillées du caractère efficace qu'elles avaient autrefois. Il y a plus : par une étrange conséquence, l'enseignement des langues modernes de notre temps, trop fidèlement modelé par la coutume sur l'enseignement traditionnel du latin, en a pris quelque chose de gauche et d'artificiel, qui fait obstacle au progrès et s'oppose à ce que les professeurs apprennent aux enfants les langues modernes d'une façon pratique et fructueuse.

Quoi qu'il en soit, la fin suprême de l'éducation des enfants, pour les professeurs des collèges du XVIIIᵉ siècle, demeure la même qu'au XVIᵉ siècle. Ce sont toujours les humanités, et l'idéal consiste à former des rhétoriciens, rompus à l'art de bien dire.

L'enseignement scientifique se donnait alors tout entier dans les deux années de philosophie, au sein de la faculté des arts, en dehors de l'éducation classique proprement dite. A l'exception des mathématiques, cet enseignement était bien plus restreint qu'aujourd'hui. Il ne comprenait ni la chimie, ni les sciences naturelles, non constituées encore, ni les vastes théories de la physique moderne, relatives à la chaleur et à l'électricité. Aussi, se réduisait-il en grande partie à des discussions vaines sur la nature et les propriétés générales de la matière.

5.

C'était, d'ailleurs, au sein des universités que l'éducation s'accomplissait, sans distinction nominale entre l'enseignement secondaire et l'enseignement supérieur; bien que cette distinction existât en fait, quoique avec des limites un peu différentes, dans les matières et le mode d'enseignement. L'enfant, pris dès dix ans et même dès neuf ans, pouvait aboutir, à l'âge de vingt et un ou vingt-deux ans, à obtenir ses grades en théologie, en droit ou en médecine. On voit combien nous avons reculé de notre temps la limite d'âge pour la terminaison des études et l'acquisition des diplômes définitifs.

D'après l'ouvrage de M. Liard, il existait en France, en 1789, 22 universités, dont les cadres répondaient à la fois à nos 106 lycées et à nos 16 groupes de facultés actuelles.

« A Paris, la faculté des arts formait encore, au moins nominalement comme au moyen âge, quatre nations : France, Picardie, Normandie, Allemagne, vivant dans 16 collèges. De ces collèges, 10 seulement, les collèges d'Harcourt, du Cardinal-Lemoine, de Navarre, de Lisieux, du Plessis-Sorbonne, de La Marche, des Grassins, de Montaigu, Mazarin et Louis-le-Grand, jouissaient du plein exercice. Ils avaient chacun à peu près le même nombre de maîtres : un professeur pour chaque classe, de la sixième à la rhétorique ; parfois deux pour la philosophie, qui durait deux ans et réunissait ensemble philosophie proprement dite, mathématiques et physique. Il n'y avait de professeurs spéciaux qu'au collège de Navarre et à Louis-le-Grand pour la physique expérimentale. » Au collège Mazarin, six professeurs, de la rhétorique à la sixième, recevaient, sur les revenus du collège, 100 livres pour enseigner la géographie.

Ajoutons, pour compléter ce tableau, que la gratuité de l'enseignement dans les collèges de la faculté des arts avait été établie par le roi en 1719, moyennant l'octroi du vingt-huitième du produit de la ferme des postes, qui représentait 300 000 livres en 1763. Cette subvention était destinée à donner aux régents des gages fixes, substitués aux rétributions individuelles des élèves. 800 à 900 boursiers étaient entretenus dans ces collèges, ce qui répondait à la fois aux boursiers de nos lycées actuels et à nos boursiers de licence. On voit que l'institution de ces deux ordres de boursiers repose sur une longue tradition, qui date du moyen âge. C'est une nécessité sociale, reconnue de tout temps et plus indispensable que jamais dans une démocratie.

Cependant, un nouvel esprit commençait à animer la société française au xviiie siècle. La conception de la Renaissance avait renversé deux siècles auparavant

celle du moyen âge, au nom des traditions renouvelées de la civilisation antique ; elle pâlissait à son tour
devant les idées nouvelles de la philosophie, récla-
mant l'égalité des droits de tous les hommes et l'avènement du règne de la science et de la raison. Aussi,
le système suranné d'une éducation purement classique et rhétoricienne ne tarde-t-il pas à être contesté
comme le reste. « Pourquoi, s'écriait Diderot, étudier
dans nos écoles sous, le nom de belles-lettres, des
langues mortes qui ne sont utiles qu'à un très petit
nombre de citoyens ; les étudier six à sept ans, sans
même les apprendre, et sous le nom de rhétorique
enseigner l'art de parler, avant l'art de penser, et celui
de bien dire, avant que d'avoir des idées ? » « L'objet
des écoles publiques, ajoutait-il, est l'utilité. »

Il y a dans ces quelques lignes toute une nouvelle
conception du but de l'enseignement, et cette conception va grandir et jouer un rôle de plus en plus considérable, au temps de la Révolution d'abord, puis à
notre époque. Nous serions entraînés trop loin, si nous
prétendions exposer ici en détail les idées et les tentatives théoriques d'organisation présentées à l'époque
de la Révolution, au moment où, après avoir détruit
les anciennes institutions et fait table rase, on imagine
de reconstruire des organismes appropriés à la nouvelle société.

Quelques idées fondamentales d'alors doivent pourtant être mises en évidence, parce qu'elles ont continué à jouer un rôle important, même de notre temps. La première est celle-ci : l'État doit à tous l'instruction, mais il ne leur doit que l'instruction primaire. D'après Sieyès et Daunou (1789-1793), « l'État ne doit que l'instruction nécessaire à des citoyens français, la lecture, l'écriture, les règles de l'arithmétique, l'art de se servir des dictionnaires (!), les premières connaissances de géométrie, de physique, de géographie et d'ordre social... Nul ne peut s'en passer; mais c'est là tout ce que la république doit. Quant aux lettres et aux sciences, il suffit de les honorer; mais il convient de s'en remettre pour les cultiver à l'industrie particulière et à la liberté... » — « La république, disait un autre, n'est pas obligée de faire des savants; de quel droit demanderait-elle pour eux un privilège? On ne doit faire payer à la bourse commune que l'instruction commune à tous. » Bourdon déclare de même qu'il s'agit d'élever à la place des universités des écoles d'arts et métiers, où l'on enseigne les moyens de perfectionner les enfants dans les fonctions utiles. L'utilité d'une culture générale, celle de la culture des sciences en particulier, pour maintenir le prestige moral et la force matérielle des sociétés, étaient ainsi complètement méconnues.

Cependant, ces conceptions étroites n'ont pas cessé d'être combattues au temps même de la Révolution. Le *Lycée*, conçu par Condorcet, réunissait dans son plan tout ce que réclame le travail intellectuel, aussi bien pour l'enfant que pour la jeunesse : mathématiques, sciences physiques, sciences de la nature vivante, science de l'homme, morale, science des sociétés, langues, littératures, beaux-arts et arts mécaniques. Les deux degrés de l'enseignement secondaire et supérieur s'y trouvaient rassemblés.

Mais tout demeura dans le vague des théories, jusqu'au moment où les lois de l'an III et de l'an IV se proposèrent de constituer les organes d'un enseignement nouveau, à la place des anciennes universités anéanties. Il s'agit du système des *Écoles centrales*, qui devaient prendre l'enfant à l'âge de onze à douze ans pour le conduire, vers dix-huit ans, jusqu'au seuil des carrières de la vie civile. Dans la conception des auteurs de la loi de l'an III, nous trouvons déjà plus d'une idée qui a continué à avoir cours jusqu'à nous. L'École centrale, au lieu d'être un internat où l'élève vit nuit et jour, devait être un externat, où il viendrait seulement pour recueillir la parole du maître : conception plus élevée, sans doute, mais que nos mœurs n'ont pas permis de réaliser. Les cours y auraient été ainsi substitués aux classes, avec une discipline plus libre, quoique moins adaptée à l'âge des enfants.

La notion de l'équivalence et du choix entre des enseignements multiples y figure également. Au lieu de recevoir l'enseignement dans une série de classes, étagées de la sixième à la rhétorique et à la philosophie, l'élève devait pouvoir choisir à son gré, suivant ses besoins, ses aptitudes et ses goûts, entre un système de cours parallèles, faits chacun par un professeur spécial. Ce système, souvent préconisé et qui a été réalisé effectivement dans des institutions privées, en Angleterre et aux États-Unis, n'a cependant jamais pu être mis en vigueur en France, à cause de la lourdeur réglementée de nos programmes et de nos organisations scolaires.

Tandis que dans les anciens collèges, le latin, avec la rhétorique et la scolastique d'une philosophie essentiellement logique, formait le fond de l'enseignement, sauf à y joindre un peu de grec, de français, d'histoire, de sciences, dans les Écoles centrales, les langues anciennes et les belles-lettres, tout en étant conservées, cessaient pourtant d'être les agents principaux de l'éducation. Les mathématiques, les sciences physiques et naturelles, l'économie politique, la législation, la grammaire générale, la logique, l'analyse des sensations, l'histoire philosophique des peuples,

l'agriculture et le commerce, les arts et métiers,
l'hygiène et le dessin devaient y jouer un rôle plus
essentiel.

En lisant cette énumération et en faisant la part des
opinions et préjugés de l'époque, on croirait déjà
parcourir le tableau des programmes qui se discutent
de notre temps au conseil supérieur de l'instruction
publique.

Dès l'an IV il a fallu, toujours comme de notre
temps, remanier ces programmes : on en fit sortir les
parties trop techniques, telles que les arts et métiers ;
ou trop spéculatives, telles que la logique et l'analyse
des sensations, la méthode des sciences, l'histoire
philosophique, etc. Les cours, d'abord au nombre de
treize, furent réduits à dix. Au lieu d'être maintenus
dans un système parallèle, offert simultanément à
tous les élèves, sans distinction d'âge ou de capacité,
on les répartit en trois groupes : on dirait aujourd'hui
trois cycles superposés. Le premier débutait à douze
ans et comprenait le dessin, l'histoire naturelle, les
langues anciennes et les langues vivantes. Le second,
à partir de quatorze ans, était constitué par les éléments des mathématiques, la physique et la chimie
expérimentale. Le troisième, qui débutait à seize ans,
embrassait la grammaire générale, les belles-lettres,
l'histoire et la législation. Au-dessus vient alors le

système des écoles spéciales, destinées aux services publics, et définies par la loi du 3 brumaire an IV; système que je n'ai pas à exposer ici, quoiqu'il ait été l'origine de nos grandes Écoles : polytechnique, Saint-Cyr, navale, des mines, normale, des sciences politiques, des beaux-arts, de santé, etc. L'examen de ces plans et les modifications successives qu'ils ont subies dans leur réalisation nous entraîneraient trop loin du domaine de l'enseignement secondaire. Après diverses péripéties, Napoléon Ier organisa enfin l'Université française, avec les cadres essentiels de l'enseignement secondaire et de l'enseignement supérieur, tels qu'ils ont subsisté jusqu'à notre temps. Ce sont ces cadres, maintenus dans l'enseignement secondaire, dont nous poursuivons aujourd'hui la réforme.

III. — LES DEUX FORMULES DE L'ENSEIGNEMENT SECONDAIRE : ENSEIGNEMENT CLASSIQUE, ENSEIGNEMENT SPÉCIAL.

L'enseignement secondaire a eu pendant longtemps un caractère exclusivement classique et semblable pour tous ses élèves : on s'y proposait avant tout, disait-on, de former des hommes, et de maintenir la haute culture littéraire, Cette culture en effet constitue une partie de la force morale des peuples, et elle concourt

par là même à leur puissance et à leur prospérité
matérielle; nul peuple plus que la France peut-être,
dans les temps modernes, n'a profité davantage de ce
prestige. C'est sur l'étude des chefs-d'œuvre littéraires
et artistiques, créés par les Grecs et par les Romains,
que cette culture est principalement fondée : c'est par
là qu'elle se maintient. Telle a été la conception de
l'enseignement classique, depuis l'époque de la Renaissance : elle y domine encore et elle est fondée sur
cette opinion courante, d'après laquelle un jeune
homme qui n'a pas fait ses humanités n'appartient pas
à l'élite de sa génération. Elle engage ainsi bien des
familles à faire donner à leurs enfants un genre d'éducation, qui leur rendra plus tard bien peu de services
peut-être dans la vie pratique.

Des protestations diverses se sont élevées de bonne
heure contre cette conception, les unes proclamées au
nom de la théorie du progrès et de l'évolution indéfinie de l'esprit humain, les autres dictées par des
sentiments purement utilitaires. Deux courants très
différents d'idées se sont rencontrés ici pour combattre
l'enseignement classique, dès la fin du siècle dernier.
Ces deux courants existent encore de notre temps; leur
coexistence et le mélange des arguments tirés de ces
deux manières de voir ont jeté sur les questions agitées
une confusion extrême.

Les uns, en effet, reprennent au nom du progrès la vieille querelle de prééminence entre les anciens et les modernes, soulevée par Perrault au temps de Louis XIV. C'était la première protestation contre l'esprit de la Renaissance, attaquée à son tour au moment même où elle venait à peine de triompher définitivement, en invoquant l'antiquité, de la scolastique du moyen âge. Quand nos contemporains soutiennent la culture moderne et française, comme instrument d'éducation classique, contre la culture traditionnelle tirée des Grecs et des Latins, ils nous font entendre l'écho d'une opinion qui n'a pas cessé depuis deux siècles d'avoir des partisans.

Cette opinion même repose toujours, aussi bien que la thèse officielle qu'elle prétend combattre, sur la notion d'une culture littéraire, envisagée comme fondement essentiel de l'éducation. Elle la voudrait française et moderne, mais toujours universelle et exclusive. Elle tient peu de compte de la culture scientifique et elle semble regarder comme une quantité négligeable la destination professionnelle de l'enseignement secondaire.

Une semblable destination, au contraire, prédomine dans les préoccupations de beaucoup de bons esprits, et elle a donné naissance à une conception différente, qui est devenue l'origine de l'enseignement spécial, juxtaposé à l'enseignement classique depuis un quart de siècle.

La nécessité d'une certaine division dans l'enseignement secondaire, en vue des carrières spéciales auxquelles il doit conduire, a été reconnue depuis longtemps. Déjà, avant la Révolution, le président Roland accusait l'enseignement d'être trop uniforme : « Il serait nécessaire, ajoutait-il, de varier les instructions, pour que tous les enfants pussent s'appliquer soit à la science pour laquelle ils ont du goût et de l'aptitude, soit à l'état qu'ils embrasseront par la suite. » Condorcet voulait également que dans les écoles on donnât à la fois un enseignement général, destiné à permettre à l'élève de reconnaître ses véritables aptitudes parmi la variété des objets dont les éléments lui sont enseignés, et un enseignement spécial, approprié aux vocations ainsi révélées. Dans sa manière de comprendre l'instruction des enfants, le grec et le latin ne devaient plus jouer qu'un rôle minime ; mais leur place n'était pas prise par les lettres françaises, installées dans le vide créé par l'amoindrissement des humanités proprement dites.

De telles conceptions n'ont pas prévalu tout d'abord, la formule de l'enseignement classique ayant reparu dans sa plénitude, au sein des lycées de l'université impériale. Néanmoins les nécessités sociales qui leur

avaient donné naissance n'en subsistaient pas moins.
« Il nous faut des marchands, des agriculteurs, des
manufacturiers ; notre éducation ne semble pas propre
à en faire, » s'écriait Cousin, dans des termes qui
rétrécissaient beaucoup le problème, et il proposait
pour combler la lacune une éducation dite intermédiaire ; d'autres l'ont appelée spéciale, non seulement
de notre temps, mais dès l'époque de la Révolution.

Pour répondre à ces besoins, il s'organisa dans la
première moitié de ce siècle des institutions privées,
où l'on enseignait surtout le français, les éléments des
langues vivantes, de l'histoire, des mathématiques :
enseignement modeste destiné aux enfants qui n'aspi-
raient pas aux carrières libérales proprement dites.
C'est cet enseignement privé qui a servi de base et
de modèle à un enseignement d'État, destiné à le
relever et à lui donner une formule officielle, sous le
nom d'*enseignement spécial*, institué par Duruy. Son
fondateur n'avait pas pour intention de créer une
institution rivale et parallèle à l'enseignement classique ; il visait, comme Cousin, les professions commerciales, agricoles et industrielles, dont il voulait
faire précéder l'apprentissage par une préparation
littéraire et surtout scientifique plus forte, quoique
tournée principalement vers la pratique.

Il se proposait en même temps de mettre fin à une

tentative malheureuse de réforme, inaugurée quelques années auparavant sous le nom de *bifurcation*, et où l'on avait allié des tendances restrictives et illibérales, avec une ébauche d'éducation scientifique proprement dite. Après la quatrième, les élèves devaient se partager en deux groupes : ceux qui poursuivent l'éducation classique et ceux qui se destinent aux écoles spéciales, auxquels l'étude des sciences était principalement réservée. Mais en même temps les programmes de la bifurcation dépouillaient systématiquement l'enseignement des sciences de son caractère élevé et philosophique. Renouvelant les déclarations de Napoléon Iᵉʳ contre les idéologues, on prétendait exclure de l'enseignement des sciences ce qu'on appelait « des abstractions propres à égarer l'esprit ».

La réforme, rendue suspecte par les tendances de ses auteurs, fut mal accueillie et peu soutenue par les professeurs chargés de l'appliquer. Avant même qu'elle eût pu entrer complètement en vigueur, M. Duruy y substitua une organisation nouvelle. Tandis qu'il rétablissait l'enseignement classique proprement dit, il créait l'enseignement spécial, envisagé comme d'un ordre inférieur et subordonné à la conception professionnelle. Pour éviter toute confusion, il donna au nouvel enseignement des organes propres : programmes, système de classes coordonnées, diplôme, écoles normales de professeurs (Cluny). Le tout se développa d'abord librement, pendant douze à quinze ans.

Mais l'institution nouvelle n'a eu qu'un succès incomplet : d'une part, parce qu'elle ne résolvait qu'une partie du problème, et d'autre part, parce que son organisme ne tarda pas à être dévié de sa destination primitive, pour diverses causes, dont les principales sont attribuables à la tendance instinctive des administrations françaises vers l'uniformité. En effet, l'enseignement spécial ne se distinguait pas suffisamment de l'enseignement primaire supérieur, lequel aboutit aux apprentissages techniques. Il s'en distinguait d'autant moins que le diplôme qui ouvrait l'accès de l'enseignement spécial était directement accessible pour les élèves des écoles normales de l'enseignement primaire. Mais on y entrait en même temps par la voie de l'enseignement secondaire classique. De là une inégalité frappante entre les professeurs du nouvel enseignement, choisis tantôt parmi les sujets les plus capables de la pédagogie primaire, tantôt parmi les sujets déclassés de la pédagogie classique. Entre ces deux tendances, la seconde finit par l'emporter : l'école de Cluny devint de plus en plus stérile et insuffisante pour le recrutement auquel elle devait fournir ; tandis que les Facultés des sciences et des lettres

fournissent presque exclusivement, et souvent par ses
meilleurs élèves, les professeurs de l'enseignement
spécial. Dès lors on tendit à mettre sur le même
niveau hiérarchique le nouvel enseignement spécial et
le vieil enseignement classique. Les cadres se rappro-
chèrent; l'agrégation de l'enseignement spécial réclama
et obtint les mêmes avantages comme traitement,
classement et prérogatives que l'agrégation classique.
On a même créé, il y a peu d'années, un baccalauréat
de l'enseignement spécial, parallèle au baccalauréat
classique et qui, dès à présent, est regardé comme
équivalent pour l'ouverture d'un certain nombre de
carrières. L'enseignement spécial ainsi constitué est
suivi en ce moment par une multitude de jeunes
gens, un tiers environ de la jeunesse des lycées et
collèges, d'après les chiffres présentés au début de
cette étude.

Aujourd'hui il s'agit d'aller plus loin dans les rap-
prochements des deux enseignements : on se propose
de les rendre parallèles et sur la plupart des points
équivalents, mais en changeant la durée, le nom et
par là même la destination de l'ancien enseignement
spécial, qui deviendrait un second enseignement classique, dominé par des humanités purement françaises
et rendu symétrique avec l'enseignement des humanités grecques et latines. Ce serait le triomphe de

l'uniformité réglementaire : peut-être au détriment de l'enseignement classique proprement dit, qui se trouverait ainsi nivelé avec un enseignement d'ordre inférieur, s'abaissant d'autant que celui-ci se trouverait relevé. L'enseignement spécial actuel n'en souffrirait pas moins sans doute; car il perdrait ce caractère propre de brièveté d'études et d'application pratique, qui a fait jusqu'ici son succès auprès d'un grand nombre de familles peu fortunées et désireuses de voir leurs enfants aboutir dans un temps plus court que celui des études classiques proprement dites. Je ne sais si le résultat définitif d'une semblable réforme ne serait pas de faire déserter une partie des classes de nos collèges et lycées, au profit des établissements privés ou congréganistes, qui se prêteraient avec plus de souplesse à la satisfaction de besoins sociaux incontestables, en conduisant les enfants plus rapidement au but pratique auquel ils aspirent.

Malheureusement pour ces conceptions elles se heurtent à un autre ordre de difficultés, celles qui résultent de la préparation aux écoles scientifiques du gouvernement; préparation essentiellement mathématique et qui sort à la fois des cadres de l'enseignement classique ancien et de ceux que l'on voudrait donner au nouvel enseignement français. En effet, la préparation aux Écoles polytechnique, de Saint-Cyr, centrale,

6

attire une grande partie de la jeunesse intelligente,
laquelle cherche à s'assurer les avantages et la stabi-
lité des fonctions de l'État.

Or, pour les jeunes gens destinés aux concours
d'accès de ces grandes écoles, la durée des études
nécessaires est trop grande pour qu'ils consentent à
s'assujettir à la lente filière des études classiques, sous
quelque forme que ce soit. A part une faible minorité,
la plupart de ces élèves sont obligés de prendre une
voie plus courte; ils quittent les classes littéraires dès
la troisième ou la seconde, pour passer dans les classes
de mathématiques, dites préparatoires. De là, ils entrent
dans les deux classes successives des mathématiques
élémentaires et des mathématiques spéciales, affectées
à la préparation immédiate aux Écoles polytechnique
et de Saint-Cyr. Voici les chiffres officiels des jeunes
gens qui suivent cette route abrégée dans les lycées des
départements. Le nombre des élèves entrés l'an dernier
(1890) en mathématiques élémentaires s'élevait à 1 676,
dont 189 avaient fait leur philosophie; 118 venaient
directement de rhétorique, 93 avaient passé par l'enseignement spécial et 1 265 par les mathématiques
préparatoires. Dans la classe préparatoire à Saint-Cyr,
on comptait 859 élèves, dont 207 avaient fait leur philosophie; 52 venaient de rhétorique, 110 de l'enseignement spécial, 479 de la classe de mathématiques

préparatoires. Les proportions, parmi les élèves de
Paris, étaient à peu près les mêmes.

On voit par ces chiffres que la grande majorité des
élèves qui veulent concourir pour les écoles du gouvernement échappent, vers la fin de leurs études, aux
cadres de l'enseignement classique actuel, aussi bien
qu'à ceux du futur enseignement français, et on aper-
çoit en même temps combien sont complexes les problèmes de l'enseignement secondaire et combien serait
téméraire la prétention de résoudre à la fois par une
formule unique, telle que celle d'un enseignement
purement français, des questions aussi différentes que
le problème d'une culture littéraire moderne, supposée
équivalente à la culture fondée sur les anciennes; le
problème d'une culture scientifique élevée, réclamée
par un grand nombre de vocations; le problème d'une
culture plus courte et plus pratique, exigée par les
nombreux enfants qui quittent nos collèges vers l'âge
de quatorze ans; enfin le problème particulièrement
impérieux de la préparation aux concours des grandes
écoles scientifiques.

Il n'est pas possible aujourd'hui, tous les hommes
compétents le reconnaissent, de concilier des destinations aussi diverses et de faire rentrer, de gré ou de
force, l'enseignement secondaire dans un cadre unique,
celui de l'éducation intégrale, comme on dit quelque-

fois; éducation dans laquelle les enfants seraient préparés, par un enseignement encyclopédique, à l'ensemble des carrières. C'est cependant cette unité idéale de l'enseignement secondaire que prétendraient maintenir les partisans absolus de la vieille éducation classique, fondée sur les humanités grecques et latines. Les partisans rigoureux et exclusifs d'une éducation dite moderne, et fondée uniquement sur l'étude du français et des langues vivantes, maintiennent de leur côté la même prétention. Seulement, en présence de la nécessité sociale qui réclame des connaissances chaque jour plus nombreuses et plus approfondies, les partisans exclusifs de l'enseignement moderne veulent leur faire place, en supprimant dans l'ensemble général des études le grec et le latin; sauf pour une minorité, pour laquelle on conserverait provisoirement le vieux type classique, réclamé par quelques familles, en attendant qu'il tombe de lui-même en décadence.

Dans un système, comme dans l'autre, on proteste contre une spécialisation anticipée, et on invoque la nécessité de ne pas préjuger trop tôt les aptitudes des enfants et de laisser les capacités se révéler avec l'âge.

Il est certain que l'esprit de l'enfant éprouve un changement profond vers l'époque de la puberté, et que c'est seulement vers quatorze ou quinze ans que se manifestent les facultés rationnelles proprement dites : jusque-là, sauf dans des cas exceptionnels, il serait téméraire d'assujettir l'enfant à une éducation trop particulière. Mais, à partir de cet âge, la lumière commence à se faire et on conçoit la possibilité de plusieurs directions différentes, appropriées au vœu des familles, les meilleurs juges après tout des aptitudes et de la destination qu'elles désirent voir suivre par leurs enfants.

Ce n'est pas tout : pour bien faire apercevoir toutes les données de la question, il convient d'entrer dans des considérations pédagogiques d'un ordre non moins général, et qui interviennent chaque jour dans nos discussions relatives à l'orientation et à la réforme de l'enseignement secondaire.

Une première donnée, qui complique le problème, c'est la question du surmenage intellectuel, soulevée par les hygiénistes dans ces dernières années. A surcharger l'esprit des enfants par l'acquisition réelle ou prétendue de tant de connaissances diverses, on risque de le fatiguer avant l'heure et d'en empêcher l'évolution normale. On ruine en même temps la santé à l'âge du développement physique ; risque plus marqué encore pour les jeunes filles que pour les jeunes garçons. De là la nécessité de réduire le nombre de ces connaissances, ainsi que la durée du temps quotidien consacré aux études ; de là l'obligation d'assurer

6.

aux enfants un temps suffisant pour se livrer aux exercices physiques. Je n'examinerai pas ici si cette réaction légitime contre la surcharge intellectuelle n'a pas été poussée trop loin; et si le surmenage était aussi réel qu'on l'a dit dans les classes inférieures; s'il ne se produit pas surtout dans les classes mathématiques, destinées à la préparation aux grandes écoles, et même si ce n'est pas le système excessif des concours et de leurs épreuves, chaque jour multipliées, qui épuise l'adolescence.

Pour répondre à ces réclamations, on a réduit tout récemment la durée de la classe à une heure et demie, au lieu de deux heures : mesure contestable, qui ne permet plus guère au professeur de veiller au développement individuel de ses élèves, à la récitation des leçons et à la correction des devoirs; elle tend à transformer les classes anciennes en cours proprement dits, où l'action du professeur est purement collective et destituée par là même d'une partie de sa vertu éducatrice.

En outre, en effectuant ce changement, on a perdu de vue l'utilité du développement matériel de la mémoire et l'avantage de ces exercices spéciaux, destinés à fixer pour jamais dans l'esprit les chefs-d'œuvre des grands poètes et des grands écrivains. La substitution des explications orales et des devoirs dits extemporanés aux compositions écrites d'autrefois, malgré certains avantages, n'en a pas été moins fâcheuse, par l'excès avec lequel elle a été appliquée. Si elle est utile pour développer les facultés d'improvisation, la vivacité d'esprit et la faculté de la parole, en revanche, elle nuit à la réflexion et à la méditation, au travail soutenu, prolongé et solitaire que réclament les compositions écrites. L'esprit perd ainsi sa véritable force individuelle et l'énergie profonde de ses réserves, aux dépens des facultés superficielles d'improvisation.

Ces diverses réformes, hâtivement introduites dans l'enseignement secondaire classique, ont contribué à l'énerver; elles ont diminué la capacité de travail et le goût de l'effort personnel, chez le professeur aussi bien que l'enfant. Elles avaient pour but, répétons-le, de maintenir à tout prix, par certains sacrifices, un type unique d'éducation encyclopédique, approprié à la préparation de toutes les carrières.

La campagne menée depuis quelques années contre l'enseignement du grec et du latin tend aux mêmes conséquences. En effet, dans l'esprit de ses promoteurs extrêmes du moins, il s'agirait surtout de remplacer le vieil enseignement classique par un nouveau type général d'enseignement secondaire, allégé par la suppression des langues anciennes, mais destiné de même à la généralité des enfants.

Ces prétentions excessives et qui dépassent les nécessités réelles de l'enseignement ont rencontré des résistances et l'on tendrait aujourd'hui, ainsi que je l'ai dit plus haut, à réaliser un système mixte, dans lequel coexisteraient deux enseignements parallèles : l'un classique ancien, fondé sur l'étude du grec et du latin et conservant les traditions reçues ; l'autre dit classique français, qui prendrait la place de l'enseignement spécial. On a voulu créer deux types parallèles, de même durée, à sanctions similaires et équivalentes.

La multiplicité nécessaire des types d'enseignement est respectée dans cette combinaison : mais elle repose toujours sur une conception *a priori* de ce que devrait être, au gré de ses auteurs, l'enseignement secondaire, et elle n'est pas déduite directement de la destination effective de ces enseignements, c'est-à-dire des vœux et besoins des familles. Ce n'est pas un second enseignement classique, symétrique et parasite du premier qu'elles réclament ; mais leurs désirs ne seront réellement remplis, je ne saurais trop le répéter, que lorsqu'il existera, à côté du vieil enseignement classique, que beaucoup de familles désirent conserver, des formules nouvelles d'un ordre tout différent, appropriées aux vœux d'un autre groupe de familles. Les unes de ces formules permettraient d'aboutir en un moindre nombre d'années à un objet professionnel ; les autres

conduiraient plus directement à la préparation scientifique, réclamée par nos grandes écoles. Or, dans le
nouveau système, on a été conduit à prolonger sans
cesse la durée des études de l'enseignement spécial,
dont on veut faire l'enseignement des lettres françaises.
Il avait été déjà porté d'abord de cinq ans à six ans; on
voudrait aujourd'hui une septième année, une année de
rhétorique française, afin d'en égaliser la durée avec
celle de l'enseignement parallèle des lettres latines. En
même temps on va jusqu'à proposer d'imposer cette
année de rhétorique française aux jeunes gens qui
désirent entrer dans les classes de mathématiques élémentaires. Ce serait là, sans aucun doute, aller contre
la force des choses et, par un besoin artificiel de symétrie, risquer de faire le vide dans les établissements de
l'État.

Quant aux enfants qui suivraient, quand même et
pour elle-même, cette nouvelle route établie sous le
nom d'enseignement classique français; si elle demeurait ainsi entendue, elle ne leur fournirait, en réalité,
pas d'autre ouverture que celle de l'ancien enseignement classique. Avec une culture inférieure et une
dépense de travail, c'est-à-dire d'énergie intellectuelle,
moindre, ils aboutiraient de même, par une préparation rhétoricienne et dialectique, vide de substance
positive, à un baccalauréat nouveau : vain leurre

donné à ces aspirants aux fonctions officielles, parmi lesquels on ne tarde pas à compter tant d'ambitieux déclassés.

Pour avoir une valeur véritable, le nouvel enseignement, quelque nom qu'on lui donne, doit ouvrir des carrières auxquelles ne conduise pas directement l'enseignement classique proprement dit, telles que celles des sciences, de la haute industrie, du commerce, etc.; il doit en outre se composer des deux degrés successifs imposés par le besoin des familles. Je demande la permission de dire comment je le comprendrais.

Une première période continuerait, comme dans l'enseignement spécial d'aujourd'hui, à conduire jusque vers quatorze ou quinze ans les enfants que les familles moins fortunées veulent engager de bonne heure dans une direction professionnelle. Loin de tendre à supprimer cette étape, il convient de la maintenir et de l'accentuer, dans la transformation de l'enseignement spécial. Or l'une des caractéristiques essentielles de cette première période, c'est en effet que ni le grec ni le latin n'y sont nécessaires; mais les familles demandent à la place une culture française et une étude plus développée et plus pratique des langues modernes.

Ce dernier point mérite toute notre attention. Dans nos lycées, on enseigne trop les langues modernes d'après les types grammaticaux et littéraires auxquels les langues anciennes ont été réduites, par la suite des temps et par la désuétude de leur emploi pratique. Le système d'une agrégation de langues modernes a concouru surtout à en fausser l'enseignement par la conformité routinière de ses épreuves conventionnelles avec celles de l'agrégation des langues anciennes. Au lieu de tenir à honneur de former avant tout des maîtres de langues, dont le mérite et les services seraient appréciés d'après les résultats obtenus, c'est-à-dire d'après la perfection avec laquelle leurs élèves auraient appris à parler et à écrire l'allemand et l'anglais, les personnes qui dirigent cet enseignement ont trop cédé, peut-être, au désir de faire prévaloir dans l'enseignement des langues modernes les méthodes essentiellement littéraires, qui constituent aujourd'hui l'enseignement des langues mortes. On prétend former pareillement les enfants par la culture allemande ou anglaise, fût-ce en diminuant la part faite à notre propre culture nationale. Certes, je suis loin de faire fi du côté littéraire; mais ce n'est pas là ce que veulent les familles. Il importe de rompre le plus tôt possible avec ces procédés, déjà surannés dans l'enseignement des langues classiques, et qui empêchent notre jeunesse de parvenir à une connaissance effective des langues modernes. Cessons de regarder comme un but idéal ce savant échelonnement des classiques modernes, dans le parcours duquel on épuise l'intérêt et les efforts des enfants, sans leur apprendre tout d'abord et substantiellement les langues vivantes. On a trop perdu de vue qu'ici l'objet essentiel est à la fois différent de celui de l'étude du grec et du latin et de celui de l'étude de notre histoire et de notre littérature nationales. C'est la pratique des langues modernes qui importe avant tout et qui doit dominer le système. Quant aux langues anciennes et mortes, leur pratique est tombée en désuétude; aujourd'hui, il est certain que, par leur étude, on se propose surtout d'exercer l'esprit et de lui fournir une gymnastique, en même temps que de maintenir les traditions d'origine de la culture française. Mais dans les langues modernes, on réclame avant tout un objet réel et un emploi immédiat. Tant que ce but ne sera pas atteint, on aura droit de se plaindre hautement du vice des méthodes et du détriment réel apporté aux élèves par un mauvais système d'éducation.

Revenons au nouvel enseignement général qu'il s'agit d'instituer. Dans l'ordre d'idées que je développe, un enseignement purement français serait destiné aux enfants qui suivraient cette route jusqu'à l'âge de quatorze ans environ, sans que la culture littéraire y fût nullement abandonnée; elle y serait

moins forte, sans doute, que dans l'enseignement classique, mais suffisamment maintenue par l'étude du
français, auquel on joindrait l'histoire, la géographie
et les premiers éléments des sciences, indispensables
à tous. La première période de cet enseignement étant
ainsi accomplie, les enfants qui s'y limitent se dis-
perseraient comme aujourd'hui, mais avec une connaissance plus solide des langues modernes et des
éléments des sciences.

La seconde période qui s'ouvrirait ensuite devrait
également être organisée, de façon à répondre aux
besoins des familles et aux vocations scientifiques, et
à conduire les enfants soit vers les carrières techniques,
soit vers la préparation aux écoles. Telle que je la
conçois, elle reposerait principalement sur l'étude des
sciences, sans exclure un certain degré de culture
littéraire; celle-ci, d'ailleurs, étant désormais subordonnée.

En même temps que ces études aboutiraient aux écoles
où la culture est surtout mathématique, peut-être pourrait-on, avec certaines précautions, leur ouvrir une
seconde issue vers les carrières des sciences naturelles; carrières auxquelles on parviendrait d'ailleurs
aussi par la voie de l'éducation classique ordinaire.
Il y aurait là des ponts à établir, c'est-à-dire des passages entre les deux ordres d'enseignement, passages

7

dont le caractère et l'étendue ne sont pas encore suffisamment étudiés pour en parler ici. L'esprit des
enfants, ainsi dirigé, trouverait dans cette seconde
période des formules éducatrices nouvelles, non moins
essentielles au point de vue de la culture générale de
l'esprit humain que les formules purement littéraires.
Ce point de vue n'a pas été généralement compris
jusqu'à présent, dans les discussions relatives à l'enseignement secondaire et je vais essayer d'en montrer
le véritable caractère et l'importance capitale.

IV. — LA SCIENCE ÉDUCATRICE.

Le rôle des sciences dans l'éducation générale de
l'esprit humain et dans les progrès de la civilisation
a été souvent méconnu par les pédagogues, cantonnés
dans les formules traditionnelles de l'enseignement
classique. Je me rappelle avoir assisté, il y a un
quart de siècle, à une conversation entre Duruy, alors
ministre de l'instruction publique, et un inspecteur
général des études, que je ne veux pas nommer ici.
Duruy, esprit ouvert au progrès, parlait de l'importance des sciences expérimentales et de la nécessité
de les faire intervenir pour une plus large part dans
l'enseignement; il apercevait les notions à la fois pratiques et philosophiques qui se dégagent de leur étude.

Mais son interlocuteur, fermé aux idées générales et méprisant des résultats utilitaires dont il était incapable de comprendre l'importance, ne voyait dans tout cela qu'une cuisine, bonne tout au plus à enseigner aux futurs marchands de pétrole et de charbon de terre. Il ne serait pas difficile de retrouver des opinions pareilles chez un certain nombre des partisans aveugles de l'enseignement classique, fondé sur l'étude du grec et du latin.

Cependant, si les conditions matérielles de la vie humaine ont été changées ; si l'accumulation des capitaux et l'accroissement de la force productive du labeur humain ont accru graduellement l'aisance générale et donné aux travailleurs une indépendance relative et des droits qu'ils ne possédaient pas autrefois et qui tendent à s'accroître chaque jour, pour le bonheur de la race humaine ; ces progrès, il ne faut pas cesser de le rappeler, ne sont dus ni aux études littéraires, ni aux discussions scolastiques, religieuses, ou philosophiques. Non ! ils sont attribuables essentiellement au développement de la science et à celui de la richesse générale, créée par ces découvertes. Vérité aperçue surtout depuis le xviiie siècle, qui a proclamé l'avènement prochain du règne de la science et de la raison : elle éclate aujourd'hui de toutes parts, depuis la transformation rapide de la civilisation qui s'est

accomplie de notre temps et qui se poursuit sous
nos yeux.

Cet immense développement de la richesse et de
l'industrie, ainsi que le développement corrélatif de
l'esprit libéral et démocratique, sont dus, proclamons-
le bien haut, aux découvertes de la science moderne.
Si la somme des aliments mis à la disposition de l'espèce humaine va sans cesse en croissant, ce n'est pas
par l'effet d'un raisonnement logique ou d'une déclamation de théologie; mais c'est par la suite nécessaire
des découvertes de la chimie, de la mécanique et de
la physiologie, qui ont déjà transformé l'agriculture
et la transformeront encore bien davantage, dans un
prochain avenir. Quelle que soit la lenteur avec laquelle
les paysans modifient leurs pratiques traditionnelles
nous leur avons appris à faire rendre à un champ,
dans un temps donné, avec une même somme de travail humain et une même dépense, une quantité de blé
bien plus forte que celle que ce champ produisait
autrefois, et nous sommes à cet égard encore fort
loin du terme que la science permet d'annoncer. C'est
par suite des progrès de la science, que tout le monde
aujourd'hui, ou à peu près, en France, mange ce pain
blanc, jadis réservé à quelques privilégiés. Le nombre
des bestiaux que nous élevons dans nos prairies ne
s'est pas accru dans une moindre proportion, depuis

deux siècles; toujours par l'application des méthodes créées par la science : c'est par leur bienfait que la nourriture animale a été rendue accessible à nos ouvriers et à nos paysans, auxquels elle demeurait encore presque inconnue, il y a soixante ans. C'est en vertu des découvertes de la chimie que le sucre, denrée rare et exceptionnelle au siècle dernier, est produit aujourd'hui par quantités colossales et qu'il est devenu l'un des aliments usuels des populations. Il me serait facile de poursuivre dans les ordres les plus variés cette énumération de l'amélioration, par la science, des conditions de la vie humaine.

Or, tous ces progrès, je le répète, ne sont pas dus à des dissertations dialectiques ou littéraires, mais aux découvertes positives des sciences physiques, mathématiques et naturelles : je ne veux pas parler seulement des découvertes purement pratiques, nées de l'empirisme; mais il faut remonter plus haut, car la part principale de ces progrès est attribuable aux conceptions théoriques les plus élevées des sciences positives. C'est ainsi que toutes les industries modernes des métaux, des pierres, du bois, du travail des matériaux de tout genre, reposent sur les découvertes générales de la chimie et de la mécanique. Il en est de même du développement immense des voies de communication : chacun l'admire et reconnaît qu'il a ouvert au commerce et à l'industrie des domaines indéfinis; il a permis une répartition générale des produits et des richesses entre tous les peuples civilisés, en même temps qu'il tendait vers une certaine communauté des idées et de l'éducation intellectuelle et morale des nations. Ce dernier point est capital, car le caractère fondamental des sciences, c'est de n'appartenir en propre à aucune secte ni à aucune nationalité et de constituer le domaine général de l'humanité.

Mais il importe de rappeler comment a été réalisée cette mise en commun des ressources du globe, qui résulte du développement des voies de communication. N'oublions jamais que ce sont les découvertes de l'astronomie, qui ont dirigé avec certitude la marche des navires à travers l'Océan, et permis de tracer le plan général et la carte détaillée des continents et des îles, avec une rectitude ignorée jusque-là; ce sont les inventions de la physique moderne, qui ont révélé les lois théoriques des vapeurs et de la thermodynamique, appliquées chaque jour pour suppléer et multiplier le travail humain dans toutes les industries; ce sont les inventions de la chimie sur les gaz, sur la combustion et sur la préparation du fer et de l'acier, jointes aux inventions de la mécanique rationnelle et appliquée, qui président à la fabrication et à la mise en œuvre de nos machines, de nos navires et de nos locomotives.

En un mot, c'est par la science seule, et non par un empirisme aveugle, que ces merveilleux progrès ont été accomplis.

Je ne veux parler ici ni des facilités étranges données à la vie, à l'art et à l'industrie par les subtiles découvertes de la physique de nos jours, telles que la télégraphie électrique, le téléphone, la photographie, l'éclairage électrique; et je ne rappellerai que pour mémoire la modification complète des conditions de la guerre par les découvertes de la science relatives aux matières explosives, si récemment connues et étudiées.

Mais je ne saurais passer sous silence la prolongation même de la vie humaine, dont la durée moyenne a été doublée depuis deux siècles chez les peuples civilisés, par les découvertes de la physiologie, de l'hygiène et de la médecine; chaque jour marque dans cet ordre des progrès nouveaux, aux applaudissements unanimes.

Tous ces progrès, toute cette transformation de la vie, ne se sont pas accomplis, et ne continuent pas à s'accomplir, au hasard et par accident : non certes! ce sont les fruits réfléchis de la science moderne. Et voilà pourquoi l'esprit public réclame chaque jour une intervention croissante des méthodes et des enseignements de la science dans l'éducation publique. Cette part d'ailleurs n'est pas destinée uniquement à

profiter à la communauté; mais, par une conséquence
forcée, elle profite tout d'abord aux individus, préparés
à la culture scientifique par l'enseignement secondaire,
et auxquels elle ouvre chaque jour de nouvelles carrières professionnelles. Voilà, je le répète, pourquoi
les familles réclament chaque jour une introduction
croissante de la science dans l'éducation de leurs
enfants.

Si la nécessité de la science dans l'enseignement
secondaire est ainsi justifiée, au point de vue matériel
et social par les raisons les plus impérieuses, il ne
faudrait pas croire, comme on l'a dit quelquefois, que
la science soit peu propre à l'éducation intellectuelle
et morale de l'individu et qu'elle ne puisse former
ni des esprits capables de conceptions élevées, ni
de bons citoyens. L'accusation serait trop facile à
retourner contre une éducation purement sophistique
et rhétoricienne, fondée sur une culture exclusivement littéraire. Il n'est peut-être pas inutile d'entrer
à cet égard dans quelques développements et de montrer comment la science est véritablement, et à un
degré éminent, éducatrice, aussi bien dans l'ordre
moral et intellectuel, que dans l'ordre matériel.

A cet égard, il existe dans la science deux directions,
répondant à des aptitudes distinctes, mais non contra-
dictoires : la direction mathématique, essentiellement

déductive et rationnelle, et la direction physique et naturaliste, fondée sur l'observation et l'expérimentation, combinées avec le raisonnement. Toutes deux sont indispensables pour une bonne culture de l'esprit. Déjà Platon (*République*, liv. VII) faisait observer que la science des nombres, en obligeant l'homme à raisonner sur les nombres en soi et sur des vérités qui ne sont ni visibles ni palpables, a la vertu d'élever l'âme. Tout d'abord les mathématiques donnent au jeune homme la claire notion de la démonstration et l'habituent à former de longues suites d'idées et de raisonnements, méthodiquement enchaînés et soutenus par la certitude finale du résultat. Aussi a-t-on pu dire que celui qui n'a point fait de géométrie n'a pas le sentiment rigoureux de la certitude. Mais il y a plus : au point de vue purement moral, rien n'est plus propre que cette notion, à donner à l'homme le respect absolu et fanatique de la vérité.

Ce n'est pas tout : les mathématiques, l'algèbre et l'analyse infinitésimale principalement, suscitent à un haut degré la conception des signes et des symboles, instruments nécessaires qui augmentent la puissance et la portée de l'esprit humain, en résumant sous une forme condensée et en quelque sorte mécanique tout un ensemble de relations. Ces auxiliaires sont surtout précieux en mathématiques, parce qu'ils y sont adé-

7.

quats à leurs définitions; caractère qu'ils ne possèdent pas au même degré dans les sciences physiques et naturelles. Quoi qu'il en soit, il y a là tout un ensemble de facultés intellectuelles et morales, qui ne sauraient être pleinement mises en jeu que par l'enseignement des mathématiques : elles le seraient encore davantage, si cet enseignement était dirigé de façon à laisser un libre jeu au travail personnel de l'élève, au lieu de le forcer à entrer dans les cadres minutieux et tracés à l'avance d'un système de concours obligatoires.

Les mathématiques sont l'instrument indispensable de toute recherche physique. Mais les sciences physiques introduisent de nouveaux éléments, et des plus capitaux, dans l'éducation. En effet, elles reposent principalement sur d'autres méthodes, dont la discipline concourt d'une façon propre à l'évolution de l'enfant et excite en lui la manifestation de facultés nouvelles et non moins essentielles, aussi bien au point de vue intellectuel qu'au point de vue moral.

Je veux parler des facultés d'observation et d'expérimentation. Ces facultés ont pour objet la connaissance de la nature, et celle-ci, contrairement à la géométrie, ne s'acquiert point par le raisonnement.

Dans les sciences physiques, nous sommes les esclaves d'une vérité qui nous est extérieure et que nous ne pouvons connaître qu'en l'observant. C'est d'abord un enseignement de faits qui prévaut ici; il peut et doit être donné dès la plus tendre enfance. Par ce côté, l'éducation scientifique et surtout les leçons de l'histoire naturelle sont nécessaires, dès les premières années de l'enseignement secondaire; c'est une grande faute, à mon avis, que de prétendre, comme on l'a fait quelquefois, les rejeter dans les dernières années d'études. C'est, par là, au contraire, qu'il faudrait débuter. Rien n'est plus suggestif, plus propre à développer le goût de la connaissance des choses et le sentiment de leur comparaison que l'étude de la zoologie et de la botanique. Les enfants ont de bonne heure la fantaisie des collections, et les notions morphologiques, si utiles pour le développement des arts et des sciences, pénètrent ainsi, d'une manière pour ainsi dire insensible et sans effort, dans ces jeunes esprits. Ils acquièrent en même temps la notion générale de la classification, qui joue un grand rôle dans toutes les connaissances humaines, ainsi que la notion plus générale encore de la combinaison harmonieuse des systèmes organiques dans les êtres vivants. Un sentiment esthétique délicat s'insinue ainsi peu à peu dans leurs intelligences.

Mais pour que les éléments des sciences naturelles aient leur pleine vertu éducatrice, il est indispensable qu'ils ne soient pas présentés aux enfants sous la

forme de nomenclatures arides, dictées et apprises
par cœur, comme une sorte de pensum ; méthode propre
à leur donner le dégoût de ces sciences, qui sont, au
contraire, les plus intéressantes et les plus amu-
santes. C'est sur la vue des objets eux-mêmes que
l'enseignement de l'histoire naturelle doit être appuyé.

L'enseignement des sciences expérimentales proprement dites, telles que la physique et la chimie, ne
doit venir qu'ensuite ; il ne peut guère être donné
avant l'adolescence et il doit être associé avec une
certaine connaissance, au moins élémentaire, des
mathématiques. Cet enseignement présenté convenablement, est propre au plus haut degré à former l'intelligence et la moralité du jeune homme ; car il lui
fournit à la fois la notion précise de la vérité positive,
je veux dire celle du fait constaté *a posteriori*, et
la notion plus générale de la loi naturelle, c'est-à-
dire de la relation entre les faits particuliers, relation
déterminée, non par le raisonnement et la dialectique, mais par l'observation. La vérité s'impose ainsi
avec la force inéluctable d'une nécessité objective,
indépendante de nos désirs et de notre volonté. Rien
n'est plus propre que cette constatation à donner à
l'esprit cette modestie, ce sérieux, cette fermeté, cette
clarté de convictions, qui le rendent supérieur aux
suggestions de la vanité, ou de l'intérêt personnel, et

qui sont liés étroitement avec la conception même du devoir. L'habitude de raisonner et de réfléchir sur les choses, le respect inébranlable de la vérité et l'obligation de s'incliner toujours devant les lois nécessaires du monde extérieur, communiquent à l'esprit une empreinte ineffaçable. Elles l'accoutument à respecter les lois de la société, aussi bien que celles de la nature, et à concevoir les droits et le respect d'autrui comme une forme même de son propre droit et de sa propre indépendance personnelle.

Ainsi, la science joue un rôle capital dans l'éducation intellectuelle et morale de l'humanité. C'est par la connaissance des lois physiques que la science, depuis deux siècles, a renouvelé la conception de l'univers et qu'elle a renversé sans retour les notions du miracle et du surnaturel. La science, je le répète, n'a pas seulement pour but de former des hommes utiles; mais elle forme en même temps des citoyens affranchis des préjugés et des superstitions d'autrefois Elle leur apprend comment on combat les forces fatales de la nature, non par des imaginations mystérieuses, mais par le travail et la volonté humaine, appuyés sur la connaissance et sur la direction des lois naturelles elles-mêmes. Par là, la science forme des esprits libres, énergiques et consciencieux, avec plus d'efficacité que toute éducation littéraire et rhéto-

ricienne. Quand l'éducation scientifique aura produit
tous ses effets, la politique elle-même en sera trans-
formée, comme l'industrie l'a déjà été si profondément. L'une, comme l'autre, deviendra, suivant un mot
célèbre, expérimentale.

Nous touchons ici à un autre ordre d'idées : non seulement l'observation et l'expérience conduisent à reconnaître les lois des phénomènes, mais en même temps
elles donnent la puissance sur la nature. Or c'est par
là surtout que la jeunesse peut être séduite et entraînée
d'un enthousiasme invincible, dans une éducation
vraiment scientifique. Dominer le mal physique et le
mal moral, dans l'ordre industriel comme dans l'ordre
économique, lutter pour diminuer la souffrance, la
pauvreté, la misère dans tous les ordres, et lutter en
vertu des lois immanentes des choses. c'était le but
généreux des philosophes du xviiiᵉ siècle ; ils s'ap-
puyaient pour y parvenir, ainsi qu'ils n'ont cessé de le
proclamer, sur des conceptions scientifiques. C'est
aussi le but que doit se proposer notre éducation nouvelle ; c'est par là que la science deviendra pleinement
éducatrice.

L'éducation scientifique a donc sa vertu propre, et
c'est par une méconnaissance profonde de son caractère et de ses effets qu'on a prétendu réserver à l'éducation littéraire le monopole du développement complet

de l'esprit. Ce n'est pas le lieu d'examiner ici si les études philosophiques, qui forment le couronnement de l'éducation littéraire, ne sont pas appelées aussi, et à un titre mieux justifié peut-être, à former le couronnement de l'éducation scientifique. Je ne crois pas, en effet, que l'éducation puisse être complète, si, au terme de ses études, l'esprit du jeune homme n'a pas été placé à ce point de vue général, qui domine et coordonne l'ensemble des connaissances particulières enseignées jusque-là. Il y aurait bien des choses à dire à cet égard, surtout au point de vue de la méthode par laquelle la science conduit aux conceptions générales et métaphysiques ; mais ce sujet m'entraînerait trop loin.

Résumons la présente étude en quelques mots.

L'éducation littéraire a trouvé sa formule la plus élevée et la plus efficace jusqu'ici pour la formation de l'esprit dans l'enseignement des langues anciennes. Celui des langues modernes n'aurait pas la même efficacité, parce que la culture littéraire moderne dérive de la culture antique et lui demeure subordonnée, au moins en principe. Quels que soient l'éclat et l'originalité de nos cultures modernes, elles n'ont réalisé, ni dans la littérature ni dans les arts, de modèles supérieurs à ceux de la culture antique, de celle des Grecs principalement. Tant que l'on proposera comme but essentiel à l'enseignement secondaire de former des esprits cultivés, il n'y a donc pas lieu d'espérer des résultats équivalents, par la simple substitution de l'enseignement du français, ou des langues vivantes, à celui des langues anciennes.

Cependant un enseignement purement littéraire, même en lui conservant sa forme et sa destination, ne répond plus suffisamment aux besoins des sociétés modernes. Tout le monde, jusqu'aux partisans les plus enthousiastes des études littéraires, demande qu'il y soit adjoint un certain enseignement scientifique subordonné, comprenant au moins les éléments des sciences, auxquelles aucun homme cultivé de notre époque n'a le droit de demeurer étranger, quel que soit le rôle qu'il se propose de jouer dans notre société.

Nous devons aller plus loin : car il est certain que la formule de l'enseignement littéraire classique, même ainsi comprise, ne répond plus à l'ensemble des carrières et des besoins fondamentaux de l'époque moderne. Un très grand nombre de citoyens réclament une autre discipline, fondée sur une connaissance plus approfondie des sciences, devenues indispensables pour la vie pratique, aussi bien que pour la direction générale des sociétés. Les sociétés humaines ne vivent plus uniquement d'art et de littérature, comme autrefois; aujourd'hui elles vivent surtout de science et d'industrie. De là l'obligation d'un enseignement scientifique, non moins nécessaire que l'enseignement littéraire, non seulement au point de vue pratique, mais aussi au point de vue de la culture intellectuelle et morale, et qui doit être donné parallèlement. Ceci étant admis, je pense qu'il doit l'être par d'autres méthodes, et peut-être par une organisation différente, que l'on n'a point d'ailleurs cherché à réaliser jusqu'à ce jour. En tout cas, cet enseignement scientifique ne saurait, pas plus que l'enseignement littéraire proprement dit, être exclusif : il convient de le compléter, lui aussi, par un enseignement littéraire subordonné, auquel nul homme cultivé ne saurait non plus demeurer étranger. Mais pour réaliser cet ordre spécial d'enseignement littéraire, les langues anciennes ne sont pas indispensables, parce qu'il ne forme plus l'objet fondamental du nouvel organisme.

Deux enseignements parallèles et doués des mêmes prérogatives, l'un fondé essentiellement sur les lettres anciennes, mais avec une certaine culture scientifique ; l'autre fondé essentiellement sur les sciences, mais avec une certaine culture littéraire moderne, telle me paraît la formule la plus désirable de notre temps, et celle à laquelle on sera ramené par la force des choses.

L'ÉDUCATION PHYSIQUE

En acceptant les fonctions de président du Comité de la Ligue nationale de l'Éducation physique (Novembre 1888), M. Berthelot a écrit la lettre suivante :

Au Comité de la Ligue nationale
de l'Éducation physique.

Messieurs,

Votre œuvre est bonne et je m'y associe de tout cœur. Vous vous proposez de développer l'Éducation physique de la jeunesse, de donner à nos enfants la santé, la force, l'adresse, qui assurent l'équilibre intellectuel et moral des individus, en même temps que la puissance et la grandeur des nations; c'est ce que réalisait la Grèce dans ses beaux jours, c'est aussi le devoir des peuples modernes.

Certes, on a fait beaucoup en France, depuis quelques années, pour l'Éducation physique de l'adulte. Depuis la République surtout, qui ne craint pas de voir les hommes s'associer et se grouper librement, en dehors de toute surveillance gouvernementale, nous avons vu naître partout et se multiplier les Sociétés de gymnastes, de tireurs, d'excursionnistes, d'alpinistes, qui entretiennent l'énergie du citoyen et le préparent à concourir, quand viendra le jour du danger, à la défense nationale.

On a également fait une large part, dans nos collèges et dans nos écoles primaires, à l'enseignement de la gymnastique, grâce au concours de maîtres zélés. Tout cela est excellent et très digne d'éloge. Mais en ce qui touche l'enfance, il y manque une chose, une chose fondamentale, celle que vous voulez instituer : il manque la liberté, l'initiative personnelle de l'enfant. C'est sous la forme de leçons, d'exercices réguliers, méthodiques, imposés, que l'on enseigne la gymnastique dans nos écoles, en y joignant cet appareil inévitable de corrections, de règlements, de punitions, que comporte tout cours obligatoire. La promenade même, cet exercice destiné à détendre l'esprit et le corps, a pris quelque chose d'artificiel et de mécanique. Qui ne s'est attristé, en voyant défiler dans nos rues et sur nos quais ces longues bandes d'internes, sur deux rangs, surveillés et maintenus par une discipline inévitable? Qui n'a éprouvé un sentiment analogue, en assistant aux exercices uniformes et

réglementés de la gymnastique officielle? Dans les
formules actuelles, il ne saurait guère en être autrement; car il faut éviter le désordre dans les lieux
publics, aussi bien que dans ces énormes agglomérations d'enfants, appelées *internats,* que nul réforma-
teur n'a encore trouvé le moyen de dissoudre et de
subdiviser.

Mais cela ne saurait durer : ce n'est pas ainsi que
nous donnerons à nos enfants cette

Mens sana in corpore sano,

proclamée par le poète comme le but suprême de
l'éducation.

N'attristons pas cet âge jusque dans ses plaisirs :
la tristesse ne vient que trop tôt dans la vie humaine;
laissons la joie aux enfants. Rendons-leur l'exercice
physique attrayant : ils ne demandent pas mieux que
de jouer et de s'épanouir en toute liberté.

Si les cours étroites de nos écoles, ensevelies dans
l'ombre de ces bâtiments colossaux que nous voyons
grandir de génération en génération, ne permettent
pas à l'enfant de courir, de s'agiter avec la turbulence
naturelle à son âge; si la main de l'autorité scolaire
est sans cesse portée à s'appesantir, pour prévenir le
désordre parmi ces multitudes entassées dans des
espaces trop limités; eh bien! ouvrons la cage, dis-

persons ces multitudes, partageons ces agglomérations
en petits groupes, indépendants les uns des autres,
et disséminés en plein air sur de vastes surfaces : là
on pourra les laisser livrés à eux-mêmes, sans
redouter ni les dégradations des édifices, ni les
petits écarts, inséparables de toute expansion spontanée.

Ces espaces, le Conseil municipal de Paris vous les
donnera, j'en ai la ferme confiance; — les Conseils
municipaux des villes grandes et petites vous les don-
neront, — car nous connaissons leur sollicitude incessante pour le développement de l'éducation démocratique. — Les Conseils municipaux des plus petites
communes ne vous les refuseront pas; — jusqu'à ce
que nous ayons atteint ce degré où les espaces
réservés aux jeux se confondent avec les champs,
dans lesquels l'enfant du hameau s'ébat en liberté.

C'est ainsi que nos enfants devront trouver leur
récréation en plein air, jouer aux barres, à la balle,
aux mille jeux qu'ils inventent chaque jour, monter
même aux arbres, — sans toutefois dénicher les
oiseaux, l'oiseau est sacré! — Ils s'amuseront
ensemble, sous l'œil paternel de leurs instituteurs; ils
lutteront entre eux : pourquoi ne pas les laisser faire?
Il faut les habituer à l'effort : la lutte est salutaire,
au point de vue physique comme au point de vue

moral, pourvu que chacun s'y adonne avec bienveillance et sympathie pour ses camarades, sans jamais se laisser envahir par des idées de haine et de jalousie. Ce sera l'œuvre de l'instituteur de leur inspirer ces nobles sentiments.

L'éducation esthétique et morale de l'enfance n'a pas moins à gagner à ce qu'il soit mis en contact incessant avec la nature. La lumière, le soleil, les bois, les champs agrandissent et purifient la pensée et le cœur de l'homme; elles assainissent son esprit, en même temps que son corps, et le débarrassent des germes des maladies, aussi bien que de ceux de l'immoralité. L'encombrement des villes rend les uns et les autres plus pernicieux; la vie en plein air, ne cessons jamais de le proclamer, est bonne et morale, pour l'enfant comme pour l'homme.

Par là sera résolu ce problème du surmenage, qui tourmente en ce moment tant de bons esprits. Ce n'est pas en diminuant la durée du travail qu'on y parviendra; nos enfants travaillent déjà moins longtemps que nous n'avons travaillé nous-mêmes, et je ne sais s'ils s'en portent mieux. Le nombre d'heures consacré aujourd'hui aux classes et aux études n'a rien d'excessif; il faut que l'enfant prenne de bonne heure l'habitude d'un certain effort intellectuel, si l'on veut qu'il en ait la pleine capacité, quand il sera devenu homme. Mais ce qui délasse, ce qui rafraîchit la tête, c'est l'intermittence de l'exercice physique accompli en pleine liberté : exercice modéré les jours ordinaires, mais poussé jusqu'à l'effort et la fatigue physique de temps en temps. Je dis poussé jusqu'à l'effort et je préconise l'effort et la fatigue, même dans l'ordre intellectuel, aussi bien que dans l'ordre physique, parce que c'est en allant jusqu'au bout qu'on acquiert la pleine confiance en soi-même et l'énergie nécessaire pour reculer la limite de ses propres forces. Or, en développant les exercices physiques, nous donnerons aux enfants la vigueur nécessaire pour résister aux efforts intellectuels. C'est ainsi que nous ferons acquérir aux adolescents ces réserves de santé et d'énergie, si nécessaires pour les concours qui les attendent au moment de l'entrée dans la vie. Quand ils auront été fortifiés dès l'enfance, nous verrons cesser ces méningites, ces fièvres typhoïdes, ces maladies d'épuisement, dont la vue nous afflige trop souvent, et qui font perdre à la société et aux familles le fruit des sacrifices prolongés pendant tant d'années.

Quand nous parlons des enfants, c'est des jeunes filles qu'il s'agit, aussi bien que des jeunes garçons. Votre œuvre les comprend également. Elles ont été jusqu'ici trop étiolées dans nos écoles par l'éducation intérieure. Elles aussi ne demandent qu'à s'épanouir en plein air, et nous devons tendre à leur donner, dans la mesure qui convient à leur sexe, ces libres récréations, ces jeux et ces exercices physiques, qui leur assureront la force et la santé. Si les frères doivent être des hommes, des citoyens, des soldats énergiques, capables de défendre le sol national; les sœurs, de leur côté, doivent être des épouses et des mères de famille robustes, capables d'accomplir pleinement le devoir sacré de la maternité. En même temps, le contact incessant de la vie universelle développera chez la femme ces grâces, ce sentiment poétique, qui lui sont plus naturels en quelque sorte qu'à l'homme.

C'est ainsi que votre Ligue, Messieurs, servira la patrie française et l'humanité. Notre race n'est pas épuisée; elle a encore son œuvre à poursuivre dans le monde : œuvre de délivrance et de fraternité universelle, que nous ne devons jamais perdre de vue, malgré les misères de l'heure présente. Il faut que tous les hommes de cœur s'associent en tout ordre, pour donner à la race française une impulsion et une confiance nouvelles; pour lui rappeler son passé et lui rendre le sentiment de sa destinée. Non! ce n'est pas une tradition purement nationale et égoïste que la France se propose d'accomplir; elle ne cherche pas à semer la haine et à exciter les nations les unes contre les autres. Elle agit pour l'humanité et elle convie tous es peuples à s'associer à elle, pour la concorde et le bonheur de tous.

C'est par l'enthousiasme de cette haute mission que nous soutiendrons nos enfants; nous devons les fortifier au physique et au moral, afin qu'ils puissent à leur tour concourir à l'œuvre nationale d'amour et de civilisation universels.

SUR LES PROGRAMMES D'ÉTUDES

Lettre à M. Paschal Grousset (février 1889).

Cher monsieur,

Je reçois le numéro 3 de l'*Éducation physique*, qui montre tous les progrès de notre Ligue. Permettez-moi de préciser et d'expliquer ce que j'ai dit, à la fin de la séance du 19 décembre, au sujet des réformes qui s'imposent présentement à tous les esprits.

Sur la question du baccalauréat, je serais partisan de la suppression de cet examen, s'il était possible de le remplacer par un certificat d'études délivré dans les établissements de l'Etat et assimilés, après examen de maturité en fin d'études. Mais l'état de nos mœurs et notre situation politique ne le permettent point aujourd'hui : l'examen risquerait d'être influencé par trop de considérations personnelles, surtout dans les internats; et la liste des établissements assimilés, dans ce temps de cléricalisme et d'anticléricalisme, serait trop difficile à établir et trop sujette à être contestée. Les difficultés qui ont fait supprimer le certificat d'études, il y a quarante ans, reparaîtraient avec une acuité insupportable. Nous ne pouvons donc prétendre à autre chose qu'à améliorer notre baccalauréat, si c'est possible.

A cet égard, je serais, comme vous l'avez rappelé, partisan de la suppression des programmes développés, et je l'avais proposée il y a huit ans, lors de l'établissement des programmes actuels pour l'enseignement secondaire et l'enseignement primaire, dans le conseil supérieur de l'instruction publique et dans les commissions spéciales. Mais mon opinion n'a pas prévalu.

J'avais aussi soutenu le système de l'équivalence de certaines matières dans les examens; ce qui permettrait à la fois de décharger l'esprit des jeunes gens et de leur permettre un travail plus personnel et plus original sur les sujets de leur prédilection. Mais cet avis a été également écarté.

En tout cas, le surmenage dont on a tant parlé ne résulte pas, à mon avis, de l'examen du baccalauréat. Ce qui nuit à notre jeunesse, c'est d'une part l'absence d'exercice au grand air et de jeux amusants, absence à laquelle notre Ligue s'efforce de porter remède; c'est, d'autre part, et surtout, le système des examens accumulés, des programmes et des procédés de classement adoptés pour l'entrée aux grandes écoles militaires, pour l'École polytechnique particulièrement.

C'est là le Minotaure qui dévore chaque année une multitude de jeunes gens, incapables de résister aux fatigues de la préparation à des épreuves si mal combinées pour constater la véritable intelligence et la valeur personnelle, mais si propres à faire triompher la mnémotechnie et la préparation mécanique. Les plus forts passent malgré tout ; mais combien y périssent, ou bien sont faussés pour toute leur vie!

Or, ce système meurtrier et irrationnel, l'Université n'en est à aucun degré responsable; car elle n'a jamais été consultée, ni pour l'instituer, ni pour en régler les programmes et le fonctionnement.

Ce sujet est de la dernière gravité; aucun peuple étranger n'a adopté de règlement analogue et tous s'accordent à blâmer hautement le nôtre et à le regarder comme une cause d'affaiblissement physique et intellectuel pour notre jeunesse. Il faudrait, pour développer cette question, plus d'espace que la lettre présente n'en comporte : il me suffit d'avoir précisé et expliqué ma pensée. Vous vous intéressez trop à ces problèmes pour ne pas m'entendre et peut-être pourrez-vous rendre quelque service dans la campagne que je soutiens, et qui est d'une extrême importance nationale.

LE RÔLE DE LA SCIENCE

EN AGRICULTURE [1]

Mesdames, Messieurs,

Dans le cours de ses voyages philosophiques, Gulliver rapporte qu'il trouva un pays singulier : c'était un État gouverné par les Académies, suivant les règles les plus sûres de la science et de la raison. Elles avaient entrepris de réformer toute l'organisation sociale. Aux préceptes surannés de la vieille et bonne agriculture, notament, elles avaient substitué des inventions ingénieuses, fondées sur les découvertes modernes, — il s'agit d'il y a cent cinquante ans. C'est ainsi qu'au lieu de labourer les terres par les procédés d'autrefois, on avait introduit les machines, à l'aide desquelles un homme seul pouvait travailler

[1]. Discours prononcé par M. Berthelot, président de la Société nationale d'agriculture de France, à la séance publique de cette société, le 6 juillet 1892.

5.

autant que dix. La culture de la terre avait lieu par
des méthodes nouvelles, et l'histoire de l'agriculture
anglaise au xviiie siècle montre que l'auteur du roman
entendait critiquer par là les premières tentatives de
culture chimique. Le beau temps et la pluie, d'après
le satirique, n'avaient pas échappé aux novateurs.
L'île volante de Laputa, maintenue suspendue au-
dessus de tel ou tel point du territoire, permettait de
le soustraire, ou de le soumettre à volonté, à l'action
du soleil. Bref, dans ce pays idéal, on avait supprimé
partout, ou corrigé l'action de la nature. Les effets de
cette conduite, ajoute Swift, n'avaient pas tardé à se
faire sentir. La terre était misérablement dévastée; le
peuple, en haillons, habitait des masures en ruines
et mourait de faim, maintenu dans l'obéissance par la
terreur.

Tel est l'aspect sous lequel les préludes de l'agriculture scientifique apparurent d'abord aux littérateurs, et
je ne sais s'il faudrait aller bien loin pour trouver des
paysans, et même des lettrés, imbus encore des mêmes
préjugés.

Cependant l'opinion générale a changé; les bienfaits
de la science ont été tels, et ils ont si bien transformé
la société au xixe siècle, que nul esprit éclairé n'oserait
tenir aujourd'hui le langage ironique de l'auteur de
Gulliver.

A la vérité, je ne sais si nos arrière-neveux réussiront un jour, par quelque artifice, à régler les saisons : les Américains prétendent bien aujourd'hui faire la pluie à volonté, au moyen de la dynamite. Mais leurs opinions, renouvelées des idées des Romains sur l'influence atmosphérique des grandes batailles, ne semblent pas avoir reçu jusqu'ici le contrôle de l'expérience. Au contraire, les innovations, critiquées si amèrement par l'humoriste anglais, tendent à devenir de nos jours la règle des travaux des champs.

L'agriculture scientifique se substitue de plus en plus à l'agriculture traditionnelle, et elle multiplie dans une proportion inespérée la richesse des nations.

A ces progrès, chaque jour plus éclatants, notre Société n'a jamais cessé de prêter le concours le plus actif, tant par les travaux individuels de ses membres, que par les prix et les encouragements prodigués par elle aux inventeurs. Elle a donné son aide avec empressement à toutes les grandes innovations, entrevues au siècle dernier par quelques esprits avancés, et que les critiques littérateurs d'alors tournaient en dérision, mais qui se sont développées, surtout depuis un demi-siècle.

Ce sont, en effet, les progrès de la science dans l'ordre matériel qui ont servi de base à cette métamorphose surprenante des pratiques agricoles, dont nous sommes les témoins et les admirateurs. Ce sont en même temps les progrès de l'esprit humain dans l'ordre intellectuel et moral, progrès auxquels la Révolution et la République ont donné en France leur essor définitif; ce sont, dis-je, les progrès intellectuels et moraux qui transforment sous nos yeux l'éducation du paysan, élevé à la dignité de citoyen. Chaque jour il apprend davantage à connaître les sciences et à en tirer parti, pour augmenter sa production et pour améliorer les conditions de son existence, naguère si misérable.

Trois sciences surtout ont concouru à cette évolution de l'agriculture : la mécanique, la chimie et la physiologie.

Les machines agricoles, sans cesse diversifiées, ont permis de semer, de labourer, de récolter, sur des surfaces plus grandes et avec une moindre dépense de main-d'œuvre humaine. La force productrice des nations s'en est accrue singulièrement.

Mais les machines ne créent rien par elles-mêmes : elles s'appliquent à des produits déjà élaborés sous l'influence des forces naturelles. Or les procédés qui président à cette élaboration, la façon dont les plantes sont alimentées aux dépens de l'air, de l'eau et du sol, pour servir ensuite à la nourriture des animaux, sont demeurés longtemps mystérieux. Il y a un siècle à peine qu'ils ont commencé à nous être révélés par la chimie, et ils ne pouvaient l'être plus tôt, tant que l'on n'a pas connu les véritables éléments chimiques, communs aux plantes et aux animaux; tant que l'on n'a pas découvert le secret de leur passage au travers des organismes vivants. C'est la chimie qui a révélé ce secret, en même temps que l'existence des éléments eux-mêmes : elle a appris à les reconnaître et à les doser dans les plantes et dans les animaux; elle a constaté, tout d'abord, cette vérité fondamentale et imprévue, que la combinaison des éléments sous forme de composés organiques a lieu seulement dans les végétaux, à l'exclusion des animaux, auxquels les plantes sont destinées à servir ensuite d'aliments. Les mystères de la production des plantes utiles et ceux de la nourriture des animaux domestiques ont été par là dévoilés, et ces vérités, devenues simples à nos yeux, ont été fécondes en applications.

Sans m'étendre sur un sujet qui réclamerait les plus amples développements, il suffira de rappeler que les éléments constitutifs des végétaux ont été partagés en deux groupes : les uns, tels que l'oxygène, le carbone tiré de l'acide carbonique, l'hydrogène de l'eau et, dans une certaine proportion, l'azote de l'air, sont empruntés à l'atmosphère, qui peut les fournir en quantités indéfinies. Les autres, tels que les alcalis, la chaux, la

silice, le fer, et, pour une partie, l'azote, sont au contraire puisés dans le sol : enlevés par les récoltes, ils
doivent lui être restitués, sous peine d'un épuisement
plus ou moins rapide. Chaque plante exige sous ce
rapport des éléments spéciaux, et pour la cultiver il
faut, ou bien s'assurer que le sol les renferme déjà,
ou bien les lui fournir. De là l'utilité si longtemps
controversée des engrais chimiques : c'est en eux que
réside tout le secret du maintien indéfini de la fertilité
de la terre et tout l'artifice de la culture intensive.

Mais si la mécanique est un auxiliaire utile de l'agriculture, si le concours de la chimie lui est continuellement nécessaire, il est une autre science dont le rôle
est plus élevé encore, parce qu'il préside à la vie
elle-même, dans l'ordre animal comme dans l'ordre
végétal : vous avez nommé la physiologie. A quel point
sa connaissance est indispensable pour définir les
conditions de la production animale et végétale, pour
assurer le développement normal des êtres vivants,
c'est ce que vous savez tous. Vous savez tous le rôle
de l'hygiène dans la société, pour assurer la santé et
la vie des hommes d'abord, des animaux ensuite, et
des plantes elles-mêmes. Ce rôle, trop longtemps
méconnu, éclate aujourd'hui à tous les yeux, et c'est
l'un des triomphes de la science d'avoir su prolonger
la durée de la vie humaine, garantir nos animaux

domestiques contre les épidémies et étendre sa protection jusqu'aux maladies qui détruisent nos cultures et tendent à anéantir les récoltes agricoles.

Mais conserver les produits ne suffit pas; il faut aussi savoir multiplier les êtres productifs, et, ici encore, la science a réalisé de nos jours, par l'application des méthodes de sélection, les plus merveilleux progrès en agriculture. Non seulement la culture intensive a appris à tirer un parti plus fructueux qu'autrefois d'un sol et d'une surface donnée; mais, par le seul choix des semences, nous avons doublé et triplé la formation du sucre dans les betteraves; par des sélections analogues, la production de la pomme de terre est aujourd'hui multipliée, et nous poursuivons, avec la certitude du succès, des accroissements plus considérables encore dans la production du blé, c'est-à-dire du pain, l'aliment fondamental de nos populations. Des progrès non moindres s'accomplissent sous nos yeux dans la production des fruits, des légumes, dans celle du bétail, améliorant ainsi chaque jour la condition générale de la race humaine.

Ces progrès ont deux origines, qu'il importe de proclamer hautement. Ils sont dus d'abord à la connaissance des lois générales de la nature vivante, révélées par la science désintéressée, lois qui sont le fondement nécessaire de toute application; ils sont également dus,

et d'une façon non moins digne d'admiration, à ces
inventeurs, à ces praticiens de génie, qui travaillent à
la fois pour l'accroissement de leur propre fortune, et
pour le bien et le profit de l'humanité. Parmi ces
savants et ces inventeurs, honneur des peuples civilisés, notre Société a la gloire d'en avoir toujours
compté un grand nombre dans ses rangs; les noms
inscrits sur ces murs en font foi, et, si nous ne crai-
gnions d'offenser la modestie des vivants, nous pourrions montrer dans cette enceinte bien des membres
de cette Société, qui en soutiennent dignement la
vieille tradition et qui seront à leur tour, sur nos listes
d'or, signalés à la reconnaissance de la postérité.

Mais il ne suffit pas de découvrir les hautes vérités
scientifiques, il ne suffit pas d'en inventer les fécondes
applications, il faut encore que la nation fournisse au
savant les ressources nécessaires à ses découvertes; il
faut que l'inventeur trouve les appuis convenables;
il faut surtout que l'application des inventions soit
accomplie avec empressement par des populations
instruites et intelligentes, promptes à accepter et à
propager toutes les idées utiles. Or c'est là surtout le
grand progrès que nous avons accompli de nos jours,
au nom de la France et de la République. Sous la
République, en effet, le principal souci des gouvernants n'est pas l'intérêt d'une dynastie, ou l'ambition

d'un souverain, prêt à mettre le feu au monde pour
accroître sa domination. Non! notre objet principal,
c'est l'intérêt du peuple, l'accroissement pacifique de
sa richesse et de sa puissance intellectuelle, à laquelle
sa force productrice est liée d'une manière indissoluble.
C'est ce but élevé que la République n'a pas cessé de
poursuivre, depuis quinze ans surtout. C'est pour cela
qu'elle a mis au premier rang de ses devoirs le développement de l'instruction populaire. Parmi les données de cette instruction, à côté des connaissances
élémentaires, seules requises autrefois, à côté des préceptes moraux et civiques, nécessaires pour assurer
l'exercice éclairé du suffrage universel, figurent aujour-
d'hui les premières notions scientifiques, dont la
connaissance est indispensable pour l'hygiène et pour
l'industrie, comme pour l'agriculture. Ce ne sont pas
là de vaines exigences, des superfluités pédantesques;
car tous les peuples civilisés en ont compris la nécessité, et les démocraties, plus que tous les autres
gouvernements, ont développé les programmes de
l'enseignement populaire.

Les temps bénis de la vieille ignorance érigée en
principe, sont passés. La science ne saurait être réservée à une étroite oligarchie; tous doivent y être associés dans la mesure du possible, parce que sa connaissance est nécessaire pour le progrès même des

9

applications, progrès compromis par l'ignorance. Elle
l'est aussi et surtout, parce qu'il importe que tous
les citoyens d'un pays libre participent au plus haut
idéal : or nul idéal n'est supérieur à celui de l'agriculture. La vie des champs est le type normal de la vie
humaine. Là seulement, l'homme se développe en
toute plénitude. La vie des champs favorise à la fois
la santé matérielle des corps et la santé morale de
l'esprit. Le paysan robuste, laborieux et intelligent, a
toujours fait la force des nations, et celle de la France
en particulier : c'est par là que nous avons résisté à
tant d'épreuves et de catastrophes : c'est par le paysan
libre, actif et instruit que nous maintiendrons la prospérité et la grandeur de la patrie!

L'ENSEIGNEMENT SUPÉRIEUR

EN ALGÉRIE [1]

Messieurs,

Je viens inaugurer aujourd'hui les établissements
d'enseignement supérieur à Alger. Ces établissements
sont vastes et magnifiques. Bâtiments, salles de cours,
bibliothèques, laboratoires, collections, jardin botanique, station de zoologie maritime, observatoire, tout
a été créé pour le travail; si tout n'est pas encore fini,
l'œuvre est déjà assez avancée pour que nous puis-
sions en prévoir le prochain accomplissement. L'œuvre
matérielle, j'entends; car c'est alors seulement que
l'œuvre intellectuelle, à peine ébauchée jusqu'ici, faute
de ressources et de moyens d'action, pourra se développer dans toute sa plénitude.

1. Discours prononcé à Alger le 4 avril 1887, par M. Berthelot, ministre de l'Instruction publique.

Messieurs, on s'est demandé pourquoi tant d'efforts, pourquoi tant de dépenses pour l'enseignement supérieur en Algérie ? Est-ce une entreprise vraiment utile dans une colonie nouvelle ? Cet argent que la France et que l'Algérie ont prodigué ici n'eut-il pas été mieux employé autrement, en travaux de routes, de ports, de culture, d'irrigation, de défrichement ? Certes, Messieurs, je ne méconnais pas l'importance de semblables travaux, ce sont eux en effet qu'il a fallu entreprendre d'abord : mais chaque chose a son heure. Quand une colonie débute, il faut lui assurer la sécurité, les moyens d'action, les ressources nécessaires à la mise en train de sa prospérité. Mais si l'on s'arrêtait là, on ne ferait qu'une œuvre imparfaite et mutilée, une ébauche grossière, sans avenir et sans gloire. L'enseignement supérieur est la fleur de la civilisation : il en fait l'honneur, il en assure aussi la fécondité ; car une nation, une province, une ville n'ont de force, d'éclat et de puissance, que si elles possèdent des artistes, des savants, des ingénieurs, formés par les leçons et les ressources propres de l'enseignement supérieur. Dans une société naissante, le combat de la vie s'exerce entre tous et tous les jours : il exige d'abord une instruction élémentaire, susceptible d'une utilisation immédiate ; il n'y a pas encore place pour l'enseignement supérieur.

C'est ce qui est arrivé aux États-Unis, cette seconde
Europe, issue de notre vieille civilisation : l'enseignement supérieur n'y est apparu qu'au bout de deux
cents ans. Jusque-là, tout l'effort des colons était consacré aux nécessités de la vie, au jour le jour non que
la science et ses résultats ne leur fussent aussi nécessaires; mais ils tiraient tout cela de la vieille Europe.
Une fois la sécurité gagnée et la richesse acquise, ils
ont voulu vivre par eux-mêmes et ils ont commencé
à cultiver l'enseignement supérieur, dans toutes ses
régions; avec une vigueur et une énergie telles, qu'ils
rivalisent aujourd'hui sur bien des points avec les
nations dont la culture a précédé la leur, et lui a
servi de modèle et d'initiation. C'est ainsi que ce
grand peuple, éminemment pratique, a compris la
puissance et la nécessité de l'enseignement supérieur.

Il en est de même aujourd'hui de cette seconde
France, l'Algérie : la première période de la colonisation est accomplie; la race française a pris pied sur
le sol africain; elle le cultive, elle le féconde, elle
l'enrichit. La lutte pour la vie a été livrée et sur-
montée, l'enseignement supérieur apparaît comme le
couronnement.

Ce n'est pas un couronnement superflu, car c'est de
la science que découle toute la richesse et toute la
force de notre civilisation moderne. C'est là ce qui fait

sa supériorité, par rapport aux cultures antiques et par rapport aux races qui occupent le reste du monde : c'est la science qui a relevé nos peuples des vieilles servitudes historiques. Les chemins de fer, le télégraphe électrique, le téléphone, l'éclairage électrique, la métallurgie moderne, l'application de principes scientifiques chaque jour perfectionnés aux travaux de l'agriculture, de l'industrie, du commerce, de la guerre, voilà les fruits matériels et tangibles de nos doctrines abstraites. Les lois de la mécanique ont pour application la construction des machines et des chemins de fer ; les lois de l'astronomie et de la physique ont donné à la navigation sa puissance et sa sécurité ; les lois de la chimie président à la fabrication des matières colorantes, des matières explosives, et bientôt à celle des parfums et des agents physiologiques et médicaux les plus actifs. Voilà, dans l'ordre matériel, à quoi sert l'enseignement supérieur.

Mais si cette grande utilité justifie les sacrifices que font pour lui tous les États modernes, si elle explique la création des établissements que nous inaugurons aujourd'hui, honneur futur de l'Algérie ! cet honneur, Messieurs les Professeurs, vous impose des devoirs nouveaux et que vous saurez remplir, j'en suis assuré, avec ce zèle et ce dévouement dont vous nous donnez tous les jours tant de preuves. En effet, Messieurs.

pour que ces établissements soient féconds, il faut qu'ils aient des élèves, et ces élèves, votre premier devoir c'est de les attirer à vous et de les former. Vous n'avez pas à attendre qu'on vous les amène du dehors, vous devez avoir la ferme volonté de montrer d'abord à ceux qui vous entourent les fruits pratiques de la science et de les intéresser à votre œuvre, par son utilité même. C'est ici que je compte sur le zèle incessant et sympathique de cette phalange d'hommes d'élite, que nous avons choisis pour représenter l'enseignement supérieur en Algérie. Il faut que vous montriez à vos élèves les applications de la science : je ne dis pas seulement l'application à la société en général, mais aussi et surtout à la société algérienne. Il faut que les professeurs de l'école de droit, — et je sais qu'ils sont fermement dirigés vers ce but, — il faut qu'ils enseignent à la fois à leurs auditeurs et le droit français et le droit indigène, dans leurs relations réciproques. Il faut que les professeurs d'histoire, non contents d'exposer les grandes lignes de l'histoire générale, s'attachent à faire revivre le passé de cette terre d'Afrique et des civilisations si diverses, qui l'ont successivement dominée. Il faut que le professeur de chimie expose particulièrement les applications des lois abstraites de sa science aux produits algériens, aux minéraux de fer et de cuivre, aux marbres, aux matières textiles, aux vins,

aux blés et aux produits agricoles. Il doit en enseigner la composition, montrer comment les méthodes
nouvelles permettent de rendre la terre plus féconde,
comment elles apprennent à mettre en œuvre les
matières si riches et si nombreuses, que renferme le
pays où vivent les élèves groupés autour de lui. Il faut
que le professeur de géologie leur explique la nature
et la constitution des plaines, des montagnes, des
terrains qu'ils défrichent, et dont ils veulent tirer
parti.

Voilà, Messieurs les Professeurs, comment vous
vous entourerez d'élèves, séduits d'abord par l'appât
direct des avantages immédiats, et par quels degrés
vous pourrez les élever ensuite jusqu'à cette région
plus haute de la science pure; ils verront mieux alors
comment les applications utiles découlent des lois
générales, que vous leur ferez comprendre par votre
enseignement oral et par l'exemple de vos travaux
personnels.

Ce jour-là, Messieurs, les grands sacrifices faits par
la France pour les écoles d'enseignement supérieur
d'Alger auront leur pleine justification; ce jour-là
vous aurez gagné vos derniers éperons, je veux dire
le titre définitif de Facultés et le titre plus haut d'Université algérienne. C'est par les services rendus, par
les découvertes faites, par l'illustration, conquise à la

fois pour vos personnes et pour vos corps, que vous réaliserez ces grandes espérances.

Le gouvernement de la République les proclame aujourd'hui, en saluant par ma bouche l'inauguration des établissements d'enseignement supérieur d'Alger.

LA HAUTE CULTURE

ET LA LOI MILITAIRE [1]

I. — SÉANCE DU 18 MAI 1888.

Messieurs, la commission de l'armée a examiné la loi depuis déjà plus de six mois; elle a approfondi les diverses questions qui viennent d'être soumises à votre examen par l'honorable général Campenon, et elle s'est placée au point de vue que l'honorable président du conseil, M. Floquet, a exposé devant vous.

Parmi les considérations qui viennent d'être développées, il y en a de deux ordres.

Il en est d'ordre général, qui touchent à l'intérêt de l'armée, à l'intérêt de la patrie, et il en est d'autres, d'un ordre plus particulier, qui touchent à la politique actuelle du ministère.

1. Discours prononcés au Sénat en 1888 et 1889.

Ce sont les premières considérations qui ont principalement occupé la commission. Ces considérations, en effet, sont indépendantes de l'existence de tel ou tel ministre particulier.

Messieurs, je pense que, dans ce que je vais dire, il n'y aura rien de nature à offenser mon honorable ami, M. Floquet; mais les ministères passent, le ministère actuel est peut-être différent de celui qui siégera dans cette enceinte lors de la deuxième délibération... (*Hilarité.*)

Messieurs, le ministère lui-même peut changer d'opinion. Nous avons vu, dans l'espace d'un mois, deux ministres successifs venir présenter deux opinions opposées l'une à l'autre.

L'un d'eux a exposé les mêmes opinions que la commission, dont il avait été le président. Dans la déclaration faite par M. le président du conseil, au moment de l'avènement du ministère, cette qualité avait été spécialement visée, et elle paraissait comporter pour nous une approbation de l'œuvre de la commission.

Aujourd'hui, le ministère a changé d'opinion : c'est son droit; mais la commission, elle, n'a pas changé.

La commission est restée fidèle à ses convictions, parce que ses convictions ne reposent pas sur ces conditions temporaires, qui peuvent tenir à des raisons d'équilibre politique, relatives et variables d'un mois à l'autre (*Très bien! très bien!*), et qui font qu'aujourd'hui on émet telle opinion sur une question fondamentale comme celle-ci, et qu'un mois après, on en émet une autre. Eh bien, nous nous sommes placés, je le répète, uniquement au point de vue des intérêts généraux de l'armée, et de quelque chose de plus considérable encore que l'armée, les intérêts de la patrie!

Je ne crois rien dire ici que de très respectueux pour l'armée, ainsi que pour l'honorable général Campenon qui la représente, et dont l'idéal serait de faire rentrer la société tout entière dans l'armée.

Cet idéal a été celui des sociétés d'autrefois; mais je pense que cet idéal n'est pas celui de la France moderne. Ce qui fait la difficulté considérable de la loi militaire, c'est que nous devons concilier les intérêts de la défense nationale, qui nous préoccupe tous au plus haut degré, et les intérêts de l'existence même de la France.

Nous devons maintenir la culture française; et j'entends par là, non seulement la culture intellectuelle, artistique et morale, mais la fortune matérielle du pays et les sources productives de sa richesse. Nous ne devons pas faire une loi militaire qui ait pour effet de tarir toutes les ressources nationales. (*Très bien! et applaudissements sur un grand nombre de bancs*).

Oui, Messieurs, c'est là ce que nous avons cherché à faire. Je ne sais si nous y avons réussi, et je vais essayer de vous présenter les idées fondamentales qu nous ont guidés dans l'élaboration de notre loi.

Ces idées, je me hâte de le dire, nous ont amenés à nous mettre d'accord sur la plupart des points avec l'honorable général Campenon, qui ne s'est écarté de nous que sur un seul; elles s'accordent aussi, je crois, avec celles de M. le président du conseil, qui ne diffère guère de nous, à mon sens, que sur la question des dispenses conditionnelles.

Voici quels sont les points qui nous ont occupés. Le premier, le point de vue fondamental, quand on fait une loi sur l'armée, c'est la défense nationale.

Or, pour la défense nationale il faut toujours prévoir le moment de la guerre. A ce moment, il est nécessaire, tant pour être en mesure de nous défendre efficacement, qu'au point de vue de la justice sociale, invoquée tout à l'heure par M. le président du conseil, il est nécessaire, dis-je, que tout le monde prenne une part personnelle. Oui, il est nécessaire que cet impôt du sang, dont parlait tout à l'heure l'honorable général Campenon, soit payé par tout le monde.

Nous sommes tous d'accord à cet égard; mais l'impôt du sang ne se paye qu'en temps de guerre.

Sous ce rapport, les conditions de la paix et les

conditions de la guerre ne sont pas les mêmes. Ainsi,
la première chose qui nous a préoccupés, c'est
celle-ci : Tout le monde doit être en mesure de
payer l'impôt du sang pendant la guerre. Par conséquent, tout le monde doit recevoir l'éducation militaire. Sur ce point, nous avons consulté les généraux,
qui étaient très nombreux dans notre commission;
nous avons consulté les gens du métier. Le plus grand
nombre d'entre eux sont tombés d'accord pour déclarer
qu'au bout d'une année on pouvait obtenir une préparation militaire suffisante, pour que les hommes qui
l'auraient reçue, étant ensuite convenablement enca-
drés, fussent capables de former une armée solide.

C'est ce qui nous a été affirmé avec autorité. Telle
a été la base de notre loi. Au point de vue de la
défense nationale, cette base est plus large que celle
de la loi adoptée par la Chambre des députés. La
Chambre des députés avait conservé encore un nombre
considérable de dispenses absolues, c'est-à-dire qu'il y
avait dans le contingent, tel qu'elle l'avait défini, un
nombre considérable d'hommes, qui se seraient présentés en temps de guerre, sans avoir fait au préalable
aucun exercice militaire. Alors nous aurions vu se
reproduire ce spectacle si triste, auquel nous avons
assisté en 1870 et 1871, de tant de citoyens profondément dévoués à la défense nationale et qui cependant

lui étaient si peu utiles; de ces multitudes armées, qui, n'ayant pas reçu la préparation militaire et ne pouvant pas être encadrées en temps utile, n'ont pu fournir à la patrie les forces nécessaires pour résister à l'ennemi.

Ainsi, pour se trouver en état de résister à l'ennemi il faut être en mesure d'encadrer toute la nation; mais pour pouvoir encadrer toute la nation, il faut que toute la nation ait été exercée au métier des armes. (*Marques d'approbation*).

Par conséquent, le premier principe essentiel adopté par la commission a été celui-ci : suppression complète de toutes les dispenses absolues.

Tout le monde, même les soutiens de famille, même les dispensés conditionnels, devra faire un an de service effectif et régulier, en temps de paix : c'est là une condition qui satisfait à la fois aux besoins de la défense nationale et aux besoins de la justice sociale. Celle-ci doit être respectée : je suis tout à fait d'accord sur ce principe avec M. le président du conseil.

Cela étant posé, que devons-nous faire, que pouvons-nous faire, dans les conditions où nous nous trouvons? Quelles sont les catégories de jeunes gens que nous devons soumettre seulement au service d'une année?

Ici, nous sommes en présence de divers ordres de conditions. Il en est qui touchent aux grands intérêts sociaux, à la puissance morale de la patrie, à sa prospérité matérielle. Il y a aussi des conditions moins générales, peut-être, mais non moins importantes ; ce sont celles qui concernent les soutiens de famille. Et tout d'abord, dans le premier ordre de conditions, fondamentales pour tout gouvernement, il y a les nécessités budgétaires. Or ces nécessités, dont on doit tenir compte en premier lieu, ne permettent pas d'encadrer pendant trois ans la totalité du contingent. Le parlement et le gouvernement sont d'accord sur ce point. Par conséquent, il est inévitable qu'une fraction, et une fraction assez considérable du contingent, ne soit incorporée que pendant un temps limité. C'est encore là un principe reconnu, non seulement dans la loi que la commission présente aux délibérations du Sénat, mais encore dans la loi de la Chambre des députés. La Chambre l'a parfaitement compris.

Une portion du contingent devra donc être renvoyée, après une année de service. Le choix de cette portion doit être dirigé par le point de vue de l'utilité générale et se concilier avec les principes de la justice sociale. Or, c'est ici que nous nous sommes écartés notablement des règles adoptées dans le projet de la Chambre des députés, en nous guidant d'après des idées plus conformes aux vrais intérêts de la République et de la démocratie.

En effet, quel a été le principe exclusif des dispenses accordées par la Chambre? Messieurs, prenez le mot que je vais dire dans le sens bienveillant où je l'entends moi-même : il s'agit d'un principe d'intérêt personnel. Les dispenses accordées aux soutiens de famille, quelque légitimes, quelque profitables qu'elles puissent être à la société, n'intéressent cependant que des individus; ce sont des dispenses d'intérêt personnel, privé, particulier. Elles peuvent être parfaitement justifiées, je n'en conteste nullement le principe: mais ce ne sont pas là des dispenses accordées dans l'intérêt collectif et général.

Or, qu'a fait, à ce point de vue, la Chambre des députés? Le chiffre des dispenses de cet ordre, accordées jusque-là, s'élevait à 8 p. 100 environ; cela suffisait aux nécessités de famille, telles qu'elles ont été reconnues et acceptées jusqu'à présent. Mais, le nombre de ces dispenses, la Chambre l'a presque doublé : elle l'a porté à 15 p. 100. Par conséquent, il y a là un chiffre de 7 p. 100 de dispenses nouvelles, qui seront à peu près arbitraires. Qui est-ce qui répartira ces 7 p. 100 de dispenses? Ce seront les conseils municipaux. Eh bien, ils seront exposés à les donner, ou à leurs amis particuliers, ou quelquefois, je le crains, à leur amis politiques. (*Rires approbatifs sur divers bancs.*)

Je crains que ces 7 p. 100 ne soient un enjeu électoral, c'est-à-dire tout ce qu'il y a de plus contraire au principe d'égalité. Ce sera un élément de corruption, profondément funeste au véritable esprit démocratique.

Nous avons voulu le faire disparaître, sans augmenter cependant le nombre des dispenses, mais en nous guidant uniquement par des motifs tirés de l'intérêt général. En effet, le nombre de dispenses que nous demandons n'est pas plus considérable que celui que la Chambre a introduit; nous conservons aux soutiens de famille les 8 p. 100 jugés absolument nécessaires; mais nous supprimons les 7 p. 100 de plus accordés à la faveur. Le chiffre que nous vous proposons n'est pas supérieur, il est peut-être moindre. Nous demandons surtout que ces dispenses conditionnelles — puisqu'il est nécessaire d'en admettre — soient données au nom de l'intérêt de la société. (*Marques nombreuses d'approbation.*)

Voilà, messieurs, les vrais principes républicains, les vrais principes démocratiques. Il ne s'agit pas ici, en effet, de privilèges individuels : c'est ce que je vais démontrer, en entrant dans la discussion de ces diverses dispenses.

Messieurs, dans la répartition des dispenses conditionnelles que nous avons accordées, nous nous

sommes placés principalement au point de vue du
développement moral, intellectuel, scientifique et
industriel de la France. Ce principe est précisément
celui qui a été adopté par les nations qui nous entourent. Nous ne sommes pas isolés dans le monde ; nous
ne sommes pas les maîtres d'embrigader ainsi toute
notre jeunesse, de nous changer en un peuple purement militaire, qui renoncerait à produire par lui-
même et à travailler et ne vivrait plus que du travail
des autres. De tels peuples, Messieurs, ont existé dans
l'antiquité ; c'étaient, permettez-moi de le dire, des
peuples de brigands, comme les Spartiates et les
Romains. (*Rires approbatifs*). Oui, un peuple purement militaire, qui n'a ni industrie propre, ni travail
national, est un peuple de brigands. (*Nouveaux rires.*)

Mais telles ne sont pas les nations modernes. La
France est un grand pays laborieux, qui vit d'agriculture, d'industrie et de commerce : ce sont là ses occupations en temps de paix, tel est le véritable caractère de notre civilisation. Il faut donc que, même en
nous tenant prêts à résister à toute attaque guerrière,
en préparant une armée solide, nous ne compromet-
tions pas l'existence nationale, au point de la rendre
impuissante, ou même simplement de l'affaiblir en
temps de paix.

C'est là, d'ailleurs, ce qu'ont fait les nations voisines,

même celles qui ont adopté le service militaire le plus
étendu, le plus rigoureux; même celles qui ont trouvé
le moyen d'armer ces masses militaires énormes, dont
parlait, il y a quelques jours, M. le ministre de la
guerre : ces masses qui s'élèveraient jusqu'à trois
millions d'hommes en temps de guerre, et qui nous
obligent à faire un effort égal. Eh bien, ces peuples-là
ont respecté les dispenses d'ordre moral, intellectuel,
artistique, scientifique et industriel, que nous vous
demandons de respecter aussi. Nous ne réclamons pas
à cet égard de privilèges particuliers. Nous nous sou-
mettons aux mêmes nécessités, auxquelles se plient
nos voisins, et nous conservons les mêmes dispenses
qu'eux, afin de conserver comme eux l'énergie de la
production nationale.

Si nous voulons maintenir au même niveau la force
et la puissance de notre pays, il est nécessaire de ne
pas le mutiler, de ne pas pousser la rigueur plus loin
que ne le font les autres nations, jusqu'à ce point de
rendre impossible le développement intellectuel de
notre jeunesse. (*Vive approbation.*)

Permettez-moi ici, et dans le même ordre d'idées,
Messieurs, une petite digression sur le terrain même
où s'est placé M. le général Campenon, dans un de
ses précédents discours. Il nous a parlé avec un ton
d'érudit et de lettré, que nous avons été tous heureux

de lui reconnaître, il nous a parlé d'Athènes et il nous a dit qu'à Athènes toute la jeunesse faisait le service militaire.

Il y a, Messieurs, une différence considérable entre l'état social et militaire de la Grèce et le nôtre.

A Athènes, il existait des milices, et non pas une armée permanente. De plus, il n'y avait pas, à cette époque, d'instruction publique; il n'y avait pas de sciences constituées, il n'y avait pas d'universités; il n'y avait pas alors une instruction publique de l'enfant et de la jeunesse, à l'état d'institution organisée.

Ce n'est pas tout. Je parlais tout à l'heure d'un peuple de brigands; c'était, hélas! le fait de toutes les civilisations antiques. Sur quoi reposaient-elles? Sur l'esclavage.

Il y avait à Athènes, pour un citoyen, vingt esclaves, et c'étaient eux qui exécutaient ce que nous appellerions aujourd'hui le travail national, celui de nos paysans et de nos ouvriers.

Le reste était une aristocratie, vivant du travail de ces misérables, exploités sous la forme la plus dure. C'est à cette condition que tous les citoyens pouvaient accomplir le service militaire. C'était même là le seul moyen pour les cités de maintenir leur force et leur puissance. Le jour où elles ont renoncé au service militaire personnel, elles ont été perdues. Mais elles reposaient sur le travail des esclaves. Ne parlons donc pas des sociétés antiques.

M. Campenon cite Tavannes, à la fin du XVIᵉ siècle. C'étaient encore là des sociétés féodales, organisées en grande partie sur le pied des milices, et dont le système était bien différent du nôtre. Lorsqu'on parle du service universel, tel qu'il se pratiquait à cette époque, cela ne s'applique pas au peuple, aux vilains, aux laboureurs et aux artisans, à ceux qui travaillaient, qui produisaient.

Mais je demande la permission de revenir au temps présent. Nous sommes dans un état nouveau des sociétés, profondément différent de l'état d'autrefois; les sociétés modernes, la société française se transforment chaque jour et marchent vers un avenir, inconnu sans doute, mais qui constituera un régime d'égalité sociale, de liberté, de travail et de production universelle, tout autre que celui des sociétés antiques et des sociétés du moyen âge.

Dans cet état nouveau, il faut concilier une double nécessité, celle d'armer la nation tout entière contre l'ennemi, et cependant celle de conserver la force, la puissance des arts de la paix; enfin de nous maintenir tout prix au même niveau que les peuples voisins. (*Marques nombreuses d'approbation.*)

Je vous disais, Messieurs, que la force d'une société

moderne résulte de son développement moral, intellectuel, scientifique, industriel et commercial. Ceci
n'est pas une formule vaine et abstraite : elle s'incarne
dans des individus humains. Chacun de ces ordres de
développements doit être représenté, incarné dans un
certain nombre d'hommes, cultivés par une éducation
prolongée. Pour représenter un développement scientifique, il faut des savants.

On disait tout à l'heure que pour former un bon
soldat il faut trois ans. Combien d'années croyez-vous
qu'il faille pour former un bon savant? (*Très bien!*)

Et ce ne sont pas les jeunes gens riches qui deviennent des savants. En général, ce sont les enfants des
familles pauvres, petits bourgeois ou ouvriers, élevés
au prix des plus grands sacrifices, et qui continuent
pendant de longues années cette vie d'études et d'aus-
térités, avant d'atteindre le but et de devenir des
hommes utiles à leur pays, parfois même des gloires
nationales.

Pour former un artiste, j'en dirai autant. Il faut des
années d'étude et d'apprentissage dans les ateliers; la
main se forme peu à peu, l'éducation se fait lentement : elle se poursuit pendant des années. Ces
jeunes artistes ne sont pas des enfants riches, des
fils d'aristocrates. Ils vivent, pour la plupart, de
misère, eux et leur famille, pendant leur éducation.

Quoi de plus démocratique que d'encourager et de soutenir de telles vocations!

Et pendant quelles années, je vous le demande, se fait cette éducation? Ce n'est pas à l'âge mûr, après que l'on a dépassé vingt-cinq ou trente ans, que s'accomplit l'éducation d'un savant, d'un lettré, d'un artiste : elle se fait de dix-huit à vingt-cinq ans.

Pendant la période de l'enfance, la mémoire est surtout exercée; cette période dure jusqu'à l'âge de la puberté. A ce moment, de quinze à dix-huit ans, apparaissent les facultés rationnelles. Le jeune homme alors commence à entrer dans la plénitude d'éducation, je veux dire dans la plénitude d'exercice des facultés qui consistent à acquérir, à digérer les connaissances acquises, à penser par soi-même, sans produire encore d'œuvre originale. C'est surtout de dix-huit à vingt-cinq ans qu'il fait ces acquisitions personnelles, qu'il emmagasine ses connaissances scientifiques, qu'il fait son apprentissage pratique, dans l'art ou la littérature.

C'est à ce moment, je le répète, qu'il emmagasine les ressources, au moyen desquelles, plus tard, il produira à son tour des œuvres personnelles.

Si vous lui ôtez trois années de vie dans cette période, vous allez le décourager, le détourner de sa vocation, l'empêcher de compléter l'acquit indispensable; vous

allez le frapper de stérilité. Sans doute il en résistera
quelques-uns, les plus énergiques, ceux qui auront le
plus de vigueur et d'originalité : quelques hommes de
génie resteront.

Mais une société ne vit pas seulement d'hommes de
génie — il y en a même bien peu dans chaque génération humaine (*Rires approbatifs*); — une société vit
surtout par le nombre d'hommes cultivés et convenablement exercés qu'elle renferme.

Qu'arrivera-t-il si vous leur enlevez trois années sur
cinq ou six, à cette période de culture, indispensable
pour former l'homme définitivement et faire qu'il
existe, qu'il ait une personnalité?

Vous aurez peut-être une armée avec de meilleurs
sous-officiers; encore pourrais-je le contester (*Très
bien! très bien!*); car les qualités qui font le mérite du
littérateur, du savant, de l'artiste ne sont pas celles
qui font le bon sous-officier. Les qualités du premier
sont d'ordre intérieur, de réflexion, de concentration;
tandis que les qualités du sous-officier sont, au contraire, des qualités d'ordre extérieur, d'énergie, quelquefois un peu brutale, — la chose est nécessaire; —
mais ce ne sont pas des qualités du même ordre que
celles du savant, du poète, ou de l'artiste.

Vous affaiblirez donc le développement intellectuel
et scientifique du pays, et vous le frapperez de stérilité,

10

sans en profiter, même pour notre armée. (*Vive approbation sur un grand nombre de bancs.*)

La chose est d'autant plus frappante que, comme
vient de le dire avec beaucoup de sincérité l'honorable
général Campenon, le recrutement des sous-officiers,
qui avait paru péricliter pendant un certain temps,
tend à s'améliorer. Nous pouvons espérer, surtout
avec la loi du recrutement des sous-officiers que la
commission a soumise à vos délibérations et qui a été
déposé sur ce bureau; nous pouvons espérer que le
recrutement des sous-officiers pourra être complètement assuré, et cela sans compromettre en rien le
développement intellectuel de la France.

Messieurs, je viens de vous parler du développement moral, intellectuel, artistique, scientifique, parce
que ce sont choses tout à fait fondamentales et qui,
dans mon opinion du moins, priment tout. C'est là ce
qui fait surtout l'éclat, la puissance morale des
nations; c'est ce qui fait que les nations sont au premier rang, ou tombent au deuxième, ou s'abaissent
encore davantage.

Mais il y a une autre considération, plus capitale
encore, qui doit intervenir dans cette discussion.

Le général Campenon citait tout à l'heure un adage
latin. Je vous demande la permission de le citer après
lui. Il disait : *Primo vivere, deinde philosophari.* Il faut

avant tout qu'une nation vive. Mais de quoi vit-elle ?
Elle ne vit pas seulement de savants et de théoriciens,
cela est vrai; mais elle vit d'industrie, de commerce,
d'agriculture.

L'industrie moderne n'est plus purement manuelle,
comme l'industrie ancienne. Les ingénieurs qui dirigent nos mines, ceux qui dirigent nos grandes usines,
sont des savants dans leur ordre.

Il faut aussi de la science maintenant pour faire de
l'agriculture productive. Ce ne sont pas sans doute
des savants cultivant la théorie pure, comme quelques-
uns d'entre nous; cependant ce sont encore des
savants, souvent aussi instruits, mais qui, au lieu de
faire de la théorie pure l'objet idéal de leur vie, appliquent les lois scientifiques à l'industrie et à l'enrichis-
sement de leur pays.

Pour réaliser ces applications si belles et si profitables, il faut que chaque peuple ait à la fois des
hommes de génie, qui les découvrent, et des savants,
qui les mettent en pratique. Il ne suffit pas d'avoir des
ouvriers, des hommes capables de produire de la
main-d'œuvre; il faut encore avoir des hommes qui
aient des notions générales, qui puissent commander
à ces ouvriers, diriger ces usines, conduire ces
machines. Autrement, — je parle ici des contremaîtres et des ouvriers instruits, aussi bien que des

ingénieurs, — autrement vous tomberiez au niveau de
ces empires arriérés de l'Asie. Sans doute, ils peuvent
lever des multitudes de soldats armés ; mais ils ne sont
en mesure de résister, ni au point de vue militaire ni
au point de vue industriel. Aujourd'hui la production
industrielle d'un peuple de 30 ou 40 millions d'hommes,
possédant des usines, des ingénieurs et des ouvriers
instruits, équivaut au travail d'un ou deux milliards
d'hommes, qui agiraient uniquement par le travail de
leurs mains.

Messieurs, comment arrive-t-on à de tels résultats?
Je le répète, c'est avec des ingénieurs, qui construisent
les machines, et avec des ouvriers instruits, qui les dirigent. En effet, ce que je dis des ingénieurs, je le dis
aussi formellement des ouvriers. Quand il faut gouverner des machines, celui qui les dirigera ne sera pas
seulement un manœuvre ingénieux, mais un homme
qui aura reçu une éducation spéciale, technique et prolongée. Voilà pourquoi, dans les catégories qu'elle
propose d'établir, la commission ne s'est pas bornée
à comprendre les écoles des hautes études, mais aussi
les écoles industrielles de tous genres. Elle a fait une
part considérable aux écoles d'arts industriels, au
point de vue de la production des objets d'art, production qui est une des grandes sources de la richesse
de la France ; elle y a compris les écoles des arts et

métiers, les écoles des mineurs, en un mot toutes les écoles qui forment ces contremaîtres, ces ouvriers instruits, intelligents, ayant eux aussi besoin d'une longue élaboration, d'une longue culture préliminaire, d'un exercice ininterrompu pendant plusieurs années.

Non seulement la commission a fait une œuvre profondément démocratique, mais elle s'est efforcée de maintenir tous les éléments de la richesse nationale. Or, ce sont là les éléments que vous aller tarir, si vous voulez imposer à tous le service continu de trois ans. (*Très bien! très bien! et applaudissements sur un grand nombre de bancs.*)

Messieurs, en tombant dans cette faute, non seulement nous cesserions d'entretenir la richesse nationale, et nous en taririons les sources; mais pendant ce temps-là les peuples voisins, qui ne seraient pas soumis aux mêmes rigueurs que nous, auront continué à former ces savants, ces artistes, dont nous aurions, par je ne sais quelle aberration, paralysé l'éducation. Oui, ils les auront bientôt en bien plus grand nombre et plus instruits que nous; ils posséderont ces ouvriers industriels, ces ouvriers d'art, ces mécaniciens, ces ingénieurs, ces directeurs d'usine. Et je ne parle pas *a priori* : dès aujourd'hui les peuples qui nous entourent forment méthodiquement tous ces hommes, destinés à accroître la richesse de leur pays. L'Allemagne

10.

est remplie d'écoles techniques de tous genres, les
unes pour les ingénieurs, les autres pour les ouvriers.

Il en résulte que la force productrice de nos voisins
augmente sans cesse, et il arrivera un moment où, non
seulement nous ne produirons plus assez par nous-
mêmes, mais nous serons envahis par la production
étrangère. Les nations sont aujourd'hui vouées à une
lutte continuelle pour l'existence : celle qui renoncera
à soutenir cette lutte, sera étouffée.

Rappelez-vous le mot de M. de Bismarck ; il a dit un
jour qu'il préparait à la France un Sedan industriel.
Eh bien, ce Sedan industriel, l'amendement du général
Campenon va nous le donner! (*Très bien! et applaudissements sur un grand nombre de bancs.*)

II. — SÉANCE DU 29 JUIN 1888.

Messieurs, je demande au Sénat la permission de
répondre par quelques courtes observations au discours
passionné, éloquent et convaincu de l'honorable général Campenon.

Comme il l'a dit en commençant, les raisons fondamentales qui dominent toute cette discussion et, en
particulier, celle des dispenses conditionnelles, ont été
développées et examinées à fond devant le Sénat,
lors de la première délibération. Nous ne pouvons

aujourd'hui les reprendre que d'une manière sommaire, et, pour ainsi dire, en raccourci.

Mais auparavant je désire répondre à M. le général
Campenon, au sujet de cette accusation de barbarie,
qu'il croit à tort dirigée contre l'opinion professée par
lui dans cette enceinte.

Il s'agit d'une chose, permettez-moi de le dire, plus
générale. Il s'agit de l'idéal que nous concevons aujour-
d'hui pour les sociétés humaines et la civilisation. Cet
idéal, Messieurs, depuis le XVIII° siècle principalement
ce n'est pas un idéal de guerre, c'est un idéal de
paix.

Le but auquel tend la France, auquel doivent tendre
les nations modernes, ce n'est pas de s'exterminer les
unes les autres, par des luttes sans fin. Sans doute, il est
nécessaire de pouvoir se défendre contre les attaques
des États voisins. Oui, malheureusement, la guerre est
un mal nécessaire, et sa préparation s'impose aujour-
d'hui à nous plus que jamais. Mais elle ne saurait être
regardée comme l'idéal des peuples modernes. Un
peuple qui adopterait cet idéal, — j'ai pris mes exemples dans l'antiquité, par conséquent je ne prétends
pas les étendre aux nations modernes, — un peuple
qui adopterait cet idéal serait, je l'ai dit, un peuple de
brigands. Tels étaient autrefois les Spartiates, ou les
Romains, dans la première période de leur histoire.

Mais jamais je n'ai entendu appliquer de semblables paroles aux nations modernes, qui vivent de paix, d'industrie, d'art, de science, de commerce, et qui, par conséquent, doivent, avant tout et à tout prix, maintenir ces conditions, ces éléments essentiels de notre civilisation. Je crois que cette déclaration était indispensable, après les observations présentées par l'honorable général Campenon au commencement de son discours.

Cela dit, quelle est notre situation actuelle, au point de vue militaire?

Elle est bien telle, je le déclare hautement, que l'a exposée le général Campenon avec tant d'éloquence. Je reconnais avec lui la nécessité du service universel; cette nécessité nous a été imposée par la nouvelle organisation de l'armée de nos voisins.

L'organisation actuelle de l'armée française, que nous avions crue satisfaisante en 1872, les grands sacrifices que la France avait faits à cette époque pour se mettre en état d'assurer la défense nationale, tout cela n'est plus aujourd'hui suffisant, et pourquoi? Vous le savez, c'est parce que nos voisins ont changé leur loi militaire.

C'est parce que l'Allemagne a poussé au dernier degré le développement de son armée, que nous sommes impérieusement obligés d'en faire autant.

Certes, ce n'est pas là ce que nous pouvions souhaiter, ce n'est pas le but que devrait poursuivre notre civilisation française; mais, malgré nous, une organisation nouvelle nous est imposée par la fatalité extérieure. Tout peuple, aujourd'hui, qui cesse de faire les derniers sacrifices pour se défendre est exposé à périr.

Ceci étant posé, quelle est notre condition? Quel est l'objectif et le système général de la loi soumise à vos délibérations?

Je vous le rappellerai brièvement. Le point de vue auquel s'est placée la commission du Sénat a été le suivant : elle a voulu rendre possible ce service universel, désormais indispensable en temps de guerre; c'est-à-dire faire en sorte qu'en temps de guerre, tout citoyen soit capable de participer d'une manière active et immédiate à la défense nationale. Pour y réussir, il est indispensable que tout citoyen soit préparé convenablement en temps de paix.

Nous est-il permis de satisfaire complètement à cette nécessité? A cette fin, il faudrait que tous les citoyens sans aucune exception, sans aucune dispense, quelle qu'en fût la raison ou le motif, pussent entrer dans les rangs de l'armée pendant trois ans. Mais cela ne peut pas être réalisé.

Il y a là, Messieurs, une impossibilité budgétaire, que personne ne conteste. Je ne sais, comment le budget pourrait s'accommoder de ce système. En tout cas, ni la Chambre des députés ni la commission du Sénat n'ont regardé la chose comme praticable. Il devient dès lors nécessaire de diminuer la durée du service pour une portion du contingent. Tel est le point de départ du système des dispenses : qu'il s'agisse des dispenses de soutiens de famille, ou des dispenses conditionnelles, tout le monde est obligé d'en admettre un certain nombre.

J'ajouterai même que, dans le système de la Chambre et dans celui de la commission du Sénat, la même proportion de dispenses a été adoptée : proportion déterminée d'une manière obligatoire par les limites mêmes du budget. C'est là une considération tout à fait fondamentale dans la discussion actuelle. Pour rester dans les limites du budget, je le répète, on a dû accorder un nombre déterminé de dispenses.

Mais, à cet égard, la commission du Sénat n'a pas suivi le même système que la Chambre des députés. Elle a fait, à mon avis, une loi plus complète, plus parfaite, et je crois au point de vue militaire, supérieure à celle qu'avait adoptée la Chambre des députés.

En effet, la Chambre des députés avait maintenu 15 pour 100 de dispenses presque absolues, c'est-à-dire 15 pour 100 de citoyens qui n'auraient pas été exercés convenablement et qui auraient été précisément dans les mêmes conditions où se trouvaient placés, sous le régime de la loi de 1872, un nombre beaucoup plus grand de citoyens, nombre atteignant alors près de la moitié du contingent, citoyens incapables de fournir un concours immédiat, en cas de déclaration de guerre.

C'est précisément ici que la commission et le Sénat, s'il maintient son vote, auront apporté à notre nouvelle loi militaire un grand perfectionnement.

Au lieu de conserver ces 15 pour 100 de dispenses à peu près complètes, nous avons supprimé toutes les dispenses absolues, sans aucune exception. Sans doute, on m'objecte que ces dispensés auraient encore reçu une ébauche d'instruction pendant quatre mois : mais cette instruction de quatre mois, de l'avis de tous les généraux, — et je m'en rapporte à leur compétence, — est absolument insuffisante. Il faut, d'après leur avis, une année entière de préparation, pour qu'un soldat puisse entrer en ligne, au moment d'une déclaration de guerre. Par conséquent, dans le système de la Chambre des députés, je le répète, il y aurait 15 pour 100 du contingent qui recevraient une instruction insuffisante.

Dans le système que nous avons adopté, au contraire, il n'y a plus aucune portion du contingent qui reçoive une instruction insuffisante. Tous seraient en état de concourir à la défense nationale, dès le premier

jour d'une déclaration de guerre. C'est là un grand
perfectionnement.

Nous avons maintenu pour les dispenses cette proportion approximative de 15 pour 100; nous avons
conservé à peu de chose près le chiffre de la Chambre
des députés. Mais comment obtenons-nous cette proportion? ici, Messieurs, nous différons d'avis.

La Chambre réalisait ces 15 pour 100, en dispensant,
d'une part, un certain nombre de soutiens de famille,
d'une manière régulière, légale, nécessaire, et, d'autre
part, un certain nombre de jeunes gens, également
regardés comme soutiens de famille, mais dont la désignation était abandonnée à la discrétion des conseils
municipaux.

C'est précisément cette dernière disposition que
nous avons repoussée; nous n'avons pas voulu de cette
quantité énorme de dispensés, laissés au choix des
conseils municipaux. Il eût été trop à craindre que ce
choix ne dégénérât en favoritisme. Bien loin de réaliser
cet idéal de justice nouvelle que poursuit M. le général
Campenon et que je poursuis avec lui, quoique selon
une méthode différente, le système des dispenses
laissées au choix des conseils municipaux risquerait
fort d'aboutir à l'injustice sociale. (*Très bien! — C'est
vrai! sur divers bancs.*)

Voilà donc quel a été le point de départ du système

nouveau que nous avons adopté pour les dispenses.
Nous avons maintenu un certain nombre de dispensés
comme soutiens de famille — environ la moitié. — Ce
chiffre a même été augmenté hier dans une faible proportion par le vote du Sénat, qui a approuvé l'amendement de l'honorable M. Marion; mais la proportion
totale n'est pas sensiblement modifiée. A côté de ce
chiffre, nous avons vu qu'il était nécessaire, dans l'intérêt social, dans l'intérêt de la justice sociale, nous
avons cru, dis-je, nécessaire de maintenir un certain
chiffre de dispenses conditionnelles, dérivant d'un
autre principe.

En effet, les dispenses de soutiens de famille ne
répondent pas à l'intérêt général; ce sont des dispenses d'intérêt particulier, très légitimes d'ailleurs,
mais créées, je le répète, en vue de satisfaire à des
intérêts privés.

Eh bien, à côté de l'intérêt privé, nous avons voulu
faire une part à l'intérêt public, aux intérêts généraux,
que le système de la Chambre avait complètement
éliminés. (*Très bien! très bien! à gauche.*)

C'est là, Messieurs, qu'est la différence entre le
point de vue auquel nous nous sommes placés et celui
auquel s'était mise la Chambre des députés.

Nous avons recherché une justice sociale plus complète et un intérêt plus général et mieux entendu.

11

Cet intérêt public, j'en ai exposé au Sénat les exigences fondamentales; l'honorable général Campenon ne les a pas contestées aujourd'hui d'une façon approfondie. Je ne crois donc pas nécessaire de rentrer dans cette discussion, ni de rappeler pour quelles raisons, touchant au développement intellectuel, artistique, industriel et commercial de la France, il est nécessaire de maintenir cet ordre de dispenses conditionnelles; comment, si nous ne les maintenions pas, l'instruction de notre jeunesse se trouverait compromise, et nous nous verrions placés dans des conditions d'infériorité scientifique et industrielle, à l'égard des peuples étrangers.

Cependant, il est un point qu'il me paraît nécessaire de signaler de nouveau aujourd'hui à cette Assemblée : le système que nous avons adopté n'est pas celui des privilèges pour les gens riches. Notre système — que l'honorable général Campenon me permette de le lui dire — c'est au contraire le privilège pour les pauvres, pour les jeunes gens laborieux et capables, qui sortent chaque année des classes les plus humbles de la société. Telle a été notre préoccupation, et cela, comme je vais l'établir, à un double point de vue.

Au point de vue des catégories de dispensés, je ferai observer d'abord qu'à côté des élèves de nos facultés et de nos grandes écoles nous avons admis tout

un ensemble de dispensés conditionnels, apparte-
nant aux professions ouvrières. Nous avons admis les
ouvriers des écoles d'arts et métiers, des écoles des
mineurs : nous avons admis les ouvriers d'art, et cela
dans des proportions relativement considérables et
comparables à celle des dispenses que nous accordons
aux élèves de nos grandes écoles. Par conséquent, il
serait souverainement injuste de qualifier notre loi de
loi de privilège pour les riches. Elle est bien plutôt, je
le répète, une loi de privilège pour les pauvres et pour
les humbles ; sous cette double condition, imposée
aussi bien aux ouvriers d'art qu'aux élèves des écoles,
que les jeunes gens appelés à en profiter soient laborieux, et que le développement de leurs facultés et de
leurs talents spéciaux contribue à la prospérité nationale.

Mais il faut aller plus loin : les dispenses accordées
aux élèves de nos grandes écoles et de nos facultés,
ce n'est pas là un privilège de la richesse. Les jeunes
gens riches ne sont généralement pas les mêmes que
ceux qui travaillent, qui passeront les concours, qui
obtiendront les diplômes, auxquels ces dispenses sont
subordonnées.

Ceux qui travaillent avec énergie parmi les jeunes
gens riches ne sont qu'une exception. Parmi les travailleurs, le plus grand nombre ce sont des enfants de

familles pauvres, d'ouvriers, d'artisans, de paysans, ou
de familles de petite bourgeoisie ; ils n'ont été instruits
qu'à l'aide de sacrifices sans cesse réitérés ; on s'est
saigné, comme on dit, aux quatre membres pour
élever ces jeunes gens, pour les faire entrer à l'École
polytechnique, à l'École normale, à l'École centrale,
dans les grandes écoles et dans les facultés. Ce sont
ces jeunes gens pauvres qui forment la base du recrutement de nos facultés et qui sont la pépinière de notre
développement intellectuel, artistique, scientifique,
industriel.

Or, cette base est éminemment démocratique. Je le
dis encore une fois, avec la compétence d'un homme
qui a passé toute sa vie dans l'enseignement : ce n'est
point parmi les jeunes gens riches que se recrutent
principalement nos écoles.

J'ajouterai qu'à cet égard le service de trois ans
aurait un résultat diamétralement opposé à celui que
voudrait obtenir M. le général Campenon. Je ne veux
pas plus que lui favoriser les classes riches, et je poursuis le même but démocratique que lui ; mais je crois
que son système amènerait les résultats les plus
opposés à ses intentions. Quel serait, en définitive, le
résultat du système du service de trois ans, appliqué à
toute la jeunesse ?

Savez-vous quels seront ceux qui, en sortant du

régiment, pourront poursuivre les carrières libérales?
ceux qui résisteront le mieux à l'effet de ces trois
années de service militaire imposé, pendant lesquelles
leur développement aura été arrêté, leur travail intellectuel ou artistique suspendu?

Ceux qui reprendront leur carrière interrompue
seront précisément les riches, parce qu'ils auront,
eux, des moyens d'existence assurés. Pour ceux-là, en
effet, le dur sacrifice qui leur aura été imposé aura eu
pour résultat de retarder leur carrière de trois ans;
mais ensuite ils pourront la reprendre, parce qu'ils
auront les moyens de vivre sans travailler. Tandis que
la plupart de ces enfants d'ouvriers, de paysans, dont
la carrière aura été également retardée de trois ans,
ne la reprendront plus; ils ne le pourront pas, parce
que leur père aura vieilli et qu'il ne sera plus en état
de continuer ses sacrifices.

La vie d'ailleurs n'a pas une durée indéfinie, et à
mesure qu'elle s'écoule il devient de plus en plus indispensable de se faire une carrière. Or, celle qu'un jeune
homme pouvait embrasser à vingt et un ans, puisqu'il
était en mesure de sacrifier trois ou quatre années aux
études nécessaires pour s'y faire une place, il ne pourra
plus la reprendre à vingt-quatre ans, parce qu'il faudrait attendre encore plusieurs années avant d'arriver
à une situation rémunératrice. Par conséquent, la

carrière, l'avenir sera compromis. Dans le système du service universel de trois ans, ce sont précisément les pauvres, les misérables, les humbles, dont le sort doit nous intéresser au plus haut degré, nous autres républicains. (*Très bien! très bien!*)

M. LE GÉNÉRAL CAMPENON. — Les pauvres, les misérables, les humbles, ne vont dans aucune espèce d'école et font trois ans! (*Vives protestations sur un grand nombre de bancs.*)

Un sénateur au centre. — Et les boursiers!

M. BERTHELOT. — Je vois bien, mon général, que vous n'avez jamais eu entre les mains les dossiers des boursiers, soit ceux de nos lycées, soit ceux des boursiers de licence, ou des boursiers de toutes les autres écoles.

J'ai eu entre les mains des milliers de dossiers de ce genre; j'ai eu l'occasion de les lire, et de les lire par le détail : je vous affirme que la majorité de ces boursiers, ce sont des fils de gens pauvres.

Savez-vous, par exemple, ce que sont en général les boursiers de licence? Ce sont, ou des fils de gendarmes, — il y en a un nombre considérable, — ou des fils de percepteurs, ou des fils de facteurs ruraux; ce sont encore des fils, non pas même de petits fermiers, mais de gens possédant une petite terre, qu'ils cultivent eux-mêmes (*Nombreuses marques d'approbation.*) Voilà

ce qui forme la majorité de nos boursiers. Vous pouvez
interroger à cet égard M. le ministre des affaires étrangères, qui est ici présent et qui a été ministre de l'instruction publique : il vous renseignera à cet égard.

Par conséquent, le service de trois ans absolu, sans
limites, sans dispenses conditionnelles pour personne,
c'est surtout sur les pauvres et les faibles qu'il pèse-
rait. Savez-vous à quel singulier résultat on arriverait
avec ce système? Ce serait de ne remplir les carrières
intellectuelles et artistiques qu'avec les fils des gens
riches.

Je ne veux pas développer de nouveau, comme je
le pourrais, la nécessité des dispenses conditionnelles
au point de vue des intérêts moraux, scientifiques et
industriels de la France. Le Sénat a encore présente
la discussion qui s'est élevée sur ce point, lors de la
première délibération, et je ne crois pas nécessaire de
m'étendre davantage sur ce sujet : j'ajouterai seulement
un mot. Depuis que j'ai eu l'occasion de parler, dans
cette enceinte, de la question des dispenses conditionnelles, j'ai reçu beaucoup de lettres, j'ai eu beaucoup
de conversations; j'ai eu, je puis le dire, l'avis des
principaux corps intellectuels, qui s'occupent de la
science, de l'art, et j'ai recueilli celui des représentants des grandes écoles de commerce et d'industrie.

M. LE GÉNÉRAL CAMPENON. — Ce sont des mandarins! (*Rumeurs à gauche*.)

M. BERTHELOT. — Permettez, mon général, ce sont
des mandarins comme vous; d'où êtes-vous sorti vous-
même? (*Très bien! très bien!*) Vous êtes monté au
rang que vous occupez par votre travail, comme nous
tous; c'est ainsi que nous sommes devenus des mandarins. Mais nous sommes partis d'en bas. (*Applaudissements prolongés à gauche*.) Nous sommes des fils,
ou des descendants de pauvres gens. Je suis le petit-fils
d'un maréchal ferrant de village. (*Nouveaux applaudissements à gauche et au centre*.) Eh bien, les corps dont
je parle et dont j'invoque l'autorité sont composés aussi
d'hommes qui se sont formés et élevés par leur travail,
et qui ont été librement désignés par leurs pairs.

Interrogez l'Académie des sciences, la Faculté des
lettres, la Faculté des sciences; interrogez tous ceux qui
sont en contact journalier avec les jeunes gens, parlez
aux professeurs de l'École polytechnique, aux directeurs
des grandes écoles. J'en ai consulté beaucoup, et tous
ont été unanimes pour déclarer que le vote d'une loi
sans dispenses conditionnelles amènerait l'abaissement
de la France intellectuelle et artistique. (*Très bien!
très bien!*) Les maîtres des grandes écoles industrielles
et commerciales ont ajouté que ce serait aussi l'abaissement de la France, au point de vue de sa force pro-

ductrice, et par conséquent au point de vue de la concurrence vitale, qui règne aujourd'hui entre les
nations. (*Nouvelles marques d'approbation.*)

L'application d'une semblable loi serait donc un
véritable désastre moral et matériel pour la France.
(*Applaudissements et marques d'approbation sur un
grand nombre de bancs.*)

III. — LES OUVRIERS D'ARTS
(SÉANCE DU 27 JUILLET 1888).

M. BERTHELOT. — Messieurs, la question soulevée
dans ce moment est de la plus haute importance. C'est
une des dispositions qui font le caractère éminemment
démocratique de notre système des dispenses conditionnelles... (*Bruit à droite.*)

Je demande au Sénat, avant de trancher cette question, d'y réfléchir profondément et de comprendre
quelle en est la portée.

Vous voyez ce que nous avons fait, jusqu'ici, dans
l'ensemble des dispositions déjà adoptées; nous avons
particulièrement affranchi, par les dispenses conditionnelles du deuxième paragraphe de l'article 32, des
jeunes gens qui avaient passé, ou par l'enseignement
secondaire, pour la plupart, ou par des enseignements
équivalents.

11.

A la vérité, à côté de ces écoles, nous avons introduit les écoles d'arts et métiers et les écoles des
mineurs ; mais il s'agit là d'un très petit nombre d'individus.

Cependant il y avait une grande catégorie d'ouvriers,
pour laquelle il était nécessaire de maintenir aussi une
culture prolongée, une adresse de main, qui ne peut
se conserver que par un exercice poursuivi pendant
plusieurs années ; le maintien d'une semblable culture
ouvrière importe au plus haut degré à la richesse
nationale.

Voilà pourquoi la commission a cru indispensable
d'introduire dans son système de dispenses conditionnelles les ouvriers qui exercent des industries d'art.

Voilà le principe, et je prie le Sénat de ne pas le
perdre de vue, parce que c'est là, dans l'opinion de la
commission, un principe qu'il faut sauvegarder à tout
prix ; c'est un des principes qui caractérisent, je le
répète, notre système des dispenses conditionnelles.

Or, comment pouvons-nous assurer l'application de
ce principe, sans y introduire d'arbitraire et de façon à
atteindre le résultat cherché? Il s'agit de déterminer
quels sont les jeunes gens capables, possédant cette
adresse, cette habileté dans leur art, dans leur métier
de ciseleur, de sculpteur sur bois, de monteur en
bronze, de bijoutier, bref dans tout métier se ratta-

chant à une industrie d'art. Comment pouvons-nous atteindre ce but?

Il faut d'abord s'assurer de l'aptitude des ouvriers; en second lieu, il faut vérifier que les jeunes gens continuent à exercer cette industrie; il faut qu'ils en justifient, au moins jusqu'à un âge égal à celui que nous avons jugé nécessaire pour les dispensés des professions libérales, tels que les élèves de l'École de médecine, ou des diverses Facultés.

Eh bien, ces justifications, nous avons cherché à les assurer en vertu d'un principe que je vais rappeler, avant d'entrer dans ses applications.

Il faut d'abord chercher par quels gens compétents on fera constater le mérite professionnel. Or les gens compétents, ici, il nous a paru que ce n'étaient pas les membres d'un jury général, qui serait désigné à Paris par l'État. Je vois en face de moi le ministre des beaux-arts; certes, je crois que M. le ministre des beaux-arts serait fort embarrassé de désigner un jury capable d'apprécier l'adresse de main des ouvriers ciseleurs, par exemple.

Que ferait-il s'il en était chargé? Il s'adresserait nécessairement aux gens de métier. Quels sont les gens de métier?... (*Interruptions.*) Quels sont les gens du métier? Ce ne sont pas des professeurs, ce ne sont pas des fonctionnaires publics, ce sont des maîtres

ouvriers, par conséquent des gens de la même catégorie, de la même famille que les ouvriers dont on
veut constater l'aptitude. Quel est, aujourd'hui, le
mode régulier par lequel ces hommes sont désignés à
nous? Nous n'en avons trouvé qu'un, existant déjà : le
système des chambres syndicales légalement constituées. C'est cette constitution légale qui nous a paru
être la garantie cherchée. (*Rumeurs à droite.*) Il y a là,
avons-nous pensé, une véritable garantie. L'État peut
déléguer ses pouvoirs à ces chambres syndicales. Il les
délègue... (*Nouvelles interruptions sur quelques bancs*).

Permettez, Messieurs, ce n'est pas le seul exemple
de délégation que nous trouvions dans les dispositions
du projet de loi relatives aux dispenses conditionnelles.
Il y en a d'autres; ainsi, parmi les écoles auxquelles
des dispenses sont accordées par les dispositions déjà
votées par le Sénat, il en est qui ne sont pas des établissements d'État, c'est-à-dire qui peuvent être assi-
milées jusqu'à un certain point aux chambres syndicales : je citerai l'École des hautes études commerciales,
et les écoles supérieures de commerce.

C'est par analogie avec la disposition acceptée pour
les écoles commerciales que nous voudrions procéder
pour les chambres syndicales. Par conséquent, le
principe est acquis, en quelque sorte, en vertu des
dispositions déjà votées par le Sénat.

Quant aux justifications mêmes que devront fournir les ouvriers d'art, elles sont énumérées en détail, tant dans l'article 32 que dans l'article 33. En effet, nous avons dit que la question serait définie par des règlements d'administration publique, par des règlements délibérés en Conseil d'État. L'État est donc l'auteur et le maître des règlements qui détermineront le mode de désignation des jeunes gens dispensés sur la proposition des chambres syndicales; ainsi que des justifications annuelles d'aptitude, de travail et d'exercice régulier de leur profession, qu'ils devront fournir jusqu'à l'âge de vingt-six ans.

Ainsi, vous le voyez, la désignation des candidats et les diverses justifications qu'ils devront fournir sont définies par l'État; c'est l'État qui fait ces règlements, c'est donc toujours une affaire d'État, il s'agit de garanties données par l'État. J'en dirai autant de l'article 33 :

« Les jeunes gens visés au paragraphe 3... » — c'est le paragraphe dont il s'agit — « qui ne fourniraient pas les justifications professionnelles prescrites seront tenus d'accomplir les deux années de service dont ils avaient été dispensés. »

Qu'est-ce qui prescrira ces justifications professionnelles? C'est encore le règlement rédigé par le Conseil d'État. Par conséquent, l'autorité de l'État se retrouve

dans toutes les parties de cette disposition, pour
fournir les garanties nécessaires; la seule condition où
l'État n'intervienne pas, c'est celle où il ne peut pas
intervenir, je veux dire l'appréciation de la capacité
professionnelle.

Pour juger des ouvriers, nous ne pouvons prendre
que des ouvriers; eh bien, nous les prenons dans les
syndicats professionnels, là où ils sont qualifiés et constitués légalement, sous une forme reconnue par la loi.

IV. — SÉANCE DU 17 MAI 1889.

Messieurs, la commission regrette vivement de se
trouver en désaccord avec le Gouvernement, en désaccord avec M. le président du conseil et avec un ministère, dont plusieurs membres avaient apporté, dans
d'autres circonstances, leur appui aux propositions
que fait aujourd'hui la commission. Mais je ne veux
pas insister sur ce côté de la question, qui présente
un caractère personnel, et je crois préférable de m'attacher à la discussion des principes en eux-mêmes. (*Très
bien!*)

Un mot d'abord, Messieurs, sur les paroles par lesquelles M. le président du conseil a terminé l'appel
qu'il faisait à la conciliation.

La conciliation, Messieurs? La commission n'a jamais recherché autre chose; il est facile d'en trouver la preuve dans l'énoncé et dans l'examen des principales propositions, qu'elle vient aujourd'hui présenter au Sénat.

La conciliation, savez-vous d'abord où elle se trouve?

Elle se trouve dans cette différence considérable entre la loi actuelle et la loi précédente, je veux dire dans le service militaire imposé à tout le monde pendant une année. (*Nouvelles marques d'approbation.*)

C'est là une concession énorme aux sentiments que la Chambre a exprimés. Cette concession, hâtons-nous de le dire, est absolument légitime; elle nous a paru nécessitée par les besoins de la défense nationale.

Il est clair aujourd'hui — je n'ai pas à revenir là-dessus — que le jour où la guerre éclaterait, tout le monde doit pouvoir se battre. Or, pour que tout le monde puisse se battre au jour du danger, il faut que tout le monde ait une certaine instruction militaire.

C'est cette raison qui a décidé la commission d'abord, et le Sénat ensuite, à voter cette aggravation considérable des charges militaires, qui consiste à imposer à tous une année de service.

A ce point de vue, l'observation de M. le président du conseil, à savoir que notre système de dispenses soustrait un certain nombre de jeunes gens aux charges du service militaire, n'est pas fondée, puisque, aujourd'hui, tous les jeunes gens, sans exception, seront atteints par le service militaire.

Par conséquent, cette condition fondamentale de toute loi, cette condition de justice et d'égalité se trouve respectée.

La conciliation, nous l'avons encore pratiquée dans d'autres circonstances. Ainsi, nous avons transporté dans notre loi presque toutes les dispositions adoptées par la Chambre des députés dans sa dernière délibération. M. le rapporteur vous l'expliquera, au fur et à mesure et quand l'occasion s'en présentera, comme il l'a fait déjà au sujet de plusieurs des articles votés par le Sénat dans sa précédente séance.

Ainsi, la commission, je le répète, a fait acte de conciliation en adoptant la plupart des dispositions votées par la Chambre des députés, et nous espérons que le Sénat les adoptera aussi. Nous avons cherché par là à réaliser cette unité de vues, réclamée par le Gouvernement, et qu'il est si désirable d'obtenir entre les deux branches du Parlement; nous l'avons fait, autant toutefois que notre conscience nous l'a permis.

Il y a cependant, il faut le dire avec franchise, il y a un point essentiel sur lequel nous n'avons pas cru pouvoir faire de plus larges concessions : il s'agit du prin-

cipe des dispenses. Quel que fût notre désir de tomber
d'accord avec la Chambre, il nous a paru impossible
d'abandonner un principe général, auquel le Sénat et la
commission sont particulièrement attachés. Il s'agit du
maintien de la haute culture dans l'art, dans la science,
dans les lettres, dans l'industrie. Les jeunes gens qui
s'y livrent ont besoin de consacrer à ces études un
nombre d'années déterminé, tant pour les études
d'ordre théorique, que pour les études d'ordre pratique. Si ce travail n'est pas ainsi continué sans interruption pendant les années les plus actives et les plus
fécondes de la jeunesse, il ne produira pas ses fruits,
et les résultats de l'éducation antérieure pourront être
compromis et perdus.

Cela ne sera pas nuisible seulement aux individus,
mais à la société tout entière, qui sera privée du bénéfice des services qu'ils étaient appelés à rendre à leur
pays.

C'est un sujet que j'ai déjà développé à deux reprises
devant cette Assemblée, et sur lequel votre conviction
est faite d'une façon trop complète pour qu'il soit
opportun d'y insister encore.

Il ne s'agit pas là, vous le voyez, d'un privilège
personnel à tel ou tel individu, ou bien à telle classe de
citoyens... (*Très bien! très bien! à gauche.*) Ce que
nous poursuivons, c'est un but d'utilité sociale et géné-

rale, profitable à l'honneur et à la richesse de tous.

Il y a plus : nous ne voulons pas seulement former des artistes, des littérateurs, des savants, qui seraient une espèce de floraison de la civilisation française — cette floraison, d'ailleurs, ne la dédaignons point, car c'est elle qui fait l'éclat et la grandeur morale des peuples dans le monde. (*Nouvelle et vive approbation.*)

Mais ce n'est pas là seulement, je le répète, le but que nous avons poursuivi, en maintenant la nécessité des études prolongées et en les sauvegardant par nos dispenses; nous ne nous occupons pas seulement, en effet, des hautes études artistiques et littéraires, nous voulons aussi préparer des ingénieurs, des savants, dont les découvertes et les travaux concourent pour une si grande part, dans le monde moderne, à la prospérité des peuples, à la force productive de leurs industries, à l'accroissement incessant de la richesse sociale. **Les peuples aujourd'hui sont d'autant plus puissants dans la paix, d'autant plus puissants même dans la guerre**, — comme le rappelait avec tant de raison, l'année dernière, M. le ministre de la guerre, au début de cette discussion — les peuples, dis-je, sont d'autant plus forts qu'ils sont plus instruits, plus habiles, que leurs jeunes gens ont reçu une éducation plus solide et plus approfondie.

L'éducation nationale est le facteur fondamental de la force, de la richesse et de la prospérité des nations, et c'est ce facteur que nous voulons maintenir, parce que s'il pouvait jamais se trouver affaibli par l'effet de nos institutions, la patrie éprouverait peu à peu un abaissement à la fois matériel et moral.

Si la France était seule dans le monde, cet abaissement n'en serait pas moins funeste, quoiqu'on pût, à la rigueur, ne pas s'en apercevoir, faute de termes visibles de comparaison.

Mais nous sommes entourés aujourd'hui par des nations rivales et concurrentes, qui se gardent bien de commettre la même faute que l'on nous propose de faire. Chaque jour, au contraire, nos rivaux emploient tous les moyens pour développer l'instruction de leur jeunesse et les ressources qui en résulteront par leur industrie.

Si nous venions à affaiblir nos énergies intérieures, au lieu de nous maintenir et de progresser, alors que nos voisins, les Allemands, les Anglais, les Italiens, progressent continuellement, nous leur deviendrions bientôt inférieurs, et ce mouvement de recul s'accentuerait sans cesse davantage : notre infériorité dans la richesse et dans les arts de la paix, une fois établie, deviendrait de plus en plus considérable, et nous ne pourrions plus, ni maintenir notre rang en temps ordi-

naire, ni conserver notre force de résistance en temps
de lutte militaire.

Par conséquent, dans la question du maintien de la
haute culture en tous les ordres, il y a un intérêt tout
à fait majeur pour la société moderne; c'est cet intérêt
que la commission a eu en vue de sauvegarder,
et qui a inspiré le projet de loi qu'elle présente au
Sénat.

J'ajouterai, pour répondre plus complètement encore
au sentiment de justice et d'égal traitement pour
toutes les classes sociales, que les propositions de la
commission ne comprennent pas seulement la garantie
des études prolongées pour les ingénieurs, les savants,
ou les artistes; mais que nous avons fait aussi une part,
et une part non moins considérable, à la culture pratique des classes ouvrières, toutes les fois que cette
culture exige aussi un long apprentissage et une pratique continue de la main, pour les industries qui concourent à la richesse nationale.

C'est ainsi que nous avons fait une large part à ces
ouvriers d'art, à ces ciseleurs, à ces bijoutiers, à ces
céramistes d'art, à tous ces artisans précieux, dont
M. le président du conseil parlait tout à l'heure avec
tant de raison et de sympathie.

La part faite par notre loi à ces jeunes gens est aussi
grande que celle qui est faite aux professions des

classes libérales proprement dites. Il ne faut pas oublier que dans les listes que nous avons dressées — et je le justifierai, s'il le faut, par les chiffres que j'ai entre les mains — le nombre des exemptions comprises dans l'article que nous discutons s'élève à un peu plus de 7 000.

Mais ce qui constitue la partie principale, ce sont, d'un côté, les instituteurs et, d'un autre côté, les séminaristes, qui, réunis, forment un chiffre d'environ 4 500. Puis viennent les médecins, les pharmaciens, les vétérinaires, dont le nombre est élevé, mais dont l'armée utilise directement les services. Pour les autres professions libérales, le nombre ne s'élève guère qu'à un millier.

Or, pour les ouvriers d'art, maîtres mineurs, élèves des écoles d'arts et métiers, le chiffre de nos dispenses est à peu près égal à cette dernière valeur. Par conséquent, il ne faut pas croire que nous ayons fait ainsi une répartition absolument inégale et toute en faveur des classes bourgeoises.

Bref, nous avons fait une part légitime dans les dispenses destinées aux études à tout ce qui nous a paru comporter la nécessité d'une éducation prolongée, au point de vue théorique comme au point de vue technique. Que notre énumération ne soit pas tout à fait parfaite et à l'abri de toute critique, cela est possible;

les nomenclatures de ce genre sont toujours, vous le savez, fort difficiles à établir.

Mais nous avons tenu compte de toutes les observations qui ont été faites, et nous avons cherché à procéder de la manière la plus large et la plus libérale, la plus conforme non aux intérêts des individus, qui nous touchent peu, mais aux besoins de la prospérité nationale, qui est notre préoccupation fondamentale.

A cet égard, permettez-moi encore un détail. Nous avons également accordé une part à ces études commerciales, dont parlait tout à l'heure M. le président du conseil ; leur part est même assez considérable, — elle comprend plus de quatre cents élèves, — dans les exemptions relatives que nous avons proposées. Par conséquent, nous croyons avoir réussi à tenir un compte suffisant et équitable de toutes les grandes nécessités sociales.

Les exceptions que nous avons prévues ne profiteront d'ailleurs pas seulement, comme je vous le disais tout à l'heure, aux classes bourgeoises ou riches, même dans l'ordre des professions libérales. Ce ne sont pas les classes riches proprement dites, je dois le rappeler, qui fournissent le plus grand nombre des ingénieurs, des savants, des artistes qui illustrent la France. La plupart sont des jeunes gens sortis des couches profondes de la démocratie, qui ont été élevés par des familles d'ouvriers ou de petits bourgeois, par des gens souvent très pauvres, pour ainsi dire, à la limite du prolétariat.

Leurs familles, à force de sacrifices, les ont élevés et sont parvenues à leur donner cette éducation, qui profitera plus tard au pays. Dans cette direction, elles sont aidées par des bourses nationales, départementales, urbaines, que la République a multipliées, et qui permettent à toute capacité de se produire et de se développer. Des fondations de toute nature concourent aujourd'hui à ce résultat; c'est ainsi que la démocratie s'élève progressivement et qu'elle forme peu à peu ces multitudes d'hommes distingués, instruits et capables, qui font la puissance et la grandeur des nations.

Tels sont les divers besoins auxquels nous avons cherché à satisfaire par le système de dispenses compris dans l'article 23.

Que M. le président du conseil me permette de lui dire, en terminant : en même temps qu'il est président du conseil, il est aussi commissaire général de l'Exposition universelle. A ce titre, il connaît, il admire tous les jours les merveilles qui s'y trouvent réunies.

Or, par qui ces merveilles ont-elles été produites? Par ces savants, ces ingénieurs, ces ouvriers d'art, ces hommes intelligents et instruits, de toutes les catégories, formés par les longues études que nos institutions ont jusqu'ici rendues possibles et facilitées de toutes façons; tandis que la proposition soutenue en ce moment par M. le président du conseil arrêterait le développement intellectuel de tous les jeunes hommes, en mutilant la durée de leurs études, en en rompant la force et la continuité.

Dans l'hypothèse où sa proposition serait adoptée, ne craint-il pas qu'un jour quelque historien, se reportant à notre époque et aux jours qui vont suivre, ne veuille en faire, en quelque sorte, le bilan, à l'occasion, par exemple, de l'une de ces médailles de l'Exposition, sur lesquelles va figurer le nom de M. le président du conseil?

Après avoir glorifié la grandeur de l'Exposition universelle, cet historien pourrait dire : Voilà ce que la France a fait en 1889. Mais cette année a été la dernière de sa puissance; elle est devenue même le point de départ de sa décadence, parce que cette année-là, sous l'influence d'une loi militaire étroite et exclusive, soutenue par le président du conseil, l'éducation nationale a baissé d'une façon continue et irrémédiable. A partir de ce jour, les conditions de formation des hommes intelligents, des savants, des artistes, des ingénieurs, ont été rendues en France de plus en plus difficiles, tandis que les peuples voisins s'efforçaient sans cesse de les développer davantage.

C'est précisément pour prévenir un semblable désastre, pour empêcher le vote d'une loi qui serait assurément l'origine et de la décadence de la patrie, que nous vous demandons de ne pas accepter les propositions de M. le président du conseil.

Je dirai plus : nous pouvons peut-être conserver l'espoir que M. le président du conseil lui-même, dont nous connaissons le patriotisme, consentira à renoncer à soutenir ses opinions d'aujourd'hui.

Quand le Sénat aura pris une résolution définitive à l'égard de la loi militaire, nous espérons que le dévouement du ministère à la patrie française et ses sentiments libéraux bien connus le conduiront à revenir devant la Chambre avec des idées plus conformes aux nôtres et à plaider devant elle la même cause que nous soutenons en ce moment devant vous. (*Très bien! très bien! et applaudissements sur un grand nombre de bancs.*)

LE CENTENAIRE DE L'INSTITUT [1]

(20 octobre 1895.)

L'HISTOIRE DE L'INSTITUT

Vous me demandez, Monsieur, quelque souvenir de la vie d'académicien : ce sont là des souvenirs qui intéressent peu le public, à moins d'y médire de ses maîtres ou de ses confrères : ce qui me semble peu convenable; ou d'y faire son propre éloge : ce qui ne peut amuser le public qu'aux dépens de l'écrivain. Chacun a sa vie privée ou publique, dont les péripéties sont quelquefois intéressantes pour l'histoire politique ou morale du temps. Mais la vie d'un académicien, en tant que tel, est renfermée dans des cadres étroits. Il ne peut que raconter sa propre candidature — ou ses candidatures — et celles de ses amis, qui sont par-

1. Lettre de M. Berthelot, secrétaire perpétuel de l'Académie des sciences, au Directeur du *Gaulois*.

fois plus suggestives; ses luttes personnelles contre
des adversaires, auxquels il a le tort quelquefois de
garder de durables rancunes; — son *cursus honorum,*
places, décorations, récompenses, et déboires, etc.
Quant à ses travaux, dont la genèse et le développement sont la partie fondamentale de la vie d'un
savant, s'il doit toute sa conscience à leur exécution,
il n'a pas qualité pour les raconter ou les juger. Cela
regarde les autres, et la postérité, si son œuvre va
jusque-là. Vous voyez donc que, à mon avis, un académicien — de l'Académie des sciences, j'entends, car
je ne parle ni art ni littérature — agit discrètement, en
ne disant rien de sa vie académique.

Peut-être trouverez-vous plus d'intérêt dans quelques
lignes relatives à un sujet plus général, l'histoire de
l'Institut et ses péripéties.

Rien jamais ne demeure en sa forme première.

Et le mot du poète s'adresse aussi bien aux institutions les plus fermes en apparence qu'aux individus.
La pensée de la Convention en fondant l'Institut était
admirable : elle voulait constituer le tribunal durable
de la raison humaine. Elle y avait renfermé la représentation coordonnée de toutes nos connaissances,
telles qu'elle les comprenait, en écartant le particula
risme des Académies de l'ancien régime. Mais son

œuvre ne demeura dans son intégrité que pendant
peu d'années. Huit ans ne s'étaient pas écoulés que la
création de la Convention était mutilée par le Premier
Consul. Ce puissant génie ne comprenait les institutions que comme subordonnées à sa propre grandeur;
c'est pourquoi il n'aimait ni les philosophes, ni les
« patriotes ». Il supprima, par son arrêté du 3 pluviôse an XI, le tiers de la fondation primitive, la sec-
tion des sciences morales et politiques.

Un changement plus grave, toujours dirigé par des
vues étrangères à la raison pure, fut apporté à la
constitution de l'Institut par la royauté, le jour où
l'ordonnance royale du 21 mars 1816 rétablit les anciennes Académies, en relâchant, presque jusqu'à les
rompre, les liens par lesquels les créateurs de l'Institut
avaient voulu rattacher entre eux les hommes voués
à la culture des choses de l'esprit.

C'est cette organisation, complétée en 1832, par le
rétablissement, sous un titre académique, de la sec-
tion supprimée par Bonaparte, qui nous régit aujour-
d'hui. Certes, il serait téméraire de dire qu'elle n'éprou-
vera plus de modifications. Mais les personnes les plus
attachées à notre institution ne sauraient nier qu'elle
a perdu une partie de la vitalité qui provoque les transformations.

Les Académies n'ont jamais, en aucun temps, pas

plus à Alexandrie, qu'à Florence, à Londres ou à Paris, pris l'initiative des progrès de l'esprit humain : l'initiative est chose individuelle.

Or, dans tous les temps aussi bien qu'aujourd'hui, les Académies n'ont guère appelé dans leur sein les auteurs des grandes découvertes que vers le milieu, sinon sur le déclin de leur vie, alors que leur réputation était déjà consacrée par l'opinion. Les Académies étaient surtout destinées à constater les vérités acquises et à les sanctionner par leur jugement.

Mais ce jugement, elles n'en ont même plus l'initiative : la multitude des hommes adonnés aux sciences, s'étant accrue, a cessé d'être contenue, soit en actualité soit en puissance, dans les cadres étroits des Académies. Ils se sont groupés en sociétés spéciales, et c'est là que les questions se discutent. Je ne voudrais rien dire qui pût offenser mes confrères. Mais je ne crois pas que les Académies des sciences de la nature, ou de l'histoire, aient jamais tracé à l'avance le plan d'une découverte, ou introduit par leurs propositions collectives une idée originale. On a même souvent reproché à quelques-uns de leurs membres leur résistance obstinée aux nouveautés. Je ne sais si l'Académie française a conservé sur la langue cette autorité bénévole, que les typographes lui maintiennent encore artificiellement, jusqu'au jour où ils refuseraient de la suivre dans ses

12.

innovations mal justifiées. Je ne sais si l'économie politique, la philosophie et la morale, telles qu'elles sont
pratiquées aujourd'hui, ne sont pas en dehors des
cadres de notre Compagnie, quelles qu'aient été son
excellence originelle et sa bonne volonté permanente.

L'évolution incessante de l'esprit humain déborde
peu à peu tous les cadres dans lesquels on a cherché
à la contenir. Et nous sommes peut-être les derniers
représentants d'un respect qui s'éteint partout et
d'une autorité qui s'évanouit.

LE CENTENAIRE

DE LA SOCIÉTÉ PHILOMATHIQUE

SES ORIGINES ET SON HISTOIRE

La Société philomathique atteint son centenaire en
1888, presque à la même date que la Révolution française, et cette coïncidence n'est pas fortuite; car la
Société philomathique, quelque modeste qu'ait été sa
destinée, n'en a pas moins été fondée sous l'impulsion
du grand mouvement d'idées rationnelles et humani-
taires, qui a présidé à la transformation de nos institutions vers la fin du xviiie siècle. La conception qui a
inspiré sa création a été si juste d'ailleurs, que la
Société a persisté et est demeurée vivante et active, à
travers les changements de régime traversés par la
France depuis un siècle.

Elle a joué quelque rôle dans l'histoire de la Science
française. Dans le cours des temps que j'ai connus,
elle en a compté dans son sein les principaux repré-

sentants et accueilli les découvertes. Elle a été pendant longtemps l'un des organes essentiels de la publicité scientifique. Quoique dans ces derniers jours le grand développement des connaissances modernes et la multiplication du nombre de leurs adeptes ait eu pour conséquence leur répartition entre un grand nombre de Sociétés nouvelles, analogues, mais plus spécialisées, la Société philomathique n'en a pas moins conservé une importance réelle.

En raison de ces circonstances, les membres de la Société ont pensé qu'il y aurait un certain intérêt à en retracer brièvement l'histoire et ils ont confié ce soin à l'un de leurs plus vieux confrères. Membre de la compagnie depuis 1855, j'en ai suivi les travaux, d'abord comme titulaire, puis comme honoraire, et j'ai recueilli dans ma jeunesse les traditions orales des vieillards d'alors, dont plusieurs avaient connu les fondateurs. Les archives de la Société renferment d'ailleurs des documents précis, qui permettent de reconstituer les phases successives de son organisation. C'est le tableau de ces origines que je me propose surtout de retracer; car, si l'on voulait procéder autrement, c'est-à-dire si l'on voulait résumer les découvertes qui ont été présentées à la Société, il faudrait entrer dans le vaste exposé des développements mêmes de la science, au xixe siècle. Sujet immense et étranger à l'histoire particulière de notre Société! Elle n'a jamais revendiqué d'autre rôle que celui d'un simple organe de publicité désintéressée et d'émulation amicale, conformément à sa vieille devise : « Étude et Amitié ».

En 1788, quelques jeunes gens, cultivant des sciences diverses, eurent l'idée de s'associer et de se réunir pour s'entr'aider dans leurs études, se communiquer ce qu'ils pourraient apprendre et recueillir, par leurs lectures ou autrement, et s'exciter au travail, « en prenant pour objet d'émulation le spectacle des progrès de l'esprit humain ». Les membres fondateurs qui se constituèrent ainsi, le 10 décembre 1788, étaient au nombre de six :

> AUDIRAC, médecin;
> BRONGNIART, chimiste;
> BROVAL, mathématicien;
> PETIT, médecin;
> RICHE, naturaliste;
> SILVESTRE, physicien.

Ils embrassaient, comme on le voit, dans leurs études, l'ensemble des Sciences mathématiques, physiques et naturelles.

Les deux derniers semblent avoir été les promoteurs de l'Association, dont ils furent les premiers secrétaires. Les membres s'assemblaient chez l'un d'entre eux : ils venaient à tour de rôle rendre compte des publications nouvelles et discuter sans prétention les questions ainsi soulevées. Mais leur commerce n'était pas alimenté au début par des observations et expériences personnelles.

Dès 1789 (9 novembre), ils s'associèrent trois autres membres, dont le chimiste Vauquelin, ainsi que sept correspondants; deux autres membres, le 24 mars 1790, et quatre correspondants; enfin huit membres nouveaux, et sept [1] correspondants, en 1791. Le cadre originel comprenait alors dix-huit membres [2] et seize correspondants; les uns et les autres agrégés au fur et à mesure, sans méthode ni règlement systématique. Ce fut alors que la Société se constitua d'une façon définitive.

Observons ici que cette constitution, sous l'ancien régime, aurait rencontré de grandes difficultés. Jusqu'à l'époque de la Révolution, le pouvoir royal était jaloux de ses attributions et très peu favorable à l'organisation d'associations privées et de publications libres, même quand le caractère en était purement scientifique. Aucune réunion, surtout régulière et périodique, ne pouvant avoir lieu sans une autorisa-

1. La liste dressée le 1er janvier 1792 n'en comprend que 5; mais Silvestre en nomme 7 dans son Rapport sur 1791, p. 143.
2. Un Membre, Audirac, était mort en 1790.

tion; aucune publication, sans l'octroi d'un privilège royal. On peut en avoir une idée en consultant les intéressants détails relatifs à la fondation des *Annales française de Chimie*, tentée par Adet en 1787 [1]. Malgré la recommandation de Lavoisier faite au nom de l'Académie, et celle de M. de Breteuil, ministre de la maison du Roi, le garde des sceaux, M. Miromesnil, ne voulut d'abord accorder le privilège d'impression et de vente que pour une traduction des Annales allemandes de Crell, et à la condition que le journal parût par numéros trimestriels. Il aurait fallu en outre une autorisation spéciale pour pouvoir mettre l'ouvrage en souscription, c'est-à-dire pour profiter du système le plus favorable à la vente d'un journal. Lavoisier, ayant insisté, rencontra un nouveau refus (16 septembre 1787). Les *Annales de Chimie* ne purent paraître qu'en avril 1789, couvertes par l'approbation et le privilège spécial de l'Académie des Sciences, et à un moment où les barrières des anciens règlements sur la police littéraire cédaient de toutes parts. Il fallait la chute imminente de l'ancien régime pour que la Science obtînt l'entière liberté de publier ses Œuvres.

On comprend par là pourquoi la Société philomathique, quoique remontant en réalité par ses origines

1. *Lavoisier*, par E. Grimaux, p. 370, Alcan; 1888.

à 1788, ne prit cependant une forme régulière et une
organisation publique que quelque temps après. Elle
avait un premier règlement dès 1790, ainsi qu'on peut
l'induire de la lecture des « Rapports généraux des
travaux de la Société philomathique de Paris, depuis
son installation au 10 décembre 1788 jusqu'au 1er janvier 1792, par les citoyens Riche et Silvestre, secrétaires de la Société [1] ». Le premier rapport ou analyse,
daté du mois de mai 1790, porte sur les travaux de la
Société pendant le premier semestre de son établissement : ce qui nous reporterait vers le mois de
novembre 1789, époque à laquelle les six fondateurs
s'associèrent en effet trois nouveaux membres et six
correspondants. Telle serait la date véritable, à laquelle
la Société philomathique a commencé de fonctionner.
Le nombre des membres n'était pas limité tout d'abord
et les réunions n'admettaient point de personnes
étrangères. C'est seulement pendant le second semestre
de 1790 que l'on commence à parler [2] des auditeurs
convoqués aux séances et admis à discuter en commun.
Celles-ci étaient alimentées par les membres et les
correspondants chargés de présenter [3] :

1. Le volume qui existe aux Archives sous ce titre est une
réimpression, qui paraît avoir été faite en l'an VIII (1800).
2. RICHE, *Exposé des travaux*, etc., volume ci-dessus, p. 72.
3. *Bulletin*, t. 1. Cet exposé dû à Silvestre, a été fait dans
le premier semestre de 1793; car il porte à la fois la mention

« 1° Une notice de toutes les nouvelles découvertes ;

« 2° Les extraits d'ouvrages nouveaux intéressants, français ou étrangers ;

« 3° Des rapports des principales sociétés savantes et des expériences qui se font dans les sciences que chaque associé cultive. »

La Société était ainsi un centre de correspondance active, entre des hommes animés d'un ardent désir de s'instruire par la communication réciproque de leurs connaissances.

Ce zèle pour la Science n'allait pas parfois sans quelques mécomptes.

C'est ainsi que Vauquelin, Silvestre et Riche, chargés de répéter l'expérience mémorable « dans laquelle M. Cavendish et ensuite M. Van Marum ont formé de l'acide nitreux, par la combinaison du gaz azote et du gaz oxygène, par l'étincelle électrique, déclarent avoir tenté vainement une longue suite d'expériences très variées, sans obtenir aucun résultat ; quoique ayant fait tous leurs efforts pour imiter exactement les procédés des inventeurs ». Cependant l'expérience de Cavendish est facile à réaliser : on la répète aujourd'hui dans tous les cours publics. Mais l'insuccès des

des imprimeurs de l'Académie des Sciences, supprimée en août, et le nom de ces imprimeurs, précédé du mot *citoyens*, joint à leur adresse, rue Helvetius : double indication postérieure à la proclamation de la République.

13

opérateurs précédents montre avec quelle réserve on
doit accepter dans les Sciences les conclusions négatives.

Quoi qu'il en soit, l'œuvre de la Société philomathique était éminemment utile et son rôle augmentait
tous les jours. Elle s'efforçait de multiplier incessamment les services qu'elle rendait, en accroissant sa
publicité. A ses séances hebdomadaires, tenues d'abord
entre associés, puis avec adjonction d'auditeurs convoqués, elle ajouta des rapports semestriels, faits par
Riche, son secrétaire, en 1790; et suivis par les éloges
d'hommes illustres, tels que l'abbé de l'Épée, le phi-
lanthrope Howard, étrangers à la Société; Audirac,
l'un de ses membres fondateurs.

L'année suivante, elle perdit Riche, qui partit
comme naturaliste, avec d'Entrecasteaux, dans l'expédition envoyé à la recherche de Lapérouse. Il ne
devait plus prendre part aux travaux de la Société;
car cette expédition, après diverses aventures et la
mort de son chef, fut retenue prisonnière à Java par
les Hollandais. Riche revint en France seulement en
l'an V de la République et y mourut aussitôt, épuisé
de fatigue, à l'âge de trente-cinq ans : la Société per-
dait en lui son principal fondateur et l'un de ses plus
ardents promoteurs.

Il fut remplacé, comme secrétaire, par l'un de ses

amis, Silvestre, qui avait concouru avec lui à fonder la
Société et dont la destinée fut bien différente. Silvestre
avait alors vingt-neuf ans. Il mourut soixante ans après,
en 1851, nommé baron sous la Restauration, chargé
d'ans et d'honneurs. C'est lui qui fit le rapport des
travaux de la Société pendant l'année 1791. Il y signale
l'accroissement du nombre des membres, porté à 18
par l'adjonction de six nouveaux savants, et celui des
correspondants, accru également jusqu'à 18 par sept
nouveaux choix : tel était alors le nombre des associés
de la Société philomathique. Silvestre annonce en outre
la création importante du *Bulletin de la Société*, lequel
a duré jusqu'à notre temps, avec diverses vicissitudes
qui seront retracées tout à l'heure.

Ce Bulletin, mensuel et manuscrit à l'origine, était
envoyé aux membres et à tous les correspondants; il
contenait l'annonce des nouvelles découvertes dans les
sciences et arts que la Société cultivait, leurs applications, la marche de ces sciences, l'exposition sommaire des travaux de la Société et de ceux de toutes
les Sociétés savantes de Paris, qui lui avaient ouvert
leurs séances. Silvestre ajoute ces mots, qui nous
donnent la liste intéressante de ces Sociétés : « Plusieurs membres choisis par vous ont assisté constamment aux séances de l'Académie des Sciences, à celles
des Sociétés de Médecine, d'Agriculture et d'Histoire

toire naturelle »; et il parle des rapports qu'ils ont faits. Il dit encore : « S'il m'eût été permis de vous présenter l'analyse de ces rapports, ce résumé sans doute eût été susceptible d'un bien grand intérêt; mais vous avez regardé la condescendance de ces corporations savantes comme une confidence, dont le secret vous était hautement recommandé, et vous n'avez pas voulu les priver d'une portion de la gloire qui leur appartient, pour les découvertes et les méditations des membres qui les composent, en faisant connaître leurs principaux résultats. »

On voit par ces paroles combien à cette époque on était éloigné des idées que l'on a aujourd'hui sur la publicité des séances des Académies et des Sociétés savantes. Tandis que maintenant, parmi les étrangers qui assistent à ces séances, un grand nombre n'ont pour objet que de livrer immédiatement au public, dans les journaux, le compte rendu de ce qui s'y est dit et passé : on regardait au contraire, en 1791, comme un devoir pour les assistants de garder le silence, sans en tirer d'autre avantage que celui de leur instruction personnelle; ou tout au plus de communiquer, dans le même but, aux membres des Sociétés analogues ce qu'ils avaient entendu. Cette discrétion relative avait ses avantages et ses inconvénients. Si le public en recueillait un moindre profit, si les auteurs n'en béné-

ficiaient pas immédiatement pour leur réputation personnelle; par contre, les séances offraient un caractère
plus intime et plus favorable à la libre exposition des
opinions et à la discussion sincère des vérités nouvelles.
On ne craignait pas, comme aujourd'hui, de se hasarder
et de se compromettre par des conjectures parfois
aventureuses, que la malignité de l'auditoire est
prompte à transformer en erreurs, au préjudice de la
réputation de leurs auteurs.

Quoi qu'il en soit, le système d'un Bulletin manuscrit ne devait pas suffire longtemps à la Société. Nous
possédons dans ses Archives le n° 1 (juillet 1791) signé
Brongniart, président, et Riche, secrétaire; les n° 2,
3, 4 (août, septembre, octobre), comprenant chacun
environ deux ou trois pages, de diverses écritures,
mal tenus et non signés. Les numéros se succèdent
ainsi, non sans négligence, jusqu'au n° 13 (juillet 1792),
lequel parut en retard avec cette mention finale :
« Des deux copistes de la Société, l'un étant absent,
l'autre fort occupé d'ailleurs, le Bulletin de juillet a
été retardé jusqu'à ce moment; nous avons cru devoir
y réunir celui d'août pour remplir les engagements
que nous avons pris avec nos correspondants. » Mais,
à partir des n°ˢ 16 et 17 (octobre et novembre 1792),
le Bulletin est imprimé, ce système ayant paru préférable à la Société. Plus tard, en 1802, on imprima les

cahiers manuscrits depuis 1791, en y supprimant quelques articles, et l'on y joignit la réimpression des cahiers, tirés d'abord à trop petit nombre jusqu'à l'an V de la République. Tel fut le *Bulletin de la Société philomathique*, à ses débuts.

Cette publication ne suffit pas au zèle dévorant de Silvestre et de la Société. Dans son Rapport sur les travaux de l'année 1791, il annonce encore que la Société a ouvert des cours publics « destinés aux éléments des sciences... Tous vos associés se sont offerts, chacun dans sa partie, et déjà vous avez commencé à professer les mathématiques, la physique, l'astronomie; bientôt s'ouvriront des cours de chimie et de zoologie... »

Remarquons ces créations, dues à l'initiative privée, au début de l'année 1792; elles vont bientôt devenir le principal mode de propagation des sciences et la forme nouvelle de leur enseignement, par suite de la suppression des cours officiels des Universités et des Académies. Il est utile d'entrer à cet égard dans quelques détails, afin de montrer la position nouvelle de la question et de faire comprendre le rôle considérable pris un moment par la Société philomathique[1].

La destinée des Académies et Sociétés savantes et

---

1. Ces détails sont tirés de l'utile ouvrage de M. Liard : *l'Enseignement supérieur en France*, 1789-1889, t. I.

celle des établissements publics de tout ordre et de toute nature avait subi à peu près les mêmes péripéties. Ils avaient eu le même sort que l'ensemble des anciennes institutions françaises, atteintes par la marche progressive de la Révolution. Frappés d'abord de divers côtés et affaiblis par la suppression des dîmes et des congrégations, ils avaient été dépouillés de leurs biens propres par la loi du 8 mars 1793 (portant effet à partir du 1er janvier 1793), laquelle ordonnait l'aliénation des « biens formant la dotation des Collèges, des Bourses et de tous les autres établissements d'instruction publique français »; en mettant d'ailleurs à la charge de la nation le payement des professeurs et instituteurs et l'entretien des bâtiments. En même temps les établissements d'instruction publique étaient placés sous l'autorité des directeurs et administrateurs départementaux.

Les Facultés de médecine et de droit avaient été dépouillées de leur autorité par la loi du 2 mars 1791, qui proclamait la liberté absolue des professions, sans condition légale d'études, de grades et de diplômes.

Un décret du 8 août 1793 supprima « toutes les Académies et Sociétés littéraires, patentées ou dotées par la nation ». Peu de temps après, la suppression légale des Universités, Facultés et Collèges, « comme voués à l'aristocratie et à la barbarie », fut prononcée par la

Convention, le 15 septembre 1793, au moment du vote de la levée en masse et de la loi des suspects. La même loi les remplaçait par un système nouveau et mal défini d'instituts et de lycées, affectés de préférence à l'enseignement des sciences et de leurs applications. C'était au fond l'application mutilée d'un vaste plan de Condorcet. Mais ce décret fut remis en question dès le lendemain, comme reposant sur un malentendu, et destiné à créer non « l'avènement de l'enseignement professionnel et des écoles d'arts et métiers, mais bien celui des savants, des lettres et des artistes » ; c'est-à-dire une nouvelle « aristocratie », d'après l'opinion des adversaires du projet adopté. Tout ce que put obtenir Bazire, parlant le langage le plus élevé au nom de la science et de la philosophie, ces mères de la Révolution, ce fut la suspension du décret et l'ajournement de la discussion. Celle-ci fut reprise trois mois après : elle donna lieu aux Rapports d'une commission spéciale, désignée par la Comité de salut public, rapports dans lesquels Fourcroy fulminait contre les « gothiques universités » et les « aristocratiques académies » et où Bouquier insistait sur la nécessité de proscrire à jamais « toute idée de corps académique, de société scientifique, de hiérarchie pédagogique » ; ainsi que sur l'inutilité « d'une caste de savants spéculatifs, dont l'esprit voyage constamment par des sentiers perdus dans la région des songes et des chimères ». Les lettres, sciences et arts devaient fleurir, au sein de la paix, dans « les séances publiques des départements, des districts, des municipalités et surtout des sociétés populaires, vrais lycées républicains, où l'esprit humain se perfectionnera dans toute espèce d'art et de science ».

A la suite de ce rapport, lu le 24 germinal an II (avril 1794), sept jours après la mort de Condorcet, la Convention décréta la liberté de l'enseignement à tous les degrés. Table rase était faite, quoique certains débris de l'ancienne organisation aient subsisté çà et là. Les Académies ne reparurent officiellement que deux ans après, sous le titre d'*Institut*, consacré par la loi du 3 brumaire an IV.

Cependant le travail des savants ne fut pas arrêté en 1793, au milieu des transformations radicales de la société française et des catastrophes qui se succédaient; pas plus qu'il ne le fut de notre temps, pendant la sombre période du siège de Paris. A défaut des Académies et des Sociétés officielles proscrites, les Sociétés libres y suppléèrent. La Société philomathique, restée presque la seule des Sociétés savantes à ce moment critique de la Révolution, remplit à cet égard un rôle fondamental et tint la place de l'Académie des sciences. Les premiers savants de l'époque s'y portèrent aussitôt, pour y exposer leurs découvertes.

13.

C'est ce qui résulte du témoignage des contemporains et de la lecture des listes des membres de la
Société, avec date de nomination.

Aux dix-huit membres qui existaient à la fin de
1791, cinq autres avaient été adjoints en 1792, et cinq
autres dans les premiers de 1793, tous gens peu connus aujourd'hui. Mais un flot de savants s'y précipite,
à la fin de cette dernière année.

Le 14 septembre 1793, la Société reçut parmi ses
membres Berthollet, Lavoisier, Vicq d'Azyr, Ventenas,
Lefèvre-Gineau ; le 21 septembre, Leroy, Lamarck,
Lelièvre, Fourcroy, Hallé ; le 28 septembre, Monge,
Prony [1], Jumelin ; le 3 novembre 1793, Laplace, d'Ar-
cet, Deyeux, Pelletier, Richard ; le 13 décembre,
Lacroix et Léveillé. Huit mois s'écoulent sans nouvelle
adjonction et les nominations reprennent un cours à
peu près régulier. On nomme alors : en 1794, sept
nouveaux membres, dont Haüy et Berthoud ; puis, le
13 janvier 1795, Étienne-Geoffroy Saint-Hilaire et
Bosc ; le 23 mars, Georges Cuvier ; etc. Cela fait en
tout quarante membres nouveaux jusqu'en 1795 : ce
qui portait la Société, pertes déduites, à cinquante-six
membres.

Cet état de choses est décrit en termes emphatiques

1. Frère aîné de Rèche.

dans un Rapport de Silvestre, adressé à la Société en
1798, et où il raconte « quel esprit de conduite vous
a fait résister au torrent dévastateur, qui entraînait
les matériaux dispersés du temple des arts, et comment
votre Société, demeurée seule, ressemblait à ces
monuments imposants que s'élèvent au milieu des
déserts arides d'un pays jadis florissant ». Ainsi,
dit-il encore : « votre Société, modeste et libre, se
soutenant par ses propres forces, n'ayant aucune grâce
à attendre, devant tous ses succès à sa constance
et au zèle de ses membres, marchait en silence vers
son but unique. »

Il nous apprend ensuite quel concours la Société a
donné à la patrie, comment elle a tiré de son sein des
commissaires, nommés « sur la demande des Comités
de Salut public et de divers ministres, ayant fait partie
des Commissions longues et gratuites du Bureau de
consultation des Arts et Métiers, du Jury des armes et
de plusieurs autres travaux particuliers. »

En même temps, les cours publics dont la Société
avait eu l'initiative prenaient un essor inattendu et
tendaient à reconstituer, en dehors de l'État, un véritable établissement d'enseignement supérieur. Cet
établissement, appelé d'abord du nom alors à la mode
de *Lycée* et fondé ou accru en 1793, devint en 1803
l'Athénée des arts. C'est sous le nom de *Lycée des*

Sciences et des Arts qu'il est surtout connu. Le nom
de *Lycée* est plus ancien d'ailleurs et a été attribué
d'abord à un établissement fondé dans les années qui
ont précédé la Révolution et dans lequel ont professé,
dès 1788, de La Harpe, Marmontel, Fourcroy, etc.;
mais ce dernier établissement, qui avait pris le nom
de *Lycée républicain*, est distinct de celui dont nous
parlons ici.

Dans le numéro de juillet 1793 du *Bulletin de la
Société Philomathique*, on annonce l'institution d'un
Lycée pour les Sciences, les Arts et Métiers, siégeant
au Palais-Royal. On y donnait dix-huit cours, quatre
par matinée; la salle pouvait contenir deux mille auditeurs. Il était sous l'autorité d'un directoire, nommé
par les Sociétes savantes. Il semble que le budget de
l'établissement fût constitué, comme celui des théâtres,
par le payement des places. En effet, il est dit que
quatre cents places gratuites étaient données par les
autorités constituées, les Sections, les Sociétés savantes
de Paris. Tous les premiers dimanches de chaque
mois, on faisait un exposé public des découvertes
récentes et l'on distribuait trois médailles aux travaux
jugés les plus utiles. Le musicien Grétry, les chimistes
Berthollet et Leblanc, l'horloger Berthoud, Borda,
Parmentier, le peintre David, les comédiens Fréville et
Molé figurent parmi les titulaires de ces médailles, du

mois d'avril au mois de septembre 1793. Ce n'est pas
ici le lieu de suivre la destinée de cet établissement;
mais il était intéressant d'en marquer l'origine, liée à
la fois aux progrès de la Société philomathique et à la
destruction des Académies et Universités. C'est ainsi,
je le répète, que la culture de la Science se pour-
suivit, même aux moments les plus tragiques de notre
histoire.

Le *Bulletin de la Société philomathique*, imprimé à
partir des numéros d'octobre et de novembre 1792
(nᵒˢ 16 et 17), parut à peu près régulièrement. Il est
entièrement consacré aux sciences, sans qu'on y
retrouve la trace de la Terreur, ni des péripéties
grandioses de la Révolution. Tout au plus pourrait-on
en entrevoir quelque indice dans des indications acces-
soires, telles que le nom des imprimeurs Dupont, inscrits à la fois d'abord comme imprimeurs-libraires de
l'Académie des sciences, jusqu'au milieu de 1793,
désignés comme citoyens à partir de 1793, etc.; et
leur adresse, marquée à partir de 1793, rue Helvétius,
jusqu'en l'an IV, où reparaît le nom de rue de l'Ora-
toire-Saint-Honoré. De même, dans les désignations
chronologiques, l'indication de décembre 1792 (nᵒ 18)
étant suivie de celle de l'an I de la République; puis
l'ancien calendrier subsiste jusqu'en octobre 1793
(nᵒ 28), où à côté de ces mots, indiqués comme

« vieux style », se trouvent ceux de vendémiaire, seconde année de la République. Désormais, jusqu'au n° 54, le dernier de la première du *Bulletin* (nivôse et pluviôse, an V), il n'est plus question de l'ancien calendrier.

Les comptes rendus des séances de l'Académie des sciences y figurent jusqu'en juillet 1793, et l'Institut national apparaît pour la première fois dans les n°s 46-47 (fructidor, vendémiaire, brumaire et frimaire de l'an IV de la République). Les numéros comprennent tantôt un mois, tantôt deux, et jusqu'à quatre mois.

Quoique le *Bulletin* ait paru ainsi d'une façon ininterrompue, les travaux de la Société semblent avoir éprouvé quelque perturbation ; car les Rapports généraux ont cessé à partir du commencement de 1792 : soit que toute l'activité des esprits se soit portée vers la politique, dans la crise terrible traversée par la France ; soit et plutôt que toute réunion, toute association étrangère aux passions du moment, fût devenue suspecte et risquât d'être fatale à ses membres. Peut-être aussi Silvestre a-t-il cherché à se faire oublier pendant la Terreur ; surtout s'il avait dès lors les opinions qui lui ont valu, vingt ans après, le titre de baron, au temps de la Restauration. Quoi qu'il en soit, les Rapports généraux ont été repris seulement en 1798, par Silvestre, le 23 frimaire de l'an VI, le Rapport étant suivi de l'éloge du citoyen Riche par Georges Cuvier.

Dans l'intervalle on ne trouve qu'un Rapport sur les travaux de Parmentier, fait, le 7 juillet 1793, au Lycée des Arts, par Silvestre, en vue des médailles décernées par ce Lycée et communiqué à la Société philomathique. Le Rapport général de 1798 comprend, dit Silvestre, « les travaux de la Société pendant le long intervalle écoulé depuis votre dernière séance d'anniversaire »; ce qui accuse bien une suspension temporaire.

Dans le Rapport de l'an VI, il est question des pertes éprouvées par la Société pendant l'intervalle, et spécialement de celles de Lavoisier et de Vicq d'Azyr, que les contemporains paraissent avoir mis à peu près sur le même plan. « Parlerai-je de vos regrets sur la perte de Lavoisier et de Vicq d'Azyr, associés à vos travaux...? Leur éloge est dans toutes les bouches; leur souvenir est dans tous les cœurs. Ces deux savants également recommandables et dont la mort a pu être regardée comme une calamité pour les sciences et pour l'humanité... »; puis vient un parallèle entre les deux. Silvestre continue encore : « Lavoisier! Vicq d'Azyr! mortels vertueux qui avez si bien servi votre pays; qui tous deux, par des genres de mort différents, avez été sacrifiés sur le seuil même du temple de la gloire; vous qu'un sort meilleur devait attendre, vos noms réunis suffiraient pour honorer le siècle qui vous a produits et le sol qui vous a vu naître », etc.

Vicq d'Azyr est l'un des fondateurs de l'anatomie comparée; mais la perspective de la postérité ne saurait le mettre aujourd'hui sur le même plan que Lavoisier. Il est mort naturellement d'ailleurs et Silvestre ne fait aucune allusion à la fin tragique de Lavoisier : les haines auxquelles il avait succombé étaient sans doute encore trop vivaces.

Le secrétaire de la Société, énumérant les travaux de celle-ci, parle des Commissions qui rendaient compte des séances de l'Institut national, de la Société d'Histoire naturelle, de la Société de médecine, de la Société médicale d'Émulation, de la Société philotechnique. « La Société du Point central de Paris et celles d'Émulation de Rouen, d'Histoire naturelle de Bordeaux, d'Agriculture et Arts de Boulogne, ajoute-t-il, se sont aussi empressées de correspondre avec vous. » Cette énumération nous donne une idée du degré d'extension de la culture des sciences en France à cette époque, et du nombre croissant, mais encore bien limité, de leurs adeptes.

Silvestre parle également de la Bibliothèque de la Société, qui subsiste encore aujourd'hui et renferme des ouvrages précieux, ainsi que de ses collections de minéraux, insectes, plantes, oiseaux, lesquelles ont disparu.

Vers le même temps, le *Bulletin* commence une nouvelle série, à partir du mois d'avril 1797 (germinal an V). Il redevient tout à fait mensuel; il est paginé par volume, au lieu de l'être par numéro, comme autrefois, et il paraît régulièrement.

A ce moment, la Société philomathique semble avoir éprouvé une reconstitution, qui l'a amenée à sa forme définitive, telle qu'elle a subsisté jusqu'à nos jours. Silvestre annonce en effet, dans son Rapport, que la Société a décidé la fixation du nombre de ses membres, craignant que leur trop grand accroissement ne nuisît à l'Association, en affaiblissant l'intimité qui lui avait donné naissance.

En fait, elle s'était adjoint, en 1796, sept membres nouveaux, dont Larrey, Daubenton, Duméril, qui a vécu jusqu'à nos jours (1860); en 1797, neuf membres, dont Bouillon-Lagrange, de Lasteyrie, Alibert, Adet, etc. Le nombre total des membres s'était ainsi accru jusqu'à dépasser 70; le nombre des vacances annuelles ne surpassait pas deux jusque-là.

On ne pouvait continuer ainsi, sans altérer profondément le caractère de la Société. De là le nouveau règlement, à la suite duquel un certain nombre de membres disparaissent et d'autres deviennent honoraires : les nominations nouvelles n'ont plus eu lieu dès lors qu'au fur et à mesure des vacances. La période de fondation est close; la Société ne s'agrège plus de nouveaux membres que par voie de remplacement.

Le règlement qui se trouve en tête du premier volume des Rapports généraux paraît, en effet, avoir été rédigé vers 1797 ou 1798, le volume ayant été imprimé, en l'an VIII, aux frais de l'Administration centrale du département de la Seine, ainsi qu'il est dit à la page 212. Ce règlement indique que la Société s'occupe des sciences suivantes : « l'Histoire naturelle, l'Anatomie, la Physique, la Chimie, l'Art de guérir, les Arts mécaniques et chimiques, l'Économie rurale et le Commerce, les Mathématiques, l'Archéologie ».

« Elle est formée de membres, au nombre de cinquante, astreints à un travail périodique et à une présence habituelle aux séances; d'associés libres que leur âge ou leurs occupations empêchent d'assister régulièrement aux séances et de correspondants », obligés également à une collaboration effective.

Les revenus sont tirés de la vente du Bulletin et des ouvrages de la Société et des contributions de ses membres, l'une régulière et annuelle, l'autre en raison des absences. Ces sources de revenus étaient minimes, à cause du nombre limité des membres, et, plus d'une fois, dans le cours de son existence, la Société éprouva des embarras pour publier son Bulletin et même pour subsister, faute d'un capital de réserve. Les inconvénients qui résultent d'un pareil état de choses pour une Société sont peut-être préférables à ceux qui naissent d'une trop grande richesse, laquelle engendre la nonchalance, le parasitisme, les dépenses superflues et tend à perpétuer indéfiniment des associations devenues stériles, dont les réserves prennent ainsi le caractère des biens de main-morte. Mais la Société philomathique ne fut jamais exposée à ce risque.

Sa constitution intérieure se ressent de ses origines. Elle était et a toujours été éminemment égalitaire et républicaine. D'après le règlement précité : point de fonctions perpétuelles; le Président est nommé pour trois mois et ne peut être continué; le Secrétaire est élu pour deux ans et rééligible, etc. La rédaction du *Bulletin* est confiée à six commissaires annuels, adjoints au Secrétaire. Les Membres et Correspondants ont le droit d'amener les personnes de leur connaissance aux séances de la Société. On voit que celles-ci n'étaient pas publiques, pas plus alors que celles des Académies. Chaque année, le 20 nivôse, anniversaire de sa fondation, la Société tient une séance extraordinaire, dans laquelle le Secrétaire doit lire l'analyse des travaux pendant l'année, ainsi que des Notices sur la vie et les Ouvrages des hommes illustres que la Science aurait nouvellement perdus.

Cette organisation n'a éprouvé, depuis lors, que de légers changements.

Les hommes les plus considérables dans la Science ont tenu à l'honneur de faire partie de la Société philomathique et à y apporter les prémices de leurs découvertes. Beaucoup ont fait leurs débuts sur ce théâtre modeste et sympathique à la jeunesse, qui s'y trouvait plus à l'aise que dans les séances imposantes de l'Institut.

J'ai déjà cité les noms de quelques-uns des membres de la Société philomathique, antérieurs à l'an VI. Elle ne se renouvelle désormais que par substitution. C'est ainsi qu'y entrèrent : en l'an VII (1798) Chaptal ; en 1797, Bichat ; en 1800, de Candolle et Biot, que nous avons connu, car il est mort en 1861 ; en l'an XI, Frédéric Cuvier et Mirbel.

A ce moment, Lamarck et Duchesne étaient membres émérites. Bientôt apparaît une nouvelle génération, dont plusieurs représentants ont été les contemporains de notre jeunesse. Sans nous borner à ces derniers, nous citerons, parmi les plus illustres, Thenard (nommé en 1803), Poisson (1804), Gay-Lussac et Savigny (1805), Dupuytren (1806), Ampère (1807) ;

puis Chevreul (1808), le doyen centenaire de la Science française, Malus et Arago (1810), de Blainville et Dulong (1812), Magendie (1813), Cauchy (1814), les deux Edwards (1818 et 1835), Fresnel (1819), Constant Prévost (1822), Becquerel (1823), Savart, Dumas et Adrien de Jussieu (1825), Élie de Beaumont (1829), Coriolis (1830), etc. Je n'irai pas plus loin, pour m'arrêter aux hommes de notre temps.

La Société philomathique devint ainsi, il y a cinquante ou soixante ans, comme une seconde Académie des sciences; ou bien, suivant une expression familière, comme une antichambre de l'Académie. Quoique moins recherchée peut-être dans ces dernières années, la Société philomathique a compté depuis et compte encore aujourd'hui dans son sein, tant comme honoraires que comme titulaires, la plupart des savants français les plus célèbres.

Au commencement, il n'y avait pas de Sections proprement dites, quoique les membres fussent distribués en fait, « suivant le genre de leurs connaissances ». Le partage en sections apparaît, pour la première fois, d'une manière explicite, en 1821, dans les listes des membres imprimées chaque année.

Voici la liste des publications de la Société, liste qui nous permet d'en suivre l'histoire jusqu'à notre temps :

Les *Rapports généraux annuels de la Société philo-*

mathique de Paris, par ses secrétaires, forment quatre volumes, de 1792 à l'an VIII. Le premier volume comprend l'année 1790, objet de deux rapports semestriels par Riche, et l'année 1791, objet d'un rapport par Silvestre, avec des notices sur l'abbé de l'Epée, Howard et Audirac par Riche, et sur Parmentier, Bayen, Peltier, Deleyre et Nivernois (ce dernier est mort en 1798) par Silvestre : notices lues les unes à la Société philomathique, les autres au Lycée républicain et au Lycée des arts. Le volume a été imprimé en l'an VIII et porte en tête le Règlement de la Société à cette époque.

Un autre volume renferme le rapport général des travaux, depuis 1792 jusqu'au 23 frimaire an VI, par Silvestre, avec l'éloge de Riche par Cuvier.

Le troisième volume renferme le rapport des travaux jusqu'au 30 nivôse an VII, par Silvestre, suivi de l'éloge de Bouguer par Cuvier, et de celui d'Eckhel par Millin.

Le quatrième volume contient le rapport de l'année suivante, jusqu'au 20 frimaire an VIII, suivi de l'éloge de Borda, par Lacroix, de Bloch, par Coquebert, et d'une notice historique sur Pia, par Silvestre.

A ce moment ces rapports cessent de former une publication distincte : sans doute parce que les rapports annuels publiés au nom de l'Institut national ont paru les rendre inutiles.

Le *Bulletin des sciences de la Société philomathique* a eu une existence plus durable. Il a paru pendant longtemps dans le format in-4°. Le tome I comprend la réimpression (faite en 1802) des cinquante-quatre premiers numéros, les uns manuscrits, comme il a été dit plus haut, les autres déjà imprimés, mais épuisés, de juillet 1791 à l'an V, avec planches, sous le titre de *Bulletin de la Société philomathique à ses correspondants.* Puis vient une suite, le *Bulletin des sciences,* qui embrasse les années 1797 et 1798, jusqu'au mois de ventôse, an VII.

Le tome II embrasse les années 1799 et 1800, jusqu'au 20 mars 1801 (1er germinal an IX).

Le tome III, les années 1801 à 1804. Le tout forme la première série du *Bulletin.*

En mars 1805, la publication fut interrompue par « des embarras étrangers à la Société philomathique ». On l'a reprise seulement en 1807, sous le titre : *Nouveau Bulletin des sciences par la Société philomathique de Paris.* C'est la deuxième série, qui a duré de 1807 à 1815.

Une troisième série, sous le titre de *Bulletin des sciences,* commença en 1814 et dura jusqu'en 1826.

Ce *Bulletin* avait au début une importance considérable. En effet, les temps de l'Empire et de la Restauration furent l'époque la plus brillante peut-être de la

Société philomathique. Indépendamment des extraits des mémoires présentés à l'Institut, qui en forment le fond, on vit alors paraître dans son *Bulletin* des travaux originaux et inédits. Pour n'en citer qu'un seul c'est là que Gay-Lussac donna d'abord son célèbre Mémoire sur les combinaisons des substances gazeuses.

Cependant les journaux de tout genre se multipliaient; ils rendaient à l'envi compte des travaux des sociétés savantes, et le *Bulletin* ne put continuer à faire les frais nécessaires pour soutenir une concurrence, chaque jour plus ardente : en 1826, il cessa de paraître.

Le *Bulletin de la société* reparut de nouveau, toujours in-4°, en 1832 et 1833 (4ᵉ série); mais il ne tarda pas à subir une nouvelle éclipse. Arago, secrétaire perpétuel de l'Académie des sciences, s'étant décidé à publier, en 1835, les *Comptes rendus hebdomadaires des séances de l'Académie*, cette prompte et facile publicité, alimentée par les extraits de Mémoires présentés directement à l'Académie, et faite avec les puissantes ressources de ce corps savant, rendit inutile la publication partielle et abrégée de la Société philomathique. Les sociétés savantes, dont elle rendait compte autrefois, avaient également adopté l'usage de publier elles-mêmes leur propre bulletin, et la Société dut se borner désormais à imprimer les

Notes et Mémoires qui lui étaient présentés directe-
tement, renonçant aux anciens comptes rendus, qui
avaient fait autrefois le principal attrait du *Bulletin*.

Celui-ci même cessa, pour un temps, de former une
publication autonome. Les Notes de la Société furent
reproduites d'abord et à mesure dans le journal *l'Institut*, puis réunies, à la fin de l'année, en un volume,
qui remplaça l'antique *Bulletin* périodique. Les choses
ont marché ainsi pendant une quarantaine d'années, en
donnant lieu à une cinquième série, en huit volumes
(1836-1863), et à une sixième série, en cinq volumes
(1864-1876). Cela dura jusqu'au jour où le journal
l'Institut s'étant éteint, la Société dut reprendre à son
compte la publication du *Bulletin*, qui paraît aujour-
d'hui en cahiers trimestriels, renfermant les Mémoires
originaux et inédits des membres de la Société.

C'est la septième série, qui court depuis 1876. La
Société a éprouvé une autre transformation non moins
considérable, depuis une trentaine d'années. Jusque
vers 1850, c'était la principale Société où l'on s'occupait
de science pure. Les physiciens, les chimistes, les
mathématiciens, les naturalistes s'y réunissaient volontiers, pour y causer de leurs travaux et échanger leurs
idées et leurs impressions, avec le même abandon que
les anciens fondateurs. Mais, à cette époque, par suite
de la multiplication toujours croissante des adeptes

des sciences, une Société unique cessa de pouvoir en embrasser le vaste ensemble, et des Sociétés spéciales se fondèrent de toutes parts.

Il y a là des nécessités qui s'imposent, un courant qu'il n'est au pouvoir de personne d'arrêter. Cependant les Sociétés scientifiques d'un caractère général, telles que la Société philomathique et l'Académie des sciences elle-même, ont conservé un rôle essentiel et qu'il importe de ne pas laisser s'affaiblir, si l'on veut maintenir à la science son esprit philosophique et son rôle prépondérant dans l'histoire de la civilisation humaine.

PASTEUR

(29 septembre 1895)

Pasteur vient de mourir : une des grandes lumières du XIXᵉ siècle s'est éteinte. Notre devoir à nous, qui avons été mêlés à sa destinée scientifique, c'est d'apporter notre témoignage, le jour sacré des funérailles.

Déjà l'admiration et la reconnaissance publiques ont célébré son septuagénaire, et il est entré vivant dans cette apothéose, que la jalousie des dieux accorde à si peu parmi les humains, et seulement près du terme où ils vont disparaître.

Pasteur, Renan, Victor Hugo, ce sont peut-être les trois figures qui ont jeté le plus vif éclat de notre temps, dans l'ordre des choses de l'esprit! Le siècle qui s'achève a reçu leur empreinte, mais à des degrés et suivant des modes bien différents.

Celle de Pasteur a été produite par des idées et des

services qui ne cesseront jamais d'être présents à la
mémoire des hommes, car ils sont plus particulièrement tangibles et accessibles à l'intelligence de tous.
Tout le monde est touché par des découvertes qui
tendent à nous soustraire à la fatalité de la maladie,
à augmenter la durée de la vie et le nombre des
vivants.

Pasteur est sorti des rangs les plus humbles de la
démocratie : fils d'un ouvrier tanneur de Dôle, il est
monté jusqu'aux plus hauts sommets, poussé par
l'effort tenace d'une volonté qui a longtemps conservé
quelque chose de l'âpreté de ses origines. Sa vie fut
celle d'un homme laborieux, demeuré en dehors des
vaines agitations du monde, étranger à ses passions et
à ses ambitions, et constamment absorbé par la poursuite des plus austères études.

D'autres diront quel a été son devenir successif,
depuis les fonctions de maître d'étude au lycée de
Besançon, d'élève de l'École normale supérieure,
d'agrégé, de préparateur de chimie, de professeur au
lycée de Dijon, puis de professeur de faculté à Stras-
bourg, à Lille et à Paris, de directeur des études à
l'École normale, de membre de l'Institut et de secrétaire perpétuel de l'Académie des sciences, jusqu'au
jour où la reconnaissance publique, en l'honorant
d'une pension nationale, lui permit de consacrer tout

son temps et toutes ses méditations à ses découvertes.

Mais, quel que soit l'intérêt de ce récit biographique, il ne saurait avoir l'attrait que présenteraient les péripéties émouvantes des aventures d'un voyageur, des combats d'un guerrier, ou des luttes oratoires d'un chef de parti. Aussi, pour louer un homme adonné aux travaux de l'esprit, ce qui convient le mieux, c'est de retracer l'histoire sincère de sa pensée.

En ce qui touche Pasteur, cette histoire est surtout remarquable, à cause du développement graduel et de l'enchaînement logique de ses travaux. Parti d'études étroites et spéciales, il s'est élevé à des vues de plus en plus générales, pour arriver à embrasser les problèmes pratiques les plus vastes qui puissent intéresser la race humaine.

Voilà ce que je vais essayer de raconter : je veux exposer comment l'étude des corps cristallisés conduisit Pasteur à la découverte de la dissymétrie moléculaire, comment l'existence de celle-ci dans les produits fabriqués par les êtres vivants, le mena à l'étude des fermentations, et cette dernière tout d'abord à l'éternel problème de la génération spontanée, c'est-à-dire de l'origine de la vie; comment les méthodes rigoureuses et nouvelles qu'il institua pour traiter ce problème furent aussitôt transportées par lui dans

14.

l'étude des maladies des vins et de la bière et des décompositions organiques. C'est ainsi que, le champ de ses recherches s'élargissant avec sa pensée, il passa des fermentations aux maladies, d'abord aux maladies des animaux, puis à celles de l'homme, et fut conduit à faire jouer aux êtres microscopiques un rôle qui a révolutionné à la fois la chirurgie, l'hygiène et la médecine.

Ses débuts dans la science furent modestes; c'était un écolier docile aux suggestions de ses directeurs. ils lui proposèrent comme sujet de recherches les formes cristallines des composés chimiques, et il y fit une heureuse trouvaille, celle de la dissymétrie moléculaire, attestée à la fois par les formes géométriques et les propriétés optiques c'est-à-dire les pouvoirs rotatoires. Cette découverte frappa aussitôt un vieux maître, Biot, qui avait passé toute sa vie dans cet ordre d'études : il fit venir Pasteur; il le soumit à des épreuves sévères, et parfois même un peu puériles, pour vérifier à la fois l'exactitude des faits et la sincérité de l'observateur, et il demeura convaincu et frappé d'admiration : « Mon enfant, lui dit-il à la fin, j'ai tant aimé les sciences dans ma vie, que votre découverte me fait battre le cœur. »

La portée de ces faits particuliers était plus générale. D'après les connaissances alors acquises, les

produits doués du pouvoir rotatoire se rencontraient
tous parmi les composés existant dans les êtres vivants,
végétaux et animaux ; tandis qu'aucun corps purement
artificiel ne jouissait de cette propriété. Biot en avait
conclu que la vie seule possédait l'aptitude à créer le
pouvoir rotatoire : il existe entre les produits naturels
et les produits artificiels, disait-il, la même différence
qu'entre une pomme crue et une pomme cuite. Pour
produire ou modifier cette structure mystérieuse, il
fallait recourir à la force vitale. Ces opinions préconçues
n'ont pas été confirmées par la suite : la synthèse
chimique sait, aujourd'hui, fabriquer les corps dissy-
métriques et en prévoir l'existence.

Si je les rappelle, c'est parce que ces idées ont
introduit Pasteur dans l'étude des fermentations, où
son génie devait prendre un nouvel essor.

C'est là, en effet, que, dans une série d'expériences,
exécutées avec une clarté et une précision incompara-
bles, il rencontra les êtres microscopiques, cellules de
levûre de bière, champignons, bactéries, vibrions, qui
devaient jouer un si grand rôle dans son œuvre. Il y
reconnut d'abord les agents efficaces des fermentations
alcoolique, lactique, acétique, butyrique, et de la putréfaction, et il fut conduit à en appliquer la connaissance
à l'étude et à la préservation des maladies des vins, de
la bière et des vers à soie. Il ouvrit ainsi des voies nou-

velles à l'industrie, et son renom commença à se répandre en dehors du cercle limité des corps scientifiques.

Au cours de ces recherches, il s'engagea dans une discussion célèbre, soulevée par Pouchet en 1860, sur la génération spontanée; discussion rendue plus ardente par des considérations philosophiques et religieuses. Pasteur y fit briller la vigueur et la subtilité de son esprit et finit, suivant une expression imagée de P. Bert, par enclouer tous les canons de ses adversaires.

La méthode suivie par Pasteur dans cette controverse est devenue de la plus haute importance en chirurgie, par suite de son application au traitement des plaies et aux opérations. En effet, l'infection purulente et la septicémie, si fatales à des milliers et des milliers de malades depuis tant de siècles, ne sont pas dues, en général, à des phénomènes spontanés, développés au sein de l'organisation humaine. Les méthodes rigoureuses appliquées par Pasteur à l'étude de la génération spontanée ont permis de constater que ces redoutables complications sont attribuables à des germes microscopiques, venus du dehors et apportés par l'air, par l'eau, par les opérateurs eux-mêmes. On a reconnu ces êtres, on les a isolés, on en a constaté l'action spécifique et on a trouvé le moyen de les détruire, ou, mieux encore, d'en empêcher l'accès. Ces idées ont transformé en quelques années les pratiques de la chirurgie et celles de l'art des accouchements. Elles y ont réduit au delà de toute espérance la mortalité et donné aux opérateurs une sécurité et une audace inconnues jusque-là. Or, ces progrès ont eu pour origine, proclamons-le avec toutes les sociétés savantes, les travaux de Pasteur. Ainsi l'antique théorie de la spontanéité des maladies disparaît en médecine, en même temps que celle de la génération spontanée, dont elle est une forme particulière.

L'hygiène et la médecine ont désormais pour premier et principal objet de prévenir l'introduction dans l'organisation humaine de ces dangereux microbes et de leurs germes : l'étude de leur production et de leur propagation constitue une science nouvelle et capitale.

Telles étaient les vérités proclamées par Pasteur et les conséquences pratiques que l'on pouvait déjà entrevoir, au moment où le Parlement accorda à Pasteur une pension nationale, en récompense des bienfaits dus à ses découvertes : récompense légitime s'il en fut, quoique trop rarement accordée aux services désintéressés des savants.

La société semble ignorer que toutes les inventions industrielles, qui accroissent chaque jour à un si haut degré la puissance et la richesse des nations, sont la conséquence des découvertes de la science pure. Elle acclame les unes et semble ignorer ou dédaigner les autres, dont elle profite sans scrupule; je veux dire sans se préoccuper de la reconnaissance due au dévouement des savants et sans craindre de les décourager dans l'avenir; sans même se soucier de savoir si leur intelligence, tournée vers l'industrie, comme elle le fait déjà dans d'autres pays, ne saurait pas y trouver de plus lucratives rémunérations. Celle même accordée à Pasteur était, en réalité, bien modeste; mais il y vit un témoignage éclatant de la reconnaissance publique, qui donna un nouvel élan à son génie inventif.

Jusqu'ici, nous avons envisagé surtout les conditions générales, susceptibles d'empêcher le développement des maladies infectieuses. Il s'agissait d'aller plus avant, d'aborder chacune de ces maladies en particulier, de rechercher quel est pour chacune d'elles son agent particulier d'infection, et comment on peut en paralyser l'action : soit à l'avance, en y rendant l'homme réfractaire; soit après le début même de la maladie, en arrêtant les progrès de celle-ci par des artifices convenables.

C'était là un tout autre problème, infiniment plus délicat et plus compliqué.

Le service rendu devait être immense, puisqu'il

s'agissait de guérir, ou de faire disparaître les maladies
les plus redoutables et les plus effrayantes, la tuber-
culose, la diphtérie, la rougeole, le choléra, la fièvre
typhoïde, le charbon, la rage, la syphilis. C'est dans
cette voie nouvelle que Pasteur s'engagea hardiment,
guidé par les idées générales et les découvertes qu'il
avait accomplies. Son œuvre à cet égard est d'autant
plus remarquable, qu'il l'a réalisée dans des conditions
personnelles singulières.

Frappé d'une attaque d'hémiplégie, il était demeuré
affecté d'une paralysie partielle et ses amis avaient
pu craindre que son esprit d'initiative n'en demeurât
également éteint ou affaibli; mais la séparation entre
les facultés motrices et les facultés intellectuelles n'ap-
parut jamais plus clairement. C'est depuis cette époque
peut-être que son génie inventif a brillé du plus vif
éclat.

Dans la voie où il allait entrer, la possibilité du
succès était attestée par un exemple à jamais mémorable, celui de la vaccination contre la petite vérole.
La découverte de Jenner a sauvé depuis un siècle des
millions de vies humaines; mais elle était surtout empirique. Nous devons à Pasteur d'avoir pénétré plus avant
dans les mécanismes qui y président et d'avoir appris
à la généraliser : il s'agit de la découverte de l'atté-
nuation des virus et de leur transformation en vaccins.

Pasteur aborda ces problèmes en 1877 et il s'attaqua d'abord au charbon, fléau de l'agriculture, qui détruit par hécatombes les races ovines et bovines. Il réussit à les protéger, et ses procédés, entrées dans la pratique courante, ont contribué dans une vaste proportion à accroître la richesse nationale.

Ce n'est pas tout : ces procédés ne sont pas fondés sur des artifices exceptionnels; ils procèdent d'une méthode générale d'une fécondité extrême, et dont les applications aux autres maladies se multiplient chaque jour : le virus, l'agent qui produit les maladies infectieuses, devient l'agent même qui les prévient, par une vaccination préalable. Cette transformation a lieu suivant des voies diverses, qui permettent à volonté d'en diminuer, ou d'en renforcer l'énergie : l'un des moyens les plus étranges et les plus efficaces de ces atténuations et de ces renforcements consiste à faire passer l'agent virulent à travers des milieux de culture convenables, et spécialement à travers un organisme vivant.

Les liquides des êtres ainsi vaccinés acquièrent la propriété d'être eux-mêmes des vaccins et des agents préventifs. Enfin l'homme, ou l'animal, qui a subi l'action du virus sans y succomber, obtient par là une immunité permanente, ou temporaire, contre la même maladie.

On peut aller plus loin encore et, suivant la même voie, arrêter le développement déjà commencé des maladies infectieuses, c'est-à-dire guérir le malade. C'est ici que le génie de Pasteur et de son école s'est développé dans toute son originalité : je veux parler de la guérison de la rage et de la diphtérie.

En 1881, le chirurgien Lannelongue appela l'attention de Pasteur sur le cas d'un enfant de l'hôpital Trousseau, qui venait de succomber à une attaque de rage. Le savant entreprit aussitôt l'étude du mode de propagation de cette épouvantable maladie, jusqu'alors incurable. A l'aide des virus atténués, il réalisa d'abord la préservation chez les animaux indemnes. Puis, il passa de là, par une tentative audacieuse, à la guérison même des animaux déjà inoculés par la morsure, en essayant de faire agir le virus atténué, qu'il inoculait à son tour, de façon à gagner de vitesse, dans sa propagation, le virus introduit au sein de l'organisme par l'animal enragé. Après quelques années d'essais, sûr de sa méthode, en 1885, dans le cas resté célèbre du berger Jupille, il osa en entreprendre l'application sur l'homme, et il réussit. Ce succès, suivi de plusieurs autres, le conduisit à proposer la création d'un Institut, destiné au traitement de la rage.

On sait comment l'enthousiasme public, excité à la fois par les succès réalisés et par l'espoir des succès

futurs, répondit à son appel : une souscription nationale lui apporta deux millions et demi, pour la fondation qu'il réclamait. Il l'organisa sur une large échelle.
Aujourd'hui, une centaine de personnes y viennent
chaque jour réclamer le bienfait de ses inoculations
protectrices.

Cependant Pasteur, suivant la marche constante
qu'il avait adoptée dans le cours de sa carrière,
regarda l'Institut qui porte son nom comme ayant une
destination plus étendue que celle qui avait présidé à
sa fondation. Il en élargit les cadres, de façon à les
affecter aux recherches de la microbiologie générale,
normale et pathologique, envisagée au point de vue de
la science pure et de ses applications à l'hygiène et à
la médecine. Toute une pléiade de savants et de médecins français et étrangers s'est groupée autour de lui,
pour continuer et développer les recherches dont il
avait donné le branle.

Un nouveau gage de leur fécondité a été fourni par
cette belle découverte des docteurs Behring et Roux
sur la cure de la diphtérie, à l'aide des injections du
sérum de cheval. Un cri d'espérance et d'admiration
s'est élevé aussitôt dans la France entière; une nouvelle souscription, patronnée par le *Figaro*, a produit
aussitôt un nouveau million, et des Instituts, à l'image
de celui de Pasteur, se sont fondés de toutes parts

pour propager les méthodes nouvelles et multiplier les découvertes futures, dont ces méthodes ont fourni le principe indéfiniment fécond.

Les hommes, en effet, paraissent souvent indifférents aux plus hautes manifestations de l'esprit dans l'ordre purement abstrait, parce qu'ils n'en comprennent pas la portée. Ils sont au contraire prompts à reconnaître et à proclamer les services rendus dans l'ordre des applications : ils y attachent cette gloire légitime, cette popularité, dues au génie créateur des hommes tels que Pasteur, et aux bienfaits rendus par leur dévouement à l'humanité.

CLAUDE BERNARD [1]

Messieurs,

C'est au nom du Collège de France que je viens saluer cette statue, souvenir durable du savant que nous avons perdu. Le Collège de France s'honore aujourd'hui de Claude Bernard, et cela est juste; car Claude Bernard a tenu, toute sa vie, à honneur d'appartenir à cette grande corporation scientifique, témoignage de la largeur de vue des hommes du XVIe siècle, et qui se trouve encore aujourd'hui, après trois cent cinquante ans, fidèle à l'idée de ses fondateurs, et toujours favorable à l'esprit d'initiative et d'invention dans la recherche de la vérité.

C'est ici que Bernard a débuté; c'est dans ces bâtiments qu'il a travaillé pendant un tiers de siècle, gran-

1. Discours de M. Berthelot, membre de l'Académie des sciences, au nom du Collège de France, à l'inauguration de la statue de Claude Bernard, le 7 février 1886.

dissant sans cesse en intelligence et en réputation : c'est à côté de nous qu'il est mort.

C'est ici que l'exemple immortel de ses découvertes forme encore, comme de son vivant, et continuera long-temps à former de nouvelles générations de jeunes savants, s'appuyant sur sa tradition magistrale, en attendant qu'ils en fondent une à leur tour. Le nom de Bernard et celui du Collège de France sont liés d'une manière indissoluble dans la reconnaissance publique et dans la gloire nationale. C'est donc à bon droit que cette statue est érigée ici, à l'entrée même du Collège de France, pour perpétuer la mémoire de l'un de nos savants les plus illustres. J'ajouterai qu'elle est due à un membre du Collège, non moins célèbre comme professeur que comme artiste. Mon-sieur Guillaume, c'est un plaisir et un honneur pour moi de vous remercier de votre œuvre, au nom de nos Collègues et au nom de la Science française.

Permettez-moi, Messieurs, de vous raconter les liens qui ont rattaché toute la vie scientifique de Ber-nard au Collège de France; c'est le devoir qui m'est échu dans cette cérémonie : devoir cher et douloureux pour moi, car il me rappelle à la fois la longue amitié qui nous unit pendant trente années et les heures cruelles de la séparation finale. Je l'ai connu, ce grand homme, assez longtemps et d'assez près pour vous

parler seulement de ce que j'ai vu de mes yeux et
entendu moi-même : c'est un témoin de sa vie qui
s'exprime devant vous.

En 1841, Claude Bernard débuta au Collège de
France, comme préparateur de Magendie, l'un des promoteurs de la méthode expérimentale en physiologie
et en médecine : maître célèbre autrefois et que son
élève devait éclipser. Ce fut, en effet, sous les auspices
de Magendie que Bernard se forma d'abord, dans ces
humbles et méritoires fonctions de préparateur, si
propices aux jeunes gens qui savent profiter des ressources à la fois matérielles et morales que l'on trouve
dans le laboratoire d'un maître autorisé. C'est là aussi
que notre confrère et ami, M. Bert, qu'il me permette
de le lui rappeler, a débuté et qu'il a pris ce vol qui
l'a porté des régions sereines de la science, où il a
laissé sa forte empreinte, jusqu'à celles de la politique
et de la direction de l'empire colonial de la France en
Orient, où nous le suivrons tous avec tant d'espérance
et de sympathie.

Je connus Claude Bernard à ses débuts, vers 1848,
à l'époque où il exécutait ses recherches sur les fonctions du pancréas, qui lui valurent l'année suivante le
grand prix de physiologie expérimentale, et au moment
même où il entreprenait ses premiers essais sur la
fonction glycogénique du foie. C'était à titre de chi-

miste que les services d'un jeune étudiant étaient
réclamés par un homme déjà connu par plus d'une
découverte. Son zèle sincère pour la science, son
absence absolue de charlatanisme, l'esprit de curiosité
toujours éveillé et la méthode certaine qu'il portait
dans ses inventions m'attirèrent tout d'abord vers lui;
sa bonhomie et son affabilité achevèrent de m'attacher,
par les liens d'une amitié, qui devait aller se resserrant
toujours, et d'une sympathie favorisée par les circonstances. En effet, je ne tardai pas à le connaître de
plus près encore, devenu son collègue, d'abord
comme préparateur du cours de chimie et bientôt
comme membre de la Société de biologie.

La Société de biologie a droit de figurer à cette solennité : non seulement parce qu'elle a pris l'initiative de
la souscription publique pour la statue que nous avons
devant nous, et parce que Bernard a été son second
président perpétuel, mais surtout parce que c'est
devant elle que Bernard a exposé d'abord le détail
et le cours successif de ses grandes découvertes.

La Société de biologie, fondée sous l'impulsion de
l'esprit positif, est demeurée fidèle à l'esprit profond
de son règlement, rédigé autrefois par Charles Robin.
Elle a été dès son origine, et elle est restée un centre
puissant d'initiative scientifique, plus vivant et plus
libre que les académies. Elle était peuplée alors de

jeunes gens qui s'appelaient : Robin, Broca, Charcot, Verneuil, Laboulbène, Vulpian, Sappey, Brown-Séquard, Rouget, P. Lorain et bien d'autres amis que j'oublie, les uns vivants et présents ici, les autres disparus. Sous la présidence amicale de Rayer, avec la vive sympathie et le franc abandon de la jeunesse, nous y échangions nos idées, en nous communiquant les uns aux autres l'élan et l'esprit d'initiative. Mais Claude Bernard était l'étoile et le favori de la Société.

Ces découvertes qu'il présentait ainsi, librement et au fur et à mesure de leur accomplissement, dans le cénacle de la Société de biologie, il les avait exécutées d'abord dans son laboratoire du Collège de France, et il ne tardait guère à en reproduire l'exposition, avec plus d'ampleur et de certitude, dans l'enceinte de nos amphithéâtres.

Voilà le milieu où il a fait et publié ses recherches, à la fois physiologiques et chimiques, sur les fonctions du pancréas, sur la glycogenèse animale, sur les mécanismes qui président à l'action des poisons et des médicaments actifs : alcalis végétaux, curare, oxyde de carbone, chloroforme; sur les actions du système nerveux qui règlent la circulation et les sécrétions. C'est ici qu'il montrait comment les lois des phénomènes physiologiques normaux sont, en même temps, celles

des phénomènes pathologiques et, par conséquent,
celles de la Médecine elle-même.

Mais je m'arrête, je n'ai pas l'intention de retracer le
tableau des travaux qui en ont fait le grand maître de
la physiologie contemporaine.

Il professa pour la première fois dans cette enceinte,
en 1847, comme suppléant de Magendie. Après la
mort de Magendie, il fut nommé, en 1855, titulaire du
cours de Médecine, devenu par son enseignement un
cours de Physiologie expérimentale. C'était là qu'il fallait le voir et l'entendre parlant d'inspiration, exposant
la découverte nouvelle qu'il pressentait et dont son
auditoire avait les prémisses. Cette parole interrompue,
cette éclosion pour ainsi dire spontanée de la conception de l'inventeur, sous les yeux et avec l'incitation
morale et le concours de l'auditeur, naissait de l'expérience même que Bernard reproduisait devant le
public : c'était dans les organes de l'animal ouvert
devant lui qu'il trouvait de soudaines illuminations.

Rien de moins oratoire que ses leçons, et cependant
rien de plus saisissant pour l'auditeur, rien de plus
fructueux pour l'élève que cet exemple pour ainsi dire
incessant, cette démonstration par le fait de la
méthode par laquelle on fait les découvertes. Elle
était particulièrement à sa place au Collège de France.
Peut-être eût-elle été moins heureuse dans une autre

15.

enceinte : à la Faculté des sciences, par exemple, où l'enseignement des sciences présente, par sa destination même, un caractère plus ferme et plus dogmatique. Aussi Claude Bernard ne s'y trouvait-il pas complètement à l'aise, même dans la chaire créée pour lui en 1854, et qu'il remplit pendant quatorze ans. C'était surtout dans notre vieil amphithéâtre, ou mieux encore dans ce laboratoire informe, mal éclairé, mal ventilé, mal organisé de toutes façons, mais où il avait débuté comme préparateur et passé sa vie de savant : c'était là que Claude Bernard se sentait vraiment chez lui; c'est parmi nous qu'il faisait de préférence ses grandes découvertes. C'est là qu'il forma ses élèves : Ranvier, notre collègue; Dastre, qui professe à la Sorbonne; Gréhant, d'Arsonval et tant d'autres, qui maintiennent sa tradition dans la science; A. Moreau, animé pour Bernard d'une si tendre affection, et à qui cette solennité eût été si touchante : lui aussi nous pleurons son souvenir! enfin, le plus grand de tous, Paul Bert, qui nous a aussi appartenu pendant les années de sa jeunesse.

Ici Claude Bernard a vécu, triomphant par son génie de toutes les difficultés matérielles d'une organisation imparfaite : c'est aussi, hélas! dans nos laboratoires qu'il a contracté le germe de la maladie qui l'a emporté. On a parlé bien souvent déjà de cette cave

insalubre, dans laquelle il travailla quarante ans, et
pourtant elle subsiste encore; elle a dévoré Bernard,
et puisse-t-elle ne pas dévorer aussi ses successeurs!
Cependant la République a pris en main la cause de la
science, si longtemps repoussée de nos budgets comme
un accessoire inutile ou gênant. La reconstruction de
nos grands laboratoires a été décidée en principe. La
Faculté de médecine est aux trois quarts faite. La
Sorbonne commence à s'élever. Après une longue
attente, sous la pression de l'opinion, les pouvoirs
publics ont inscrit parmi leurs dépenses celle de la
reconstruction du Collège de France. Si quelques
difficultés administratives la retardent encore, nous
comptons sur l'esprit éclairé et bienveillant du ministre
de l'Instruction publique pour les écarter.

Alors enfin, la France possédera des instituts scientifiques comparables à ceux qui font l'orgueil de ses
voisins. Elle regagnera un arriéré de trente ans, dans
l'ordre des bâtiments et des outils de l'enseignement
et de la science, et elle reprendra ainsi une place que
ses professeurs n'ont certes pas perdue dans l'ordre
des découvertes, mais où leurs efforts pour communiquer la science aux nouvelles générations sont trop
souvent paralysés par l'insuffisance de l'organisation
matérielle. Ce moment est encore loin de nous : c'est
la terre promise. Les jeunes gens qui m'entourent la

verront, et j'ai le ferme espoir qu'ils sauront la conquérir et l'exploiter. Quant à nous, sur le déclin de la vie, nous pouvons tout au plus nourrir l'espérance d'y aborder. Claude Bernard, comme Moïse, est mort sans avoir pu y pénétrer!

Mais, du moins, son image se dressera toujours devant cet édifice. Si sa parole, si son action, si son impulsion personnelle nous font défaut, du moins sa figure, toujours présente, rappellera le souvenir de cet homme qui fut si grand et qui maintint si haut l'honneur scientifique du Collège de France. Elle rappellera que de notre temps les savants français n'ont cessé de soutenir la forte tradition de leurs prédécesseurs, de concourir pour leur part à l'agrandissement du domaine commun de l'humanité; qu'ils ont su, presque sans armes et sans ressources, combattre et vaincre dans les champs de l'esprit et soutenir la gloire de la patrie française.

PAUL BERT [1]

Messieurs,

C'est à un homme illustre dans la science comme dans la politique, c'est à un patriote dévoué à la France jusqu'aux derniers sacrifices, c'est à un grand citoyen, mort au champ d'honneur, que s'adresse cette manifestation des funérailles nationales, réservées aux services éclatants rendus à la patrie.

Mais, avant de vous rappeler ce qu'a été Paul Bert, qu'il me soit permis de m'adresser à la compagne de sa vie, à la femme qui l'a soutenu de son amour, pendant la jeunesse comme pendant l'âge mûr, aux jours de la joie et de la prospérité comme aux moments pénibles de la lutte; elle l'a accompagné avec tous les siens dans ce dangereux et suprême voyage. Aux

1. Discours prononcé par M. Berthelot, ministre de l'Instruction publique, aux obsèques de M. Paul Bert, à Auxerre, le 15 janvier 1887.

heures de la souffrance, qu'il a affrontée avec la sérénité stoïque du savant, Paul Bert a eu la consolation
de voir autour de lui et jusqu'au bout ceux qu'il avait
aimés. La République n'a pas perdu la tradition des
sacrifices et des vertus domestiques!

Madame, votre douleur ne vous a pas permis de
venir devant ce cercueil, mais votre pensée est présente au milieu de nous. Au nom de la France et de la
République, je viens saluer ici votre glorieux mari;
c'est aussi, qu'il me soit permis de le dire avec la plus
vive émotion, c'est aussi en mon nom personnel. Vous
savez de quelle amitié j'étais lié avec lui : non seulement nos personnes, mais nos familles étaient réunies
par ces relations affectueuses, nées de la conformité
des sentiments, des goûts et des conditions. Je le vois
encore devant moi, avec sa figure énergique et expansive, entouré de sa femme, de ses filles, de toute cette
chère maison, si étroitement serrée autour de lui, dans
le bonheur naguère, aujourd'hui dans l'affliction du
dernier adieu! Madame, ma douleur s'associe à la
vôtre, non avec la chaleur artificielle d'un cérémonial
public, mais avec la sympathie réelle et profonde d'une
affection privée.

Plus jeune que moi, je l'avais jadis initié à ma
science favorite dans les laboratoires du Collège de
France. Il se plaisait à se dire mon élève; il était mon

ami; c'eût été à lui, d'après le rang de nos âges, à me
dire ces derniers adieux que je vais lui adresser avec
une douleur sans égale, douleur d'ami, douleur de
patriote! Cette mort prématurée, survenue au début
d'une si grande entreprise, a quelque chose de tragique : elle rappelle la fin subite et poignante de ce
grand citoyen que Bert reconnaissait pour son maître
et son chef, et qui nous fut aussi ravi avant l'heure.
La France de nos jours n'est pas heureuse : elle perd
ses meilleurs enfants à l'âge de leur force et avant
qu'ils aient accompli leur destinée!

Messieurs, l'homme que nous honorons aujourd'hui,
Paul Bert, a été célèbre dans deux ordres différents et
que peu d'hommes, élus entre tous, réussissent à concilier : dans la science comme dans la politique, il a
rêvé les plus hautes destinées, et si la mort ne lui a
pas permis de les pousser jusqu'au bout, du moins il
ne disparaît pas sans avoir rendu de grands services à
son pays; dans la science comme dans la politique, son
œuvre est durable, et sa mémoire ne périra pas. C'est
par la science qu'il a débuté, c'est de sa carrière scientifique qu'il convient de parler d'abord.

Les premières années de Paul Bert n'annonçaient
cependant pas un savant. Né à Auxerre en 1833, dans
cette ville qui en avait fait son élu et qui lui fournit
aujourd'hui un dernier asile, Paul Bert crut d'abord

avoir trouvé sa carrière dans le droit et la profession d'avocat : de ses premières études, il lui resta toujours l'art et le goût de la parole publique ; mais il ne tarda pas à se tourner vers d'autres voies. Il avait trente ans lorsqu'il rencontra un grand maître, Claude Bernard, dont il fut le préparateur et qui lui communiqua le génie de l'invention physiologique. Ce n'est pas ici le lieu de raconter ces découvertes ingénieuses et subtiles, qui lui valurent les prix de l'Académie des sciences, la chaire de zoologie de la faculté de Bordeaux, puis en 1868 la chaire de physiologie générale à la Sorbonne, puis enfin, il y a quatre ans, le titre de membre de l'Institut, ce couronnement tant désiré de la carrière d'un savant.

Malgré d'autres devoirs, il n'avait pas voulu renoncer à son laboratoire ; il y portait cette ardeur communicative d'un esprit original, inventeur, fécond en ressources, que ses élèves n'ont jamais cessé d'admirer.

Alors même qu'il se disposait à partir pour gouverner au nom de la France le lointain empire du Tonkin, il pensait toujours à la science ; il voulait la servir en organisant là-bas de grandes explorations scientifiques, imitées de notre expédition d'Égypte au début de ce siècle ; il voulait surtout dominer ces vieilles civilisations asiatiques par l'ascendant et le prestige intellectuel de a science européenne. C'est

par là qu'il prétendait montrer l'alliance intime et
nécessaire de la science et de la politique. On a dit
quelquefois : « Un savant ne doit pas s'occuper de
politique ». C'est là un axiome banal, mis en circulation par quelque courtisan, sous la monarchie absolue,
à une époque où l'intrigue personnelle réussissait
trop souvent à diriger le monde dans des vues arbitraires, étrangères aux intérêts généraux et à la
méthode scientifique. Paul Bert en était vivement
blessé, plus peut-être qu'il ne convient à un philosophe résigné aux jalousies humaines. Dans un état
républicain, le devoir du savant est le même que celui
de tous les citoyens : il doit une part de sa pensée et
de son action à la direction de la chose publique, il
doit son effort personnel au progrès de l'humanité. Ce
devoir même est plus étroit peut-être pour un savant
que pour un autre citoyen, à cause de son intelligence
et des capacités supérieures dont il doit compte à la
patrie. Paul Bert l'entendait bien ainsi et il a donné à
cet égard de grands exemples. Il a lutté pour la patrie
contre l'invasion étrangère; il a lutté pour le triomphe
de l'esprit moderne dans l'État; il a lutté pour constituer définitivement dans l'instruction nationale la tradition de la science et de la raison; il a lutté pour l'établissement de la civilisation européenne au milieu de
cette seconde espèce humaine, qui occupe l'extrême

Orient : c'était l'une de ses idées fondamentales lorsqu'il a quitté la France. C'était par la justice, par la science et la vérité, communes à tous les hommes, qu'il prétendait affirmer là-bas cette domination morale sans laquelle la force finit toujours par défaillir.

Jusqu'en 1870, ces hautes vérités ne paraissent pas avoir frappé son esprit, ou du moins elles n'avaient imprimé à sa vie aucune direction nouvelle. Jusque-là, il n'avait montré d'autre ambition que celle du savant. C'est sous le coup du malheur, au moment de la catastrophe et de la ruine de la patrie, que nous sortîmes tous de nos laboratoires pour apporter notre secours à la France vaincue et démembrée. Nos esprits ont été changés et agrandis par cette lutte du désespoir que nous avons soutenue : en l'entreprenant, nous n'avions pas d'illusion, nous ne croyions guère possible de changer un destin déjà irrémédiable, mais nous savions que l'homme est plus grand que la destinée qui l'écrase, et nous avons jeté ce jour-là, le sachant et le voulant, la semence féconde du relèvement de la patrie.

Bert se précipita avec son ardeur naturelle, dans la Défense nationale. Il la tenta d'abord à Auxerre ; puis il alla à Bordeaux, où il rencontra Gambetta, qui l'entraîna aussitôt dans son tourbillon. L'affection de Paul Bert pour Gambetta date de ces jours de passion et d'action patriotique communes, elle fait partie de sa physionomie historique. Préfet de la Défense nationale à Lille, il fut associé à Testelin dans les efforts tentés pour ranimer l'esprit public et défendre le nord de la France contre l'invasion.

Ainsi Paul Bert entra dans la politique. Il allait y poursuivre une œuvre nouvelle, la fondation et l'organisation de la République, œuvre difficile, sans cesse tentée par les esprits les plus généreux depuis un siècle, et sans cesse ravie à nos espérances : elle était certes digne de servir de but à sa puissante activité. Dans cette entreprise régénératrice, nous avons été plus heureux.

La République, grâce aux efforts de ses vaillants défenseurs, a définitivement triomphé : elle est fondée aujourd'hui et Bert compte parmi ses fondateurs, parmi ceux qui ont montré au peuple français que c'était là son dernier asile, après tant de discordes et de catastrophes passées. Dans notre pensée, c'est là aussi qu'il trouvera peut-être la force souveraine, capable de le rétablir un jour dans sa mission historique de guide et d'initiateur parmi les nations de l'avenir.

En 1872, Paul Bert fut élu membre de l'Assemblée nationale : il se rangea aussitôt dans cette phalange d'élite, groupée autour de Gambetta. Les vigoureux accents de sa parole sincère, la verve ironique, l'esprit âpre et mordant de ce robuste Bourguignon ont été bien des fois admirés à la tribune et sur la place publique. Il prit une part énergique et ardente aux luttes politiques et religieuses de notre temps. Son rôle fut éclatant dans les discussions qui préparèrent l'organisation nouvelle de l'instruction publique, et principalement celle de l'enseignement primaire, à laquelle il s'était attaché par-dessus tout. Convaincu qu'il faut d'abord affranchir le peuple des servitudes séculaires de l'ignorance et de la superstition, il vit que la grande œuvre de la République, c'était de former des générations nouvelles, imbues de l'esprit moderne, oublieuses des vieux préjugés du trône et de l'autel, et armées pour soutenir les luttes de la vie par la science et par la liberté.

Tel est le bon combat que Paul Bert a combattu pendant quinze ans, avec Gambetta, avec Jules Ferry, avec Goblet, avec tant d'autres, parmi lesquels je me fais gloire d'avoir marché. Un jour seulement il occupa cette place éphémère de ministre, que je tiens après lui; mais il n'est pas besoin d'être ministre pour agir: il suffit de vouloir le bien, de le vouloir d'un effort convaincu, constamment tendu dans la même direction. Voilà ce que Paul Bert sut faire, par le livre et par la parole, avec un enthousiasme communicatif.

On l'a parfois accusé d'avoir dépassé la mesure ; mais
dans la violence du combat, qui pourrait mesurer
exactement son effort ? Son orientation était bonne ;
son amour des instituteurs du peuple, sincère ; son
dévouement à la démocratie, sans limites. Lorsqu'il
a quitté la France pour la dernière fois, les causes
qu'il avait défendues étaient triomphantes ; l'instruction populaire était marquée de ce triple sacrement
qu'il avait rêvé pour elle : la gratuité, l'obligation, la
laïcité ; l'instruction moderne commençait à associer la
femme à ses bienfaits et l'arrachait enfin à ces influences
rétrogrades, que notre éducation traditionnelle perpé-
tuait dans la famille, et qui ont paralysé si longtemps
l'essor et l'application définitifs des doctrines de la
démocratie et de la philosophie française.

C'est l'œuvre fondamentale de notre temps. C'est là,
peut-être, ce qui donnera à la société qui va sortir de
tant d'efforts sa physionomie originale. Paul Bert a été
l'un des promoteurs de cette grande rénovation : cela
seul suffirait à sa gloire. Mais, à peine sa première
œuvre parvenait-elle à l'heure du succès, qu'il s'em-
pressait vers une autre entreprise ; son esprit impatient
d'action et de nouveauté, désireux d'exercer sans
cesse les facultés d'invention et d'initiative qu'il possédait à un si haut degré, le tourna aussitôt vers de
nouveaux hasards. Épris de l'Algérie, qu'il avait visitée

dans sa jeunesse et où il avait vu réalisée, en acte, la
puissance colonisatrice de la France, il rêva d'organiser
aussi cet empire nouveau, conquis par la France dans
l'Extrême-Orient. L'Europe prend aujourd'hui posses-
sion du monde; elle se le partage par des traités,
sans ces rivalités sanglantes qui ont marqué l'œuvre
coloniale des siècles précédents. La France est au premier rang dans cette expansion nouvelle, qui témoigne
de sa vitalité sans cesse renaissante. Bert, sur la fin
de ses jours, s'est dévoué à cette œuvre. Il l'a fait, en
en calculant toutes les chances dangereuses, avec une
volonté héroïque, un esprit intrépide, amoureux du
bien pour lui-même, dégagé de tout vain préjugé et
de toute vaine espérance, et acceptant avec sérénité
l'attente des derniers sacrifices.

Une autre voix, plus autorisée que la mienne, s'est
chargée de vous exposer quelle a été son œuvre au
Tonkin; je n'ai pas à vous la retracer. Je ne vous
rappellerai pas comment il a succombé à la tâche,
comme un bon ouvrier, fidèle à son œuvre jusqu'à la
mort : magnifique couronnement d'une vie constamment dévouée au peuple et à la République! Par là il
a mérité cette reconnaissance unanime, que nous
voyons éclater autour de son cercueil; reconnaissance
indépendante des partis, parce qu'il poursuivait une
entreprise nationale; indépendante même des natio-

nalités, parce qu'il poursuivait une entreprise de civilisation universelle.

C'est ainsi qu'il a atteint le terme de son existence, terme qu'il a senti approcher avec un courage mélancolique et sans que la vue claire de sa fin prochaine ait abattu un seul jour son énergie. Il l'annonçait en quittant la France, il le répétait dans cette belle lettre à Marcel Deprez, écrite de là-bas, dans ses derniers jours, pour appeler à l'aide de son œuvre le secours de la science française. Sans doute, il est mort avant que son œuvre ait été achevée : mais quelle œuvre humaine peut jamais se dire accomplie? L'une des doctrines de cette philosophie scientifique, dont Bert était l'interprète, c'est que les choses et les hommes se transforment par une incessante évolution.

Et cependant, n'a-t-il pas assisté, autant que le permet la fragilité humaine, au triomphe de ses opinions et de ses volontés? Dans la science, il a établi des lois qui resteront; dans la politique, il a vu asseoir la domination de la démocratie, dont il s'était proclamé le serviteur; dans l'instruction publique, il a vu organiser cette éducation populaire dont il avait été l'apôtre.

Sa vie n'a donc pas été perdue, et qui pourrait pour soi-même en demander davantage?

Adieu, Paul Bert, adieu, mon ami! Je te salue au nom de la France! Je te salue au nom de l'humanité! Elle n'oubliera jamais que tu as été un grand initiateur de vérité, de liberté, de civilisation.

FRÉDÉRIC ANDRÉ

(1847-1888.)

Il y a un an, les amis de M. Frédéric André, ingénieur en chef de la voie publique de Paris, apprirent
avec tristesse et stupéfaction qu'il venait d'être frappé
d'une paralysie subite. Quatre jours après, le 2 février 1888, il était mort! Rien n'avait fait prévoir ce
tragique événement. Frédéric André était dans la force
de l'âge et du talent, entouré de toutes les joies de la
vie et de toutes sympathies. Il avait quarante-deux ans,
il était bien portant, actif, riche. Arrivé jeune à l'une
des plus hautes positions de sa carrière, poursuivant
une œuvre d'intérêt général qui lui plaisait, uni à
une femme tendrement chérie, père d'un jeune enfant
dont il suivait avec amour le développement physique
et l'éducation, adoré de ses deux sœurs et de ses
vieux parents qu'il avait eu le bonheur de conserver,
environné d'amis et de collègues qui lui portaient la

16

plus vive affection, il avait réalisé toutes les conditions
de la félicité humaine, et tout lui faisait présager un
long et brillant avenir. Tout cela a été brisé en quelques heures, par un mal foudroyant et mystérieux.
Aussi la disparition soudaine de cet homme si aimé,
éteint dans tout l'éclat de sa vie, a-t-elle causé parmi
les siens et parmi ses amis une douleur qui ne s'étein-
dra pas.

Lorsque nous perdons ainsi, avant le temps, une
affection et une espérance, nous conservons au fond
du cœur une plaie vive, qui ne guérit pas, et le
nombre de ces blessures va croissant, hélas! avec
les années. Sans doute, le chagrin est profond quand
il s'agit des hommes qui ont combattu avec nous
le combat de la vie et qui, depuis de longues années,
font en quelque sorte partie de notre âme et de notre
être intime; mais combien ce chagrin est-il plus
poignant lorsque les jeunes disparaissent, emportant
avec eux les promesses de l'avenir qui devait nous
suivre, et les sympathies que nous regardions comme
destinées à nous survivre? Notre affliction a été d'autant
plus profonde que tout le monde attendait quelque
chose de distingué et d'exceptionnel de ce jeune ingénieur. Son enthousiasme réfléchi pour la science et la
philosophie, son goût pour les arts, qu'il cultivait à ses
heures et non sans mérite, la finesse délicate de ses

traits, le charme doux de sa personne, joint à son amour éclairé pour le bien public et pour les autres hommes, tout concourait à exciter nos légitimes espérances.

Que reste-t-il aujourd'hui pour les siens, en dehors de ces chers souvenirs gravés dans nos cœurs, que subsiste-t-il de cette œuvre espérée et que la mort a engloutie? Quelques lettres adressées à sa mère, à sa femme, à ses sœurs, d'un caractère trop intime pour être imprimées; des dessins et peintures d'un goût fin et doux, mais connus seulement de ses amis; une Étude sur la *Physique* de Lucrèce, écrite en 1870, précédant une traduction du grand poète philosophe, étude dans laquelle Frédéric André s'attache à analyser les explications que Lucrèce donne des différents phénomènes de la nature, et examine les transformations successives que ces hypothèses ont subies, avant d'arriver aux théories des physiciens modernes: c'est l'œuvre précise et non sans mérite d'un débutant, qui résume les vues modernes sur l'ensemble des actions physiques; enfin un Rapport technique sur les variations de la circulation dans les rues de Paris, de 1872 à 1887, note intéressante, avec tableaux numériques et graphiques, qu'il avait rédigée en vue de ses fonctions et qui est restée inachevée.

Sa femme, avec un soin pieux, a désiré réunir ces

deux ouvrages, en souvenir de celui qu'elle a perdu, et elle a bien voulu me demander de mettre en tête ces quelques lignes, pour rappeler la vie et les services de mon jeune ami. Je n'ai pu refuser de lui rendre ce dernier service, que naguère le cours naturel de la vie aurait semblé plutôt le destiner à me rendre à moi-même, et je prie les siens de m'excuser si je ne réussis pas à exprimer, au degré où je le désirerais, les sentiments d'affection et de tristesse dont je suis pénétré. L'œuvre de leur mari et de leur fils a été trop régulière, trop assujettie au sentiment des charges qu'il a successivement remplies pour offrir une autre évolution que celle de la vie normale d'un étudiant, d'abord, puis d'un ingénieur, à travers les incidents privés et les catastrophes générales des Français de notre époque : il est toujours demeuré au niveau des devoirs exigés par les uns, comme par les autres.

ANDRÉ (Eugène-Frédéric) est né à Paris, le 26 janvier 1847, d'une famille protestante, originaire de Saint-Gilles (Gard), dispersée à la suite de la révocation de l'édit de Nantes et réfugiée en Allemagne, où plusieurs de ses membres s'établirent, notamment à Berlin, à Vienne, dans le grand-duché de Hesse. Ainsi s'est constituée toute une génération d'hommes, d'origine française, mais fortifiés et modifiés par l'éducation germanique et qui ont joué un grand rôle dans l'histoire du XIXe siècle, par l'association des qualités différentes des deux races. Tandis que les uns, demeurés en Allemagne, ont formé le nerf de la force de nos adversaires; les autres sont revenus en France, nous apporter le concours de leur énergie retrempée dans ce milieu étranger : ce sont souvent les meilleurs d'entre nous. C'est ainsi qu'après 1815 vinrent s'établir à Paris les membres de la famille André. Guillaume et Philippe-Frédéric André, deux frères, y fondèrent, vers 1825, une maison d'exportation. Philippe-Frédéric André épousa, en 1836, mademoiselle Dauptain, fille d'un habile chimiste, élève de Vauquelin, qui avait fait faire de remarquables progrès à l'industrie des papiers peints. De leur mariage naquirent trois enfants, deux filles et un fils, celui que nous regrettons.

C'est dans ce milieu d'une famille étroitement unie, où les soucis d'une existence bourgeoise s'alliaient avec la tradition des arts, que fut élevé Frédéric André. Il entra à douze ans dans l'Institution Sainte-Barbe et ne tarda pas à y manifester un vif goût pour les sciences naturelles, en même temps qu'une habileté marquée pour les exercices du corps : Il avait quatorze ans quand je le vis pour la première fois et je fus frappé aussitôt par cette nature élégante, souple et artiste, distinguée dans l'ordre physique

16.

comme dans l'ordre moral : chacun s'intéressait à lui.

Les débuts de son éducation scientifique eurent la bonne chance d'être dirigés par un grand mathématicien, Bour, fauché aussi dans sa fleur et que la génération présente a presque oublié.

Les parents de Frédéric André ne négligèrent rien pour compléter, par la vue des choses et des hommes, l'éducation purement pédagogique qu'il recevait à Sainte-Barbe. Avant d'avoir atteint sa vingtième année, il avait visité l'est, le midi de la France, le littoral de la Manche, la Suisse, le Tyrol, une partie de l'Allemagne et de l'Italie. Ce n'est pas là d'ailleurs une exception de notre temps. C'est à tort que les Français sont accusés d'ignorer l'étranger. Aujourd'hui, il est peu de jeunes gens de famille aisée, qui n'aient parcouru de bonne heure la France et les contrées qui nous entourent.

Admis à l'École polytechnique en 1866, avec le numéro 129, Frédéric André en sortit en 1868 avec le numéro 17 : c'est-à-dire avec une avance considérable, due à un travail énergique. Il n'y négligeait cependant pas les distractions artistiques, car il faisait partie d'un quatuor musical organisé par le fils de Le Verrier ; il y tenait la basse. Depuis, sa carrière se développe avec la régularité méthodique de celle des ingénieurs : élève ingénieur le 3 novembre 1868, ingénieur ordinaire de 3ᵉ classe le 1ᵉʳ juillet 1872, ingénieur de 2ᵉ classe le 1ᵉʳ juin 1876, ingénieur de 1ʳᵉ classe le 1ᵉʳ février 1881, ingénieur en chef de seconde classe le 1ᵉʳ juillet 1886.

Cependant sa vie ne fut exempte de ces péripéties diverses, qui marquent l'existence de chacun de nous et dont le souvenir reste dans la mémoire de ceux qui nous aiment, fixé par de chères images.

A l'École polytechnique, c'est une révolte à laquelle il ne prit pas de part spéciale, mais où le sort le désigna pour être emprisonné rue du Cherche-Midi. Les lettres qu'il adressait alors à sa mère ne témoignent d'autre sentiment que celui d'un jeune homme enjoué, partageant les préjugés de ses camarades contre l'injustice, ce qui veut dire contre la discipline imposée, et irrité contre les meneurs, les anciens, qui abandonnent aussitôt, suivant l'usage, la cause de ceux qu'ils ont lancés. Cet incident d'ailleurs ne dura guère et n'eut pas de suites. A la sortie de l'École, il visita l'Algérie, particulièrement Constantine, Biskra, le Désert, et le passage sauvage du Chabet, au milieu des montagnes de l'Atlas; tous objets qui le frappèrent au plus haut degré.

C'est à son retour qu'il écrivit cette étude sur la *Physique* de Lucrèce, dont j'ai déjà parlé. Elle fut placée en tête de l'ouvrage d'un ami. Au moment où

ils exécutaient leur travail, les deux camarades visi-
tèrent Littré, le grand maître d'alors en philosophie
positive, pour lui demander la permission de lui
dédier leur œuvre. L'austère philosophe sourit à ces
jeunes gens et les ravit par son accueil sympathique.
Quelques expériences de Frédéric André sur la vitesse
du son dans les liquides remontent à la même époque.

Il était sur le point de partir pour un voyage en
Danemark, Suède et Norvège, lorsque éclata la guerre
de 1870; il reçut l'ordre de rejoindre et prit sa part,
comme tous les bons citoyens, à la défense de Paris.
Je me rappelle encore l'avoir vu à cette époque, dans
les tournées que je faisais comme président du Comité
scientifique de défense, et avoir applaudi au zèle qu'il
montrait dans la construction de ce second chemin de
fer de ceinture, intérieur aux fortifications, qui fut
improvisé en quelques semaines pour faciliter le transport des troupes et des approvisionnements et ne
servit point; comme d'ailleurs la plupart des choses
exécutées à cette époque, avec tant de dévouement et
si peu de résultats.

Impatient de son inactivité, Frédéric André sollicita
son entrée dans l'armée active et il obtint une commission de sous-lieutenant d'artillerie dans le 22e régiment de la seconde armée, sous les ordres du général
Ducrot. C'est en cette qualité qu'il prit une part plus

ou moins directe aux batailles de Champigny et de Buzenval, frappé comme nous tous au cœur par l'impuissance et l'insuccès de ces tristes journées.

Ses études avaient été interrompues par la guerre; elles reprirent en 1871, lorsque l'École des ponts et chaussées rouvrit ses cours; puis il fut envoyé en mission faire une étude sur le barrage du lac d'Annecy. Il y partagea son temps entre les travaux techniques et les promenades de montagne, autour du centre ravissant de Talloires.

Il entra alors dans la carrière active d'ingénieur, et fut chargé pendant plusieurs années de travaux maritimes, au bord de l'Océan. Il débuta au port des Sables-d'Olonne, sous la direction de M. Dingler. En 1872, il devint titulaire du service de l'arrondissement de Fontenay-le-Comte, où il rencontra la grande difficulté de vivre en bonne harmonie avec tout le monde, dans cette société vendéenne coupée nettement en deux partis ennemis, que séparent d'une façon irrémédiable, leur passé, leurs traditions de famille et leurs ambitions présentes. Cet antagonisme absolu des conservateurs et des républicains n'a pas cessé de faire le malheur et l'état critique de notre France présente.

C'est dans les travaux du port de Bayonne, de l'embouchure de l'Adour et de la rade de Saint-Jean-de-Luz que Frédéric André déploya peut-être au plus haut degré ses qualités d'ingénieur et son initiative personnelle. C'était son œuvre de prédilection. Il en fut chargé en 1874; je l'y visitai l'année suivante, avec ma femme, qui l'avait connu enfant et qui l'aimait beaucoup. A cette époque, il venait de se marier avec mademoiselle Alquié, fille de M. Auguste Alquié, ingénieur de la ligne du chemin de fer du Nord, qui lui donna un fils un an après. Nous vînes à Bayonne ce couple charmant, si aimable et si hospitalier. Frédéric André nous montra sur les lieux l'entreprise dont il était chargé, entreprise rendue très difficile par le conflit direct d'un océan sans limites avec une côte basse et sablonneuse. L'Adour, en se jetant dans la mer, reforme chaque jour une barre circulaire, qui rend l'accès du fleuve impraticable aux navires : défi jeté aux ingénieurs maritimes et dont ils s'efforcent de triompher. A Saint-Jean-de-Luz, c'est autre chose : la mer s'engouffre en tourbillon dans le port et y ravage tout. Mais ici on lutte avec plus d'avantage par la construction de grandes digues, qui ferment l'entrée du port, en s'appuyant sur les rochers de la côte. On emploie d'ailleurs comme auxiliaire le port latéral de Socoa.

Cette guerre perpétuelle contre des forces naturelles illimitées, qu'on ne peut dompter de haute lutte, mais qu'il s'agit de vaincre en les tournant, aiguisèrent

singulièrement l'esprit sagace de notre ingénieur. Il
ne négligeait pas de s'aider de la vieille pratique des
ouvriers et des conducteurs, rompus au métier; il
écoutait leurs observations et leurs objections et les
discutait avec eux, sans pour cela diminuer son autorité de chef. Il profitait de leur expérience, en même
temps que l'intérêt qu'il prenait à leurs idées et à
leurs personnes gagnait leur dévouement. C'est ainsi
qu'il savait à la fois faciliter le succès de son œuvre
et satisfaire aux devoirs d'humanité et de responsabi-
lité morale, vis-à-vis des hommes placés sous ses
ordres. Même après avoir quitté ce service pour celui
de la navigation de l'Oise, il resta en relation affec-
tueuse avec ses anciens conducteurs des travaux de
Saint-Jean-de-Luz.

Dans ces conditions, les plans de Frédéric André,
bien conçus et assurés d'une fidèle exécution, étaient
acceptés volontiers par le Conseil des ponts et chaussées. On lui accorda 30 000 francs pour faire construire, sur ses plans, un nouveau modèle de chaland,
pour le transport des blocs artificiels sur le rocher
d'Artha, de façon à diminuer à la fois la dépense pour
l'administration, et le danger pour les ouvriers.

En 1878, il quitta ces travaux intéressants, ayant
été chargé du service de Compiègne et de la navigation de l'Oise. On lui confia bientôt après (1881) un

service d'ingénieur de la Ville de Paris, sous ordres de M. Alphand. A ce titre, il s'occupa de la rectification du cours de la Bièvre, de l'assainissement des quartiers de la Maison-Blanche et des Gobelins et il fut associé aux travaux de Montmartre. Il avait la direction des travaux de la continuation de la rue Caulaincourt, à travers le cimetière Montmartre. Le pont suspendu en acier a été exécuté sur ses dessins : c'était le premier de ce genre établi à Paris. Il poursuivait ainsi son œuvre d'ingénieur avec zèle et modestie, entouré de l'estime de ses chefs et de l'affection de ses subordonnés.

L'homme privé n'était pas moins aimé. Son salon, ouvert à quelques amis, formait un milieu agréable, où l'on se retrouvait volontiers en petit comité pour causer d'art et de science, en dehors de toute intrigue et de tout calcul égoïste, avec des personnes choisies, groupées autour des maîtres de la maison, par un amour commun et désintéressé des choses élevées.

C'est à ce moment, où les espérances d'un plus vaste avenir semblaient s'ouvrir devant lui, où il allait sans doute réaliser quelque œuvre personnelle qui répondît à sa vive intelligence et à sa rare capacité, c'est à ce moment qu'il fut atteint tout à coup dans son bureau de travail, sans signe précurseur : il se sentit aussitôt frappé à mort. Rien ne put arrêter le mal, ni en ralentir les rapides progrès. Pendant les quelques jours où il se sentit mourir, en pleine connaissance de lui-même, il vit sa fin approcher avec la sérénité d'un sage, dont le principal chagrin est dans le sentiment de la douleur de ceux qui vont être à jamais séparés de lui!

J.-J. ROUSSEAU

ET LA RÉVOLUTION FRANÇAISE

Lettre à M. Grand-Carteret.

(Octobre 1889.)

Vous me demandez pourquoi je suis l'un des admirateurs de Jean-Jacques Rousseau : bien des personnes,
en effet, sont surprises de compter des savants parmi
elles. La méthode dialectique et rationnelle appliquée
à la solution des problèmes politiques et sociaux, qui
fut celle de Rousseau, est peu en faveur de notre
temps parmi les esprits sérieux; car nous avons pour
règle dans les sciences de fonder toute vérité pratique
sur l'observation des faits, plutôt que sur la déduction
pure : mais ce n'est pas la méthode qui a fait la grandeur de Rousseau. Ce n'est pas par là que sa renommée
a duré, au lieu de s'effacer du souvenir des hommes,
comme celle de tant d'autres de ses contemporains.
Elle domine même celle des philosophes, tels que
Diderot, dont la vue était plus profonde et plus étendue. Il y a plusieurs raisons à cette sympathie persis-

tante, qui s'attache à l'œuvre de Rousseau : les unes,
littéraires, tiennent à la forme de cette œuvre; d'autres
historiques, aux circonstances où son influence s'est
excercée d'abord; les principales, d'ordre moral et
idéaliste, sont les plus durables, car elles agissent
encore sur les générations présentes.

Ce qui a fait pénétrer le nom de Rousseau plus avant
dans les esprits que ceux de la plupart des philosophes
du XVIIIe siècle, c'est d'abord son génie d'écrivain et le
caractère passionné de ses livres. Nulle grande réputation en France ne se fonde et ne subsiste, sans un
certain mérite littéraire : la magie du style de la nouvelle Héloïse a été pour beaucoup dans la vogue de
Rousseau. Si Diderot n'est pas resté au premier rang,
c'est que ses ouvrages sont écrits d'une façon trop
imparfaite; ils contiennent d'ailleurs trop de brutalité
pour plaire aux âmes délicates. Mais le style ne suffit
pas à soutenir une renommée; il y faut aussi la passion
et elle éclate dans Rousseau. Le côté sentimental de
ses œuvres, l'amour de la nature, reparaissant au
milieu d'un monde artificiel et corrompu, ont fait une
bonne part de son succès : surtout auprès des femmes
de sa génération et des femmes de tous les temps,
sans lesquelles il n'est guère de réputation universelle.
Ces caractères se retrouvent dans l'œuvre de son grand
disciple, George Sand, que les hommes de ma géné-

ration ont tant admirée et tant aimée : la gloire de George Sand fait aussi partie de la gloire de Rousseau.

Tel n'est pourtant pas le motif qui a donné à son nom un si grand retentissement : c'est surtout le fond de son œuvre qui a fait sa gloire, ce sont les idées agitées dans le *Contrat social* et dans l'*Émile*, les thèses qui y sont proclamées et le rôle qu'elles ont joué dans l'histoire de France et du monde. Quel que soit le jugement que l'on porte sur Rousseau, nul ne saurait contester l'influence énorme que ses doctrines ont eue sur le développement de la Révolution. Or, l'attachement que notre génération porte à la démocratie, à la République, à la Révolution, en un mot, ne saurait aller sans quelque admiration pour leurs promoteurs. De là notre amour pour Rousseau, dont le nom, associé dans la tradition populaire à celui de Voltaire, résume les philosophes et les initiateurs de la Révolution. Les conceptions égalitaires, qui forment la base du *Contrat social*, ont eu un immense succès révolutionnaire. Cette grande soif d'égalité qui nous dévore, qui fait vivre et agir la société française, en même temps qu'elle semble toujours prête à la précipiter vers sa perte, Rousseau en a été l'organe principal et le héraut. Nul n'a élevé la voix plus fortement que lui au nom de la justice abstraite, en faveur des pauvres et des opprimés; nul n'a protesté plus énergiquement contre les inégalités humaines, même contre celles qui résultent de la nature des choses. A la notion précise, mais stationnaire et conservatrice, de l'utilité sociale, si chère aux gouvernements établis, il a opposé la doctrine plus haute, plus favorable au progrès, mais aussi plus équivoque et plus dangereuse, de la justice sociale, toujours prête à les renverser. Il a été l'ancêtre et le précurseur des socialistes, si puissants dans les États modernes.

Là est la différence essentielle entre Rousseau et Voltaire. L'œuvre de Voltaire, sensée, définie, précise, a été accomplie entièrement, dans l'ordre civil, par les réformes de la Révolution : sous ce rapport et dans cet ordre, la Révolution, déclarons-le hautement, a pleinement réussi. Mais l'œuvre entreprise par Rousseau et par les socialistes est plus vaste. Elle s'attaque à des problèmes éternels et illimités, que nous devons poursuivre sans relâche sous peine de périr, mais qui ne seront jamais complètement résolus. Voilà pourquoi l'œuvre de Rousseau n'est pas épuisée; elle subsiste incessamment, dans le cours des évolutions nouvelles qu'elle a provoquées. Elle a donc pour les hommes de notre temps un intérêt supérieur à celui d'un souvenir purement historique : car elle se prolonge dans les problèmes du présent et de l'avenir.

C'est par là, s'il m'est permis de revenir au début

de cette lettre et d'invoquer des souvenirs personnels,
que j'ai été attiré, dès les heures de ma jeunesse, vers
les idées de Rousseau et que j'ai persisté, sinon dans
ses doctrines, du moins dans ses aspirations, malgré
la cruelle déception de 1848. Je ne suis pas seul parmi
nous à demeurer fidèle aux nobles espérances. Dans
bien des savants d'aujourd'hui, à côté de l'esprit métho
dique qui fait reposer toute certitude sur les résultats
immédiats de l'observation et de l'expérimentation, il
existe un esprit imaginatif et mystique, qui les pousse
au delà et jusque dans la région du désir et du rêve.
Non! je ne puis abandonner ainsi les pensées, les illusions peut-être, qui ont animé ma jeunesse et cesser
de confondre l'amour de la France et de la Révolution
dans de communes espérances. Certes, nous ne nous
dissimulons ni les lacunes, ni les fautes de cette gran-
diose entreprise. Mais il est certain qu'elle a changé
la face du monde. Ses résultats dans l'ordre civil sont
immenses, acquis, inébranlables. La plupart de ses
idées sur la liberté, la justice, l'égalité, la fraternité
constituent une partie fondamentale de l'être moral
de tout Français, et même de tout homme civilisé. La
grandeur de cette conception, qui tentait de refondre
les bases des sociétés humaines, au nom de la raison
pure, a frappé les esprits d'un enthousiasme qui n'est
pas éteint.

Dois-je ajouter que l'entreprise ne saurait être réputée chimérique *a priori*? Une œuvre semblable a été réellement accomplie par la science, depuis cent ans, dans l'ordre matériel et industriel. Dans l'ordre moral et social, elle est certes infiniment plus difficile, et ses premiers promoteurs, tels que Rousseau, n'en avaient pas aperçu l'extrême complication. Mais est-ce une raison pour nous décourager et pour abandonner par désespoir tout ce qui est depuis cent ans la force véritable de la France, le principe durable de son établissement politique à l'intérieur et de son action extérieure dans le monde? Le jour où la France, désenchantée de la Révolution, renoncerait à poursuivre la réalisation de l'idéal auquel elle a tant sacrifié, ce jour-là elle serait regardée par les nations qui nous entourent comme ayant fait banqueroute à sa destinée. Nous serions bien près de la fin de la Patrie!

GARIBALDI

Lettre à M.-S. Pichon député.

Vous me demandez mon adhésion au projet d'éle_
ver une statue à Garibaldi. J'y adhère de tout cœur.
Garibaldi était un bon républicain et un apôtre de l'humanité. Il était de ces Italiens, fidèles aux grands
principes, qui nous ont combattus quand nous étions
cléricaux et ennemis de la République romaine, et
qui nous ont aimés et soutenus, quand nous sommes
retournés à la vraie tradition de la Révolution française. Il est venu à notre secours dans le malheur :
rare exemple et digne de tout notre souvenir ! « Nous
sommes toujours les alliés du vainqueur. *Per che le
piu potente* » ; telle était jadis, dit-on, la devise des rois
de Naples et des souverains de l'ancienne Italie. Garibaldi a fait le contraire, il a soutenu le vaincu. Ce que
rêvait Garibaldi, c'était l'union des races latines, c'était
l'union des peuples civilisés de notre Continent, dans
les États-Unis européens; c'est le rêve de l'avenir,
c'est le nôtre, et voilà pourquoi je m'associe complètement à votre œuvre.

RELATIONS AVEC L'ALLEMAGNE

(*Mercure de France*, avril 1895).

Je suis partisan des relations intellectuelles et sociales les plus étroites possibles entre les peuples civilisés, et spécialement entre la France et l'Allemagne : chaque nation doit conserver dans ces relations son originalité et son caractère propre, en s'efforçant toujours de devenir meilleure, par la connaissance et l'assimilation des bonnes qualités de ses voisines. C'est dans cet esprit que je me suis tenu constamment au courant des découvertes et des idées allemandes, et que j'ai cherché à conserver les meilleures relations avec les savants germaniques; leur sympathie privée, en général, ne nous fait pas défaut.

Mais les relations ne peuvent devenir tout à fait intimes qu'à une double condition, à savoir que chaque nation renonce à toute prétention de prépotence intellectuelle ou autre sur ses voisines, et que l'Allemagne cesse de proclamer dans le monde le droit antique de la force de la conquête, en restituant

17.

aux populations annexées par la violence le droit
moderne de choisir leur destinée. C'est l'abus qu'elle a
fait de ses victoires qui entretient l'antagonisme des
peuples et qui menace l'avenir de nouvelles catastrophes.

LA NÉMÉSIS

(Anniversaire de 1870 : octobre 1895).

Nous n'avons pas oublié ! mais le jour de la justice, la revanche des opprimés contre la force et la conquête, n'est pas venu. Les hommes de ma génération, qui descendent les uns après les autres dans le tombeau ne le verront pas.

C'est le socialisme qui sera notre Némésis.

LA CENSURE [1]

Messieurs, c'est une tâche ingrate, plus encore que délicate, que de parler pour la censure devant une Assemblée française. Le sentiment français est toujours amoureux de liberté et quand on semble parler contre la liberté, une sorte de défaveur est toujours jetée sur celui qui tient ce langage. (*Très bien! Très bien!*)

J'ajouterai, Messieurs, qu'en ce qui me touche personnellement, j'ai le regret, je dois le dire, de ne pas pouvoir sur ce point m'associer complètement au langage d'une personne aussi sympathique à mon égard que l'est l'honorable M. Laguerre.

J'ajouterai que j'ai un double regret de ne pas pouvoir m'y associer, parce que je suis comme lui un admirateur de M. Émile Zola et un admirateur du roman *Germinal*. (*Très bien! Très bien!*)

1. Discours prononcé à la Chambre des députés le 28 janvier 1887.

Vous voyez par conséquent que si je prends la parole dans ce débat, c'est que je crois qu'à côté des raisons, dont certaines très spécieuses et certaines très réelles, qu'a fait valoir avec tant d'éloquence l'honorable M. Laguerre, il y a des raisons de bons sens qu'on doit présenter, et qu'on peut, je crois, réussir à faire entrer dans les esprits.

Ces raisons, si vous voulez me permettre de les dire, sont au nombre de trois. Je vais vous parler comme un prédicateur... — je crois qu'en ce faisant, je toucherai à une science que l'honorable préopinant a peut-être un peu apprise dans sa jeunesse (Rire général); moi je ne l'ai pas apprise...

M. LAGUERRE. — Voulez-vous me permettre de vous interrompre un moment?...

— Si vous le voulez, monsieur Laguerre, très volontiers.

M. LAGUERRE. — Monsieur le ministre, je vous remercie de me fournir l'occasion de dire que je suis un élève de l'université, que je n'ai jamais été élève qu'à l'université, et que j'ai fait toutes mes classes, depuis la septième jusqu'à la rhétorique, au lycée Condorcet, rue du Havre.

— Je suis heureux de cette déclaration.

Eh bien, Messieurs, le premier point dont je veux vous parler est celui que l'honorable M. Laguerre a traité, peut-être d'une façon un peu trop légère, qu'il me permette de le lui dire : c'est la question de la morale publique.

L'art dramatique a une puissance d'offense à la morale publique, qui ne se trouve dans aucune autre forme d'expression de la pensée : cette puissance existe à la fois dans les représentations dramatiques et dans les chansons des concerts publics. Je ne produirai pas le dossier dont parlait tout à l'heure M. Laguerre : il me suffira de vous dire, sans entrer dans les détails, que s'il se récite déjà de temps en temps dans les cafés concerts, ou dans les théâtres, un certain nombre de chansons immorales, cette immoralité irait assurément en augmentant, s'il n'y avait pas un certain frein.

Je ne parlerai ici que de faits historiques bien attestés, en laissant de côté toute supposition, et je me bornerai à deux périodes de l'histoire.

Ces deux périodes ont montré comment, dans les représentations dramatiques, on s'habitue peu à peu à l'immoralité. Les choses qui révoltent tout d'abord paraissent ensuite plus naturelles : ceux qui ne veulent pas aller à un théâtre immoral, à un café-concert peu honnête, n'y vont pas; les autres y vont et se mettent insensiblement au même diapason, qui les avait révoltés d'abord.

Le premier exemple que je veuille citer, c'est l'époque du Directoire. A l'époque du Directoire, dans les théâtres, l'immoralité des chansons, des personnes et des attitudes avait passé toute mesure; et ce n'est pas l'opinion publique qui l'arrêtait. Ces faits sont trop connus pour en rappeler le détail. Laissez-moi maintenant me reporter à une époque ancienne, où les choses ont été poussées beaucoup plus loin encore. Je me bornerai à en dire un mot. Ceux qui savent l'histoire du Bas-Empire n'ignorent pas quel a été le rôle de Théodora, avant qu'elle devint impératrice, lorsqu'elle figurait dans les représentations du cirque de Constantinople. Or les hommes les plus cultivés, les plus considérables d'alors, aussi bien que le peuple illettré, formaient le public du cirque.

Je n'insisterai pas davantage sur ce point; mais il n'est pas douteux que la morale publique sera en grand danger, si on laisse la liberté absolue de la représentation théâtrale.

M. CUNEO D'ORNANO. — Vous avez la loi.

M. LE MINISTRE. — La loi vient après, et elle vient d'un pas tardif.

Qu'arrivera-t-il? Quand une chanson immorale sera poursuivie, croyez-vous que l'avocat chargé devant un tribunal de la défense d'un acteur reproduira les intonations de la voix, la pantomime? Il lira la chanson d'une manière décolorée; et alors, comment le tribunal, à moins d'aller assister aussi à la représentation, pourra-t-il se faire une opinion véritable? (*Très bien! c'est vrai! sur divers bancs.*)

Il arrivera qu'il acquittera le plus souvent. J'ajoute qu'il y a toujours quelque chose de ridicule dans ce genre de poursuites, et si vous traduisez les accusés devant un jury, il sera difficile d'y trouver des jurés qui poussent la rigueur jusqu'au bout.

Voilà pour le premier point. Mais cette question de la morale publique, quelque grave qu'elle soit, est la moins importante.

Sur le second point, je serai beaucoup plus bref. Il peut y avoir sur le théâtre telle manifestation éclatante, telle chanson répétée en chœur, avec les intentions les plus élevées, les plus généreuses, qui provoque,.. que vous dirai-je? une baisse à la Bourse d'un franc, vous m'entendez-bien! Quelles en seront les conséquences internationales? Elles pourront être irréparables.

Quand il se produira, par exemple, en plein Opéra, devant 3 000 spectateurs, une chanson, une manifestation de ce genre, il ne s'agira plus ensuite de répression devant un tribunal. Il serait, je le répète, trop tard, et si vous poursuivez devant un jury, où en trouverez-vous un pour condamner une manifestation

patriotique! (*Très bien! très bien!*) Vous n'en trou-
verez pas, le fait sera irréparable. Je vous prie de
peser le cas dont je parle.

J'arrive au troisième point. Ici, je vous demanderai
la permission de vous parler d'Aristophane : je suis
grand maître de l'Université, c'est dans ma spécialité.
(*Rires et applaudissements.*)

Messieurs, Aristophane était un très grand comique;
on dit même que c'est le plus grand comique qui ait
jamais existé.

Eh bien, Aristophane est l'auteur de la mort de
Socrate, d'un des crimes les plus abominables que
l'on puisse citer dans l'histoire. Je vais vous dire comment il l'a amenée; la chose est des plus simples, c'est
par une comédie intitulée *les Nuées*.

Savez-vous ce que c'est que les *Nuées*? (*Nouveaux
rires.*)

M. PAUL DE CASSAGNAC. — Vous faites un cours
d'adultes pour la majorité, monsieur le ministre.

M. LE MINISTRE. — Les *Nuées*, c'est l'esprit scientifique moderne. Ce qu'Aristophane reprochait à Socrate
c'était de vouloir supprimer Jupiter et de le remplacer
par les Nuées et le Tourbillon, c'est-à-dire par les
forces naturelles... Socrate, c'était notre précurseur.
(*Très bien! très bien! à gauche.*)

Que fit le grand poète comique athénien? Il le

traîna sur la scène. Toute sa pièce est consacrée à outrager Socrate, à le vilipender, à le traiter d'impie, de corrupteur de la jeunesse. Et quelle est la conclusion? Le bon citoyen Strepsiade, monté, excité, exaspéré par toutes ces calomnies, met le feu à la maison de Socrate, sur la scène. — Vous voyez, Messieurs, que le réalisme n'est pas seulement de notre temps, qu'il existait déjà du temps d'Aristophane. — On entend les cris de Socrate brûlé vif avec ses disciples. Voilà le dénouement littéraire de la comédie des *Nuées*.

Maintenant quel fut le dénouement historique? C'est que Socrate fut condamné et mis à mort par les Athéniens.

Messieurs, voilà ce que peut la comédie!

La comédie, dans l'ordre dramatique — je ne veux pas la diminuer — possède une puissance sans égale, une puissance d'exciter les passions, d'exciter l'imagination au plus haut degré. Il y a dans cet art, je le répète, un pouvoir incomparable, un pouvoir qui demande dès lors à être manié avec prudence, qui exige une certaine force modératrice, pour ne pas s'exposer à déchaîner les passions les plus violentes.

Messieurs, cette histoire de Socrate, c'est notre propre histoire; nous l'avons vue répétée de notre temps, il y a quarante ans; nous l'avons vue en 1848.

Il existait à cette époque un grand citoyen, un grand écrivain, un grand philosophe, Proudhon. (*Très bien! très bien! à gauche*). Eh bien! Proudhon a été traîné sur la scène, outragé, vilipendé pendant plusieurs années.

C'est ainsi qu'on a préludé à la ruine de la République. C'est par l'insulte dramatique qu'on l'a combattue, que l'on a préparé et rendu possible le coup d'État.

Je viens de vous rappeler comment l'histoire nous montre que l'art dramatique a été employé à titre d'arme politique, pour outrager les hommes les plus respectables et les calomnier. Il y a plus : le jour où il sera libre absolument, — et on l'a bien vu sous le Directoire, — il sera employé contre les individus, à titre de vengeance personnelle. Si l'art dramatique était libre, vous ne tarderiez pas à vous voir traînés sur la scène, outragés, attaqués, violemment calomniés même...

Vous, votre femme, vos filles, votre famille!

On me fait observer que la loi est là. Mais quand l'un de vous sera devenu un type populaire (*On rit*), quand il sera l'objet d'un refrain qu'on répétera partout, il aura beau poursuivre les auteurs devant les tribunaux, il n'en sera pas moins stigmatisé pour toute sa vie. (*Très bien! Très bien!*)

On aura même de la peine à obtenir une réparation par les tribunaux : en effet, devant les tribunaux il arrivera un avocat qui vous insultera davantage encore... (*Vifs applaudissements et rires*).

Messieurs, quel sera le résultat final? Il peut être prévu, car nous en avons vu déjà des exemples et même des plus récents. Le pacte social est rompu, et quand l'honnête homme n'est plus protégé, il se venge lui-même ; alors la société est troublée jusque dans ses fondements!

LES VICTIMES DE L'INCENDIE

DE L'OPÉRA-COMIQUE[1]

Pauvres enfants! Elles avaient la jeunesse, l'ardeur et l'espérance; elles entraient dans la vie pour en goûter la rapide illusion! Les unes étaient venues en artistes remplir leur devoir, manifester devant tous la grâce et la beauté, faire entendre la musique et la poésie de leur voix; les autres étaient accourues pour admirer l'idéal réalisé en acte sous leurs yeux : la danse, cette floraison vivante, le chant, cette expression souveraine des sentiments humains. Actrices et spectatrices, l'avenir leur souriait à toutes! elles avaient devant elles de longs jours de bonheur et d'amour. Et la fête s'est changée tout à coup en hécatombe!

Pauvres enfants! elles ont été moissonnées ensemble

1. Discours prononcé par M. Berthelot, ministre de l'instruction publique et des beaux-arts, au Père-Lachaise, sur la tombe des victimes, le 30 mai 1887.

en une heure. Elles ont péri dans la catastrophe la plus cruelle et la plus foudroyante!

J'ai vu descendre, du haut des galeries effondrées, leurs corps couverts de parures et maintenant sanglants et noircis! naguère la joie de leurs parents et de leurs amis, aujourd'hui l'objet de leur douleur et de leur désespoir! Plus d'un père, plus d'une mère, hélas! sont morts avec leur fille; plus d'un mari est mort avec sa femme : la sombre destinée leur a épargné la douleur de survivre à ceux qui leur étaient chers. Pauvres enfants! pauvres enfants!

Dans la ruine commune, ceux-là aussi ont été enveloppés qui remplissaient courageusement leurs obscurs devoirs d'employés : ouvreuses, habilleuses, costumiers sont morts à leur poste. Certes le dévouement héroïque des pompiers et des citoyens en a sauvé beaucoup, et nous les en remercions.

Mais combien n'ont pu être ravis au trépas : ceux dont nous accompagnons ici les restes, ceux dont la famille a déjà célébré les funérailles!

Voilà pourquoi toute la ville est en deuil! Voilà pourquoi cette grande cité, si sympathique à tous ses enfants, si prompte à compatir à tous ceux qui souffrent, se presse autour de ces cercueils.

Merci, Messieurs; merci, au nom de Paris! merci au nom de la France d'être venus pleurer avec nous sur ces tristes victimes.

Acceptez, pauvres enfants, ce dernier adieu d'un vieillard qui souriait à vos débuts et qui refusait de croire à la possibilité d'une fin si prompte et si terrible. Adieu ! votre souvenir restera dans le fond de nos cœurs, joint à celui des morts chéris que chacun de nous a perdus et dont le nombre s'accroît sans cesse avec le nombre de nos années, en attendant le jour prochain où nous irons les rejoindre à notre tour dans le tombeau. Puissions-nous, ce jour-là, laisser parmi ceux qui resteront après nous des regrets aussi vifs, un souvenir aussi tendre et aussi profond !

Adieu, pauvres enfants !

LE JOUR DES MORTS [1]

D'après le mythe antique, la mort et l'amour sont frères : l'un donne la vie, l'autre l'enlève. C'est que la mort est la fin nécessaire de tout acte et de toute forme de l'Être. Sans la mort, conséquence fatale de la vie, le monde serait insensible, immobile, et, par rapport à notre conception des choses, anéanti.

1. Pensée, publiée dans *le Journal*, 2 novembre 1895.

LES SOCIÉTÉS ANIMALES

LES INVASIONS DES FOURMIS; LE POTENTIEL MORAL

Dans l'étude des sociétés animales, celle des sociétés de fourmis est peut-être la plus suggestive, en raison de l'intelligence surprenante de ces petits insectes. Leur comparaison avec les sociétés humaines est d'autant plus intéressante que les sociétés de fourmis ne fonctionnent pas suivant des règles uniformes, semblables à celles de la mécanique des corps inertes, où toute individualité s'efface à la fois, dans l'accomplissement final du but général et dans le détail même de l'exécution de chacun des actes particuliers qui y concourent. Nous ne rencontrons pas ici cette uniformité géométrique banale, et dominée surtout par les conditions du milieu ambiant, qui préside à la construction des polypiers, et même à celle des gâteaux d'abeilles. Au contraire, l'observateur est frappé tout d'abord par

18

l'intelligence individuelle de chaque fourmi et par l'initiative personnelle qu'elle manifeste, en poursuivant la réalisation du but collectif proposé à son activité.

L'étude des sociétés de fourmis mérite d'autant plus l'attention du philosophe qu'elles n'ont jamais été l'objet d'aucune tentative d'utilisation de la part de la race humaine ; elles n'ont dès lors jamais subi ces influences modificatrices par hérédité, auxquelles les abeilles sont soumises depuis tant de siècles, depuis qu'il existe des apiculteurs empressés à récolter le miel. Les fourmis, au contraire, ont été traitées tantôt comme des êtres agressifs, sans grâce ni amabilité, et que l'homme dédaigne, s'ils ne viennnent pas en contact direct avec lui ; tantôt comme des animaux nuisibles à l'agriculture et qu'il s'efforce d'exterminer, sans toujours y réussir pleinement.

J'ai déjà fait connaître, il y a quelques années [1], les études que j'ai eu occasion de poursuivre, depuis une quarantaine d'années, sur les habitudes sociales des fourmis. Je demande la permission de rapporter aujourd'hui quelques observations nouvelles, sur les invasions des fourmis et sur la psychologie à la fois collective et individuelle qui s'y révèle. Ici, comme

1. Voir *Science et philosophie*, p. 172 : *les Cités animales et leur évolution*.

dans toute science naturelle, c'est la description exacte des faits particuliers qui peut nous conduire à des vues générales : je commencerai donc par les premiers.

Il y a quelque temps, en visitant les cultures du jardin d'expériences que j'ai institué à Meudon, je fus frappé de voir les tuiles de la toiture d'un hangar adossé au bois couvertes de fourmis, de grosseur moyenne, en pleine activité : elles appartenaient à l'espèce *fusca*.

Ces fourmis venaient du bois par myriades; elles grimpaient le long du mur jusque sur la toiture, et de là se dirigeaient vers un sycomore en fleur, dont le tronc était contigu à la partie basse du hangar, du côté opposé au bois : l'arbre et ses branches en étaient couverts, et elles semblaient attirées soit par une odeur spéciale, faible, mais un peu musquée, qui se dégageait de ses fleurs, soit par la présence de nombreux pucerons, adhérents aux feuilles. Elles transportaient avec empressement les fragments de ces fleurs, ainsi que toutes sortes de brindilles et d'autres débris, vers le sommet de la toiture. Là, elles s'enfonçaient sous les tuiles, dans une sorte de coffre ou faux grenier, clos de planches et bien abrité, où elles commençaient à construire leur nid. Quoique l'invasion des fourmis ne datât que de peu de jours, plusieurs hectolitres de matériaux légers étaient déjà accumulés, les larves installées et entourées de soins particuliers. C'était une ville nouvelle, prise en flagrant délit de fondation.

J'eusse laissé faire dans le bois; mais les fourmis sont des commensales incommodes. Elles s'installaient au centre de mes provisions de graines, au centre d'emmagasinement des récoltes prochaines. Le lieu de leur séjour était fort bien choisi au point de vue de la colonie, mais tout à fait nuisible à mes expériences : j'étais obligé de les détourner, de les déloger, ou de les détruire.

Aussitôt s'engagea une lutte, fort inégale en apparence, dont les péripéties me montrèrent combien cette nation de petits barbares, qui avait envahi mon domaine, était ingénieuse, variée dans ses moyens d'attaques et obstinée dans la poursuite de ses projets. La destruction des intrus, tant individuelle que collective, fut d'abord tentée; mais elle parut tout à fait impuissante à leur inspirer une frayeur capable d'arrêter l'élan général, qui présidait à l'invasion de la tribu, et il fallut recourir à des procédés moins élémentaires pour y mettre un terme.

Je pensai qu'il suffirait de faire disparaître l'objet vers lequel tendait cette multitude, en rendant le sycomore inaccessible. J'y parvins sans peine en enduisant le tronc, circulairement et au voisinage du sol, au moyen d'une large couche visqueuse de goudron, mélangé de pétrole, avec addition de phénol et d'aniline, mixture qui rendait le goudron moins siccatif et plus pernicieux. En même temps, le toit fut balayé des débris de fleurs, de feuilles, et aussi des fourmis qui le couvraient, et l'on y projeta du soufre en poudre, matière destructive des fourmilières, comme Aristote le savait déjà. A l'instant, grande agitation parmi les fourmis répandues dans l'arbre et qui ne pouvaient plus en descendre, ainsi que parmi celles du toit, qui avaient reparu presque aussitôt après le balayage. Pour augmenter leur effroi, je fis écraser une à une les nouvelles arrivantes. Plusieurs centaines périrent ainsi en quelques minutes, mais sans résultat : aucune terreur panique ne se déclara, qui fît fuir les insectes en masse. Celles de l'arbre, ne pouvant plus franchir le fleuve de goudron, se laissaient tomber d'en haut sur la terre, la dureté de leur enveloppe cornée atténuant une chute, que la petitesse de leur masse empêchait d'être bien violente. Quant aux fourmis que l'on continuait à écraser systématiquement avec un morceau de bois, elles se redressaient contre l'instrument meurtrier et lui présentaient leurs mandibules, en projetant un liquide corrosif. Cependant elles apercevaient l'ennemi qui les décimait. Chaque fois que je m'approchais, les fourmis qui couraient s'arrêtaient subitement, pour s'enfuir ensuite à toute vitesse.

La multitude en marche ne tarda pas à diminuer : mais ce n'était qu'une apparence. En réalité, elles avaient passé sous les tuiles, et elles continuaient à cheminer le long des chevrons; dès que l'on s'éloignait, elles reparaissaient au jour en nombre, avec une ardeur surexcitée par les rayons solaires, qui donnaient sur le toit.

J'avais mieux auguré de ces procédés de destruction : l'an dernier, en effet, nous avions réussi à détourner par une méthode analogue une première tentative d'invasion, qui s'était arrêtée après une journée d'efforts. Mais les populations barbares, ennemies de l'empire romain, que Probus et Aurélien avaient repoussées et massacrées, les arrêtant ainsi dans leur première tentative d'invasion, ne recommencèrent-elles point quelques générations après, avec plus d'ensemble et d'énergie; réussissant cette fois à pénétrer au cœur de l'empire et à en accomplir le pillage et la destruction?

Les fourmis ne montrèrent pas moins d'obstination. Détruites l'an dernier, elles reparaissent cette année, en hordes plus nombreuses et plus acharnées.

L'impulsion instinctive qui les poussait était rendue plus forte et leur ténacité accrue par l'existence du

centre de colonisation, qu'elles avaient réussi à installer dans le faux grenier, et dont je n'avais pas
reconnu tout d'abord l'existence. Ce nid, trahi par les
directions de ses routes d'accès, fut détruit le lendemain ; les tuiles et les feuilles de zinc de la toiture
étant soulevées et les matériaux du nid projetés à la
pelle par-dessus le mur dans le bois, pêle-mêle avec
les larves et les provisions déjà accumulées. Les
bords, jointures et entrées du faux grenier furent
méthodiquement badigeonnés de goudron.

En même temps, pour arrêter le flot de l'invasion
venue du bois, et qui grimpait le long du mur, sans
trêve ni relâche, j'étendis en haut de ce mur, au-
dessus du chaperon, une bande épaisse de mixture
goudronneuse, large de 25 centimètres, sur une longueur d'une trentaine de mètres. C'était une barrière
infranchissable : elle allait rejoindre une autre toiture
de carton bitumé, récemment goudronné, et s'étendant
sur une longueur plus considérable encore. Bientôt
il se forma au-dessous une noire colonne, parallèle
au goudron, constituée par des milliers de fourmis
arrêtées dans leur marche. Quelques-unes, s'appro-
chant trop, périssaient, empâtées dans la matière
gluante ; d'autres, à demi empoisonnées par les
vapeurs d'aniline, tombaient au pied du mur, où elles
étaient ramassées et emportées par leurs compagnes.

Mais le corps d'armée demeurait toujours aussi compact.

Pourquoi se précipitaient-elles ainsi en masse dans cette direction, avec l'énergie et l'ensemble d'un régiment, lancé à l'assaut d'une forteresse? Quel mot d'ordre leur avait-il été donné, et par qui? Comment se faisait-il qu'elles arrivassent ainsi de tous côtés, après avoir parcouru parfois plusieurs centaines de mètres, distance énorme pour de si petits animaux; obstinées dans une invasion dont elles modifiaient les procédés, à mesure qu'elles reconnaissaient l'impuissance de leurs attaques sucessives? Ce n'était pas là une marche en avant provoquée par la famine, telle que celle des sauterelles algériennes, subitement écloses en un lieu dont elles ont fait disparaître en peu de jours toutes les ressources alimentaires. En effet, les fourmis sont fort disséminées dans cette région du bois, et elles y trouvent aisément habitat et nourriture.

Les fourmilières y sont trop rares pour qu'un *printemps sacré*, tel que celui qui déterminait parfois le départ de toute une génération chez les vieilles populations de l'Italie et de la Germanie, ou bien un exode annuel, pareil à celui des abeilles, pût expliquer une semblable et si abondante émigration.

Aucune coupe de forêt, aucun travail de voirie, de

culture ou de plantation, aucune poursuite systématique et destructive, de la part des gardes forestiers,
ou des promeneurs malveillants, aucune attaque d'animaux récemment acclimatés dans la région, n'était
venus les troubler dans leurs habitudes et modifier
subitement leurs conditions d'existence.

Peut-être est-il opportun de rappeler que le *primum
movens* des invasions humaines est parfois aussi obscur
que celui des fourmis. Si la nécessité de fuir la domination d'un ennemi victorieux a poussé les Huns vers
l'Occident; si la recherche d'une nourriture plus
abondante et le désir de s'emparer des richesses de
peuples plus industrieux et plus civilisés a joué un
rôle capital dans la plupart des migrations de barbares; cependant il en est plus d'une dont les mobiles
ont quelque chose de mystérieux. Le fanatisme soudain qui précipita les nomades de l'Arabie vers les
grands empires des Byzantins et des Persans; la terreur religieuse qui poussa, d'après certains auteurs,
les Cimbres et les Teutons à quitter leur pays pour
se ruer sur la Gaule et sur l'Italie, n'appartiennent
pas à la catégorie des mobiles utilitaires.

Serait-il téméraire de se demander s'il n'existe pas
quelque chose d'analogue dans l'ordre instinctif, qui
touche de si près aux sentiments religieux; c'est-à-
dire si cet instinct soudain, qui met en mouvement

les animaux sociables, relève toujours d'une conception, ou d'une intuition, fondée uniquement sur leurs
intérêts. Quoi qu'il en soit, l'impulsion une fois
donnée, la société animale, comme la société humaine,
marche à son but collectif avec une énergie qui ne
s'en laisse que bien difficilement détourner. C'est ce
dont je ne tardai pas à m'apercevoir, alors que l'établissement d'une barrière infranchissable semblait
avoir fermé aux fourmis toute route vers mes maga-
sins; il ne restait plus guère à l'intérieur que quelques survivantes disséminées, échappées à la catastrophe de leur race, et l'affaire paraissait terminée.

Il n'en était rien : le lendemain, la toiture était de
nouveau sillonnée de fourmis, moins abondantes sans
doute, mais aussi obstinées dans leur attaque et renouvelant leurs entreprises. D'où venaient-elles? En examinant le mur du côté du bois, il fut aisé de voir
qu'elles continuaient l'assaut et qu'elles s'étaient frayé
de nouvelles routes. Au-dessous de la ceinture inaccessible de goudron, elles avaient découvert des fissures
dans le mur, mur vieux et dont le plâtre se détachait
par places. C'est par là qu'elles s'insinuaient par centaines, cheminant par des trajets détournés, au milieu
des matériaux mal cimentés, et dans l'épaisseur du
mur; elles débouchaient de l'autre côté, à l'intérieur
même du hangar, parfois à plusieurs mètres plus loin.

On les apercevait aux points d'entrée et de sortie. Plusieurs rapportaient déjà leurs larves, impatientes et comme assurées du succès.

Nouvel effort de la défense. Quelques sacs de plâtre servirent à recrépir le mur et à en boucher les fentes : pour plus de sûreté, on cerna chacune de celles-ci avec des cercles de goudron visqueux.

Cette poussée d'invasion fut plus longue que la précédente. Pendant plusieurs jours, on découvrait chaque matin de nouveaux orifices pratiqués par les fourmis, à l'aide desquels elles pénétraient, avec un entêtement d'autant plus étrange qu'il amenait la destruction incessante de multitudes.

Cependant, de proche en proche, les communications avec le bois, ce grand réservoir de la population d'insectes, — *officina gentium*, — finirent par être entièrement coupées et la lutte entra dans une nouvelle phase. Tant au dehors qu'au dedans, les envahisseurs variaient de nouveau leurs artifices.

Au dehors, les fourmis commencèrent à s'installer au pied du mur, en s'agglomérant par places, au milieu des herbes et des arbrisseaux ; elles ébauchèrent de petits villages où elles demeuraient : toujours prêtes à franchir le mur, dès que le temps en aurait affaibli les défenses.

Mais ce voisinage était trop menaçant pour être

toléré. Les nids en formation, arrosés à leur tour de goudron, ne tardèrent pas à devenir intenables, et le mur noirci çà et là par de longues traînées de goudron, blanchi à côté par des réparations de plâtre, reprit l'aspect solitaire d'une muraille honnête sur laquelle peuvent errer quelques mouches ou quelques lézards, mais qui ne saurait servir de route d'invasion à des hordes dévastatrices.

Ce n'était là pourtant qu'un succès partiel ; car à l'intérieur du jardin, c'est-à-dire sur la toiture, au sein du mur, et dans le hangar, il restait quelques milliers de fourmis, emprisonnées et qui ne pouvaient plus rétrograder. Je m'en aperçus, dès que les trous extérieurs du mur se trouvèrent bouchés ; les fourmis, ne rencontrant plus de chemin ouvert pour ressortir du côté du bois, débouchèrent en longues colonnes à l'intérieur. J'espérai un moment qu'elles allaient se disperser, découragées par le trouble incessant où elles étaient tenues, et par les exécutions réitérées, tant par masses que par individus, dont elles étaient l'objet. Leurs habitudes paraissaient, en effet, profondément modifiées. Elles avaient cessé complètement de charrier des matériaux de construction et de provisions : aucune larve n'apparaissait plus, portée par les ouvrières. Mais, chose étrange, un grand nombre de fourmis circulaient de tous côtés, en enlevant les cadavres des fourmis écrasées et même leurs débris mutilés, tels que l'abdomen, le thorax, ou la tête. Fort surpris de cette opération, j'ai répété pendant plusieurs jours et des centaines de fois mon observation, sans pouvoir reconnaître ni le but de cet enlèvement, ni le lieu où elles allaient cacher tous ces cadavres : on eût dit d'un peuple qui enterre ses morts. J'ai lu depuis dans Pline [1] que les fourmis ensevelissent leurs morts à la façon des humains : *Sepeliunt inter se, viventium solæ, praeter hominem.* D'après sir John Lubbock, qui les étudie depuis de longues années, elles auraient leurs cimetières : étrange ressemblance avec les sociétés humaines! A moins qu'il ne s'agisse simplement d'une réserve de provisions de bouche.

Quoi qu'il en soit, les débris de l'armée d'invasion en déroute, au lieu de se disperser, réunissaient peu à peu leurs bandes décimées et se cantonnaient par groupes en certaines places; comme si leur instinct social les portât à y former, à défaut d'un nid commun, des installations partielles. Sur un point, c'était entre les parois de minces poteries entassées; sur un autre, entre des boiseries vermoulues; ailleurs, dans des plâtras; ailleurs, dans les couches superficielles d'une terre sèche et ameublie. On assistait à un essai de

1. *Histoire naturelle*, liv. IX, ch. 36.

réorganisation. A partir de chacun de ces points, elles reformaient des routes, le long des chevrons de la toiture, d'où elles remontaient à la surface des tuiles, pour se diriger de nouveau vers le sycomore. L'odeur de ses fleurs et certaines odeurs, en général, semblent avoir pour les fourmis un attrait invincible.

Il y a quelques années, j'ai observé une singulière attraction de ce genre, exercée sur des fourmis ailées, et d'autant plus extraordinaire qu'elle les conduisait par centaines à une destruction inévitable. Sur la plate-forme d'une tour haute de 28 mètres, j'avais installé, en vue d'expériences sur l'électricité, des fioles ou flacons isolateurs, renfermant de l'acide sulfurique concentré, du sein desquels s'élevait une tubulure centrale, laissant seulement un étroit espace annulaire, entre elle et le col du flacon : celui-ci même était entouré, sans en être touché, d'un chapeau métallique très voisin. Les physiciens connaissent ces supports isolateurs. Or, les fourmis ailées avaient trouvé le moyen de monter à cette hauteur et de pénétrer, en rampant patiemment, dans les intervalles successifs des fioles et des deux espaces annulaires concentriques, pour se précipiter dans l'acide sulfurique, où elles périssaient aussitôt. Chacun des isolateurs, au nombre d'une douzaine, se trouva ainsi encombré au bout de peu de jours par des centaines

de fourmis mortes, exhalant une odeur mélangée de
musc et d'acide sulfureux, qui, loin de les faire fuir,
les attirait toujours davantage : le col extérieur du
flacon demeurait tout couvert de fourmis en mouvement, s'empressant ainsi vers leur propre anéantis-
sement. Mais c'était là la preuve d'un instinct aveugle
et irrésistible, agissant en sens contraire de cet instinct
de conservation, inhérent, prétend-on, à tout être
vivant.

Revenons à notre invasion de fourmis, attirées, ce
semble, par l'odeur des fleurs du sycomore, ou par ses
pucerons, et qui paraissaient mues par l'espoir d'ap-
provisionner la nouvelle cité et les villages qu'elles
s'efforçaient de construire dans le voisinage.

Il fallut combattre une à une toutes ces tentatives
d'installation spécialisées. Les poutres, les chevrons
furent goudronnés un à un ; la terre, que le goudron
ne pénétrait pas suffisamment, fut imbibée de pétrole ;
les poteries minces, que l'on voulait éviter de souiller,
furent submergées dans un baquet, afin de noyer leurs
habitants improvisés ; sur les tuiles, on traça de
longues traînées goudronneuses, de façon à partager
la surface de la toiture en une succession de polygones,
fermés par de véritables cordons sanitaires, et dont
l'accès était rendu impraticable. Cependant chaque
jour les fourmis apparaissaient sur un point nouveau,

comme par une sorte d'infiltration, déployant un
esprit d'invention et une variété extraordinaire de
procédés improvisés, auxquels il fallait opposer des
ressources toujours différentes. La nuit même, elles
reprenaient au clair de la lune des routes que la
crainte les avait forcées d'abandonner en plein jour :
les auteurs anciens ont déjà parlé de ce travail nocturne des fourmis. Si leur multitude avait pu se
renouveler, elles auraient peut-être fini par surmonter
toutes les tentatives de résistance. Mais elle était
désormais limitée par les barrières opposées du côté
du bois, qui ne permettaient plus aux bataillons des
fourmis de combler les vides ; leur nombre diminuait
peu à peu, et la lutte ne pouvait qu'aboutir, après un
temps plus ou moins long, à la destruction totale de
ces fâcheuses colonies.

Cependant, des individus plus ou moins nombreux,
sortis on ne sait d'où, reparaissaient sans cesse. Il
fallut plusieurs semaines d'efforts patients et continus
pour en réduire le nombre à quelques rares unités,
sans arriver encore à les faire disparaître intégralement.

Bien des dizaines de mille de fourmis s'obsti-
nèrent ainsi jusqu'à leur destruction totale, laquelle
exigea une dépense de 6 kilogrammes de goudron,
2 litres de pétrole, 200 grammes de phénol, autant
d'aniline, et 500 grammes de fleur de soufre. Tel est,

pour les gens qui aiment à connaître le détail des choses, le bilan matériel de la campagne dirigée contre cette invasion.

Le bilan moral est plus instructif : car le récit qui précède établit la variété singulière des procédés employés par les fourmis pour atteindre un but d'utilité générale, qu'elles ont posé elles-mêmes à leur activité. On a vu comment leur intelligence et leur volonté se plient aux circonstances, promptes à profiter de toute facilité locale, de toute condition accidentelle qui peut les conduire à la fin désirée. Cette fin n'est pas poursuivie par un acte simple et uniforme, tel que la marche en commun vers un objet déterminé, ou la recherche de la nourriture : c'est une entreprise de colonisation régulière, en un lieu favorable, désigné sans doute à l'avance par leurs explorateurs. La colonisation est tentée d'abord en masse, puis en détail, avec des ressources indéfinies de travail, d'invention et, disons-le aussi, avec un esprit de sacrifice à la communauté pareil à un véritable dévouement patriotique. Rien ne ressemble plus aux actes d'une peuplade humaine, en quête d'une installation nouvelle, que les agissements de cette tribu de fourmis en mouvement, luttant avec persévérance contre un destin contraire et s'efforçant de surmonter une puissance aussi supérieure à elle, que pouvait l'être la force d'une divinité, dans les croyances des hommes d'autrefois. Elles procèdent non seulement par voie directe, mais par toute sorte de procédés détournés et, ce qui est plus remarquable, par une série d'actes individuels, accomplis en raison de l'initiative particulière de ses membres, et dont le caractère et la portée rappellent singulièrement les actes raisonnés d'une volonté libre.

Devons-nous persister à désigner sous le nom d'instinct l'impulsion qui détermine l'ensemble des actions accomplies par des êtres aussi réfléchis, en nous basant seulement sur ce fait qu'elles convergent toutes vers un but défini à l'avance? Mais si l'on s'attachait à cette manière de voir, ne pourrait-on pas prétendre que la même interprétation est valable pour la plupart des fonctions accomplies par la civilisation humaine? Le problème a d'ailleurs deux faces : le but poursuivi avec une énergie fatale, opposé à la variété préméditée des moyens par lesquels il est atteint. Si l'on s'attache uniquement à la convergence des efforts dirigés vers une fin déterminée, n'est-il pas évident qu'elle rappelle la pression inconsciente, en vertu de laquelle l'eau tend à prendre son niveau et s'infiltre à travers tous les obstacles opposés par une digue? Mais c'est une eau dont chaque goutte serait vivante et douée d'initiative personnelle. De même la tension purement physique de l'électricité ou de la chaleur se manifeste par un ensemble de lois, que l'on résume sous le nom de *potentiel*. Toutefois s'il est permis d'assimiler l'instinct des fourmis à une sorte de potentiel moral, n'oublions pas que ce potentiel agit, non par des mécanismes purement physiques, tels que ceux de la chaleur et de l'électricité, mais par l'intermédiaire d'une volonté intelligente, diversifiant à l'infini ses plans et ses moyens d'action, en les accommodant sans cesse aux difficultés et aux circonstances dont elle se propose de triompher.

LES PERLES

ET LEUR ROLE DANS L'HISTOIRE

Qui n'a vu de jeunes enfants jouer sur un tas de sable et y ramasser soigneusement de petits coquillages et des pierres polies, pour en faire collection? Le goût des objets brillants et réguliers est naturel à l'homme : on sait avec quel empressement les sauvages recherchent les verroteries et les morceaux de métal. Je me rappelle avoir vu autrefois au musée de Darmstadt des colliers trouvés dans les sépultures des peuplades barbares des bords du Rhin : leurs possesseurs d'autrefois les avaient formés en enfilant à côté les uns des autres des cailloux, tirés du fleuve, et des camées précieux, qui provenaient du pillage des villes gallo-romaines. L'instinct esthétique de ces tribus grossières associait ainsi les produits élégants de la civilisation la plus raffinée avec ceux de la curiosité puérile des âges préhistoriques. Ce sont là des expressions différentes et inégales du sentiment de l'art, l'un des plus puissants qui existent dans l'humanité. La femme surtout l'éprouve au plus haut degré et elle cherche, à exalter encore par la parure cet amour de la Beauté dont elle représente la forme la plus parfaite.

Parmi ces cailloux, ces coquillages, ces objets naturels tirés des eaux, la perle dut frapper de bonne heure l'attention. Sa forme arrondie, sa blancheur, son éclat chatoyant attirent le regard et il est facile de la disposer en colliers ou en garnitures. Cependant on n'a pas retrouvé jusqu'ici de perle véritable parmi les objets préhistoriques, ni même parmi les restes des vieilles civilisations chaldéenne et égyptienne. Tout au plus a-t-on signalé dans les sables des ruines d'Abydos, en Égypte, quelques globules informes, qui pourraient être les représentants des perles d'autrefois. Mais la perle enfoncée en terre s'altère si profondément, qu'il n'est guère possible d'affirmer l'identité de ces débris. Il n'est pas sûr d'ailleurs qu'ils remontent au delà de l'époque des Ptolémées.

Une remarque est ici nécessaire. Le nom de perle en effet a été appliqué par les modernes à des objets divers; on s'en sert couramment pour désigner tout petit globule arrondi et brillant, susceptible d'être disposé en collier ou ornement : perles d'or et d'argent, perles colorées de verre et d'émail, perles d'ambre jaune et de résines diverses, perles d'ivoire, d'ébène, de bois dur et sculpté, perles formées avec une pâte moulée de feuilles de rose, sont désignées par le même nom que les perles véritables. Or ces perles métalliques, ligneuses ou vitrifiées, remontent à la plus haute antiquité. On les rencontre au sein des plus vieux tombeaux d'Égypte. Schliemann en a découvert des échantillons dans les fouilles d'Ilios. Aujourd'hui on les fabrique par millions pour les vendre au Continent Noir.

Peut-être serait-il plus légitime de rapprocher des vraies perles d'aujourd'hui ces petits oursins enfilés, ces petits coquillages de toute nature, qui ont formé les colliers retrouvés dans les tumulus de l'âge de pierre. La perle, tirée des huîtres, a en effet une origine analogue. Mais, je le répète, on n'a pas rencontré d'échantillons de celle-ci dans les vieilles sépultures.

C'est la seule dont je veuille parler ici. Où la trouve-t-on? Quelle est l'origine de ces brillantes parures que nous voyons étalées dans les vitrines des orfèvres? Telle est la question qui se présente d'abord.

La perle est constituée par la nacre, matière blanche, brillante, dont les couches superposées concourent à former divers coquillages. C'est une sécrétion vitale, résultant de l'association du carbonate de chaux avec une substance organique. Elle se dépose d'une façon régulière, en lames minces, qui donnent lieu, à cause de leur minceur même, à ces reflets irisés, à ces jeux de lumière, si prisés des amateurs. La nacre apparaît à la surface intérieure des huîtres, des moules, des haliotides, dès qu'on enlève l'animal. Pour la manifester dans l'épaisseur de la coquille du nautile, du *turbo* et de divers autres gastéropodes univalves, il suffit d'enlever avec précaution le revêtement superficiel. C'est ainsi qu'ont été préparées ces grosses coquilles que l'on voit sur les étagères de nos salons. Quand la nacre a une certaine épaisseur, on la détache à l'aide de petites scies, et on en fabrique des plaques pour incrustations et pour éventails, des boutons et divers petits objets d'ornement.

Or ce que l'art fait pour isoler la nacre, la nature le réalise spontanément, et c'est ainsi que la perle prend naissance. C'est un véritable accident morbide qui donne lieu à cette séparation. En général la concrétion se forme autour d'un petit corps étranger, le plus souvent un parasite microscopique, qui lui sert de noyau. La perle grossit dès lors, par couches successives et concentriques, dont la disposition sphérique donne à son éclat en tous sens une régularité que la nacre ordinaire ne saurait présenter. Les effets optiques des couches minces ainsi développées sont bien connus des physiciens : ils tiennent à la structure de la matière, et non à l'existence d'un principe colorant particulier.

Les arondes, les huîtres, les pintadines, les mulettes, les anodontes, les espèces du genre *unio* produisent des perles. Mais c'est l'avicule porte-perle qui en est le siège le plus fréquent. Chaque coquille ne renferme pas d'ordinaire plus d'une perle de quelque grosseur; quoique certaines en contiennent parfois plusieurs petites. Dans ce cas, comme dans celui des cristaux des chimistes, il semble que la formation des gros échantillons détermine la dissolution des petites.

Les coquilles à perles se rencontrent dans toutes les parties du monde : ce sont surtout des coquilles marines, quoiqu'on en trouve aussi dans les eaux douces, lacs et fleuves. Les principaux lieux d'exploitation, depuis l'antiquité jusqu'à nos jours, sont les bancs de Ceylan et ceux de Bahrein, dans le golfe Persique.

Suivant leur forme, on distingue les perles par des dénominations diverses. Les plus belles ou *parangons* peuvent être rondes ou piriformes : celles-ci demeurent souvent adhérentes à la coquille, par une sorte de queue qu'il est nécessaire de scier. D'autres sont aplaties en forme de table. La forme en est parfois tourmentée et irrégulière : ce sont les perles *baroques*, dont l'estimation dépend du caprice des amateurs. On recherche dans une perle son *eau*, son *orient* ou éclat particulier, enfin sa *couleur*, qui varie du bleu laiteux

au jaune pâle. Rarement, elles sont roses, lilas, bleues,
jaunes d'or ou bronzées. Leur volume varie, depuis
celui des petits granules jusqu'à celui des grosses, qui
pèsent une centaine de grains, c'est-à-dire 5 à 6 grammes. Je ne sais si l'on a jamais cité des perles dont le
poids surpassât 8 grammes.

Ces grosses perles sont employées à l'état isolé,
comme pendeloques ; les perles plus petites sont enfilées en longs colliers, à triple et sextuple rangs, dis-
posées en bracelets autour des bras en Europe, autour
de la cheville des pieds en Orient, ou bien cousues
sur les robes. Les dames romaines portaient des pendants d'oreilles, formés par l'association de deux ou
trois grosses perles formant grelots. On en ornait,
dans l'antiquité, les statues ; et au moyen âge, les reli-
quaires, calices, patènes, croix, châsses, chasubles,
couvertures de manuscrits, en les associant à toutes
sortes de pierres précieuses naturelles et de vitrifica-
tions brillantes. Il existe, au Musée de Louvre et à la
Bibliothèque nationale, un certain nombre d'objets de
cette nature, incrustés de perles. Mais celles-ci y sont
plus ou moins sales et écaillées : leur durée n'est pas
indéfinie comme celle des pierres dures.

La perle en effet est un des joyaux les plus délicats ;
elle s'altère aisément. Non seulement elle est de con-
sistance tendre et sensible au frottement ; mais les

acides, la transpiration, l'humidité, la poussière ont
action sur elle. La matière organique qui en forme la
trame se modifie sous l'influence de l'air et des ferments; ce qui n'arrive pas aux pierres précieuses dont
la composition est purement minérale. La perle se
ternit, jaunit, et ses couches superposées se séparent
peu à peu en s'écaillant. Aussi la perle était-elle
réputée autrefois avoir une sorte de vie : elle vieillit
et meurt, disait-on. Quand on rencontre des perles
dans les musées sur des objets du moyen âge de date
certaine, il en est toujours quelques-unes qui sont
éteintes, mates, en parties exfoliées : ce sont des
perles mortes. C'est pour cela sans doute qu'aucune
perle authentique ne remonte jusqu'à l'antiquité.

Observons qu'il n'est guère possible d'établir la date
certaine des perles enchâssées dans les objets rares,
vases, livres ou ornements d'église, de nos musées.
En effet, ces objets ont été, depuis le moyen âge, au
xvie siècle, au xviie, et même de notre temps, l'objet
de restaurations réitérées, faites dans l'intention
louable de leur conserver leur aspect et leur éclat
primitif. Or, dans ces restaurations, comme dans celles
des monuments remis à neuf par les architectes, on a
l'usage de remplacer les pierres cassées ou altérées
par des pierres neuves de même couleur : de telle sorte
que les perles qui figurent sur la couverture d'une

bible de Charles le Chauve, par exemple, ou sur un ostensoir de l'abbé de Suger, risquent fort d'avoir été mises là du temps de Louis XIV, sinon par des restaurateurs contemporains de Louis-Philippe ou de Napoléon III. Dans les recherches que j'avais entreprises sur les perles antiques j'ai été arrêté par cette difficulté des restaurations, contre laquelle les antiquaires n'ont guère de garantie.

Venons à l'origine des perles et à leur extraction.

Les perles étant produites par un coquillage, elles offrent sur les autres pierres précieuses l'avantage de se multiplier incessamment : à la condition toutefois qu'une exploitation sans prévoyance n'épuise pas les bancs et ne détruise point la source même de ces richesses, comme il est arrivé trop souvent pour les objets tirés du règne végétal et animal.

Les pêcheries de perles de l'île de Ceylan (ancienne Taprobane) et du banc de Bahrein (golfe Persique) étaient déjà célèbres dans l'antiquité, et elles sont encore aujourd'hui les principaux sièges de la production. Les perles de la Grande-Bretagne étaient réputées dans l'antiquité : aujourd'hui il n'en est plus question. Au XVIᵉ siècle, après la conquête espagnole, il a existé des pêcheries de perles sur les côtes de l'Amérique centrale; mais les bancs étaient épuisés dès la fin du siècle suivant. On a cité encore les perles de la mer

Rouge, de la côte d'Arabie. de la côte de Coromandel, de l'Adriatique (Acarnanie), celles du lac Tay en Écosse, et une multitude d'autres localités, qui ne donnent plus lieu aujourd'hui à aucune exploitation régulière ou considérable. Nous parlerons donc seulement de celles de Ceylan et de Bahrein.

Les pêcheries de Ceylan ont été monopolisées par le gouvernement anglais. En soixante-dix ans elles ont rapporté plus de 25 millions de francs; mais le revenu en est fort aléatoire, l'abondance des huîtres variant extrêmement suivant l'épuisement produit par l'extraction et diverses autres causes. L'exploitation a lieu surtout dans la baie de Condatchy. A Bahrein, le produit s'élève à 5 ou 6 millions de francs par an.

La pêche a lieu suivant des procédé qui ne semblent guère avoir varié depuis l'antiquité, l'emploi du scaphandre n'ayant pas réussi, paraît-il, jusqu'à présent. Elle se fait à l'aide de barques et de plongeurs.

A Ceylan, chaque barque porte un patron, dix rameurs et dix plongeurs. Ceux-ci vont chercher les huîtres à une profondeur de 4 à 6 brasses (7 à 20 mètres); ils sont lestés avec une pierre de granit de forme arrondie, sans laquelle ils ne pourraient guère descendre au fond de l'eau; ils sont également pourvus d'une corde destinée à les remonter à la surface. Ils restent une minute et demie sous l'eau, détachent rapidement les huîtres à l'aide d'un instrument, en remplissent un filet, et se font aussitôt remonter à la surface. Ils plongent ainsi quarante et cinquante fois par jour.

Aux îles Bahrein, il y a 1 500 bateaux pêcheurs; les plongeurs plongent jusqu'à 7 brasses (12 mètres); ils se pincent le nez avec un instrument de corne et se bouchent les oreilles avec de la cire d'abeilles, pour empêcher l'eau de mer d'y pénétrer et de refouler le tympan. Ceux-ci ne font que 12 à 15 descentes par jour.

La profession des plongeurs est des plus malsaines. Non seulement ils sont exposés à être dévorés par les requins, ou à demeurer asphyxiés; mais ils périssent souvent en sortant de l'eau, surtout s'ils se sont enfoncés à de grandes profondeurs. A la fin de la journée, ils rendent le sang par la bouche, le nez, les yeux, les oreilles, c'est-à-dire par la surface de toutes les muqueuses. Au bout d'un certain temps, leur vue s'affaiblit, leur corps se couvre de plaies inguérissables, et ils meurent prématurément. Chacune de ces parures brillantes qui figurent dans nos salons représente des souffrances et souvent des vies humaines!

Les huîtres étant ainsi récoltées, il reste à en extraire les perles : beaucoup d'huîtres n'en contiennent pas et rien n'y permet de préjuger l'existence ou le volume de ces petites concrétions.

A cette fin, on entasse les huîtres et on les laisse pourrir; ce qui développe, comme on peut croire, une odeur insupportable. On les ouvre alors sans difficulté et on en extrait les perles qu'elles peuvent contenir. On nettoie celles-ci et on les classe par catégories, suivant leur grosseur et leur beauté. On les perce et on les dispose en colliers. Les perles trop petites pour être enfilées sont appelées semence de perles. Les perles de Bahrein sont un peu jaunes, moins belles que celles de Ceylan, mais plus durables.

Le prix des perles a varié suivant les temps, les lieux, la fantaisie, dans des limites telles qu'on ne saurait en assigner la moyenne. Les deux fameuses perles de Cléopâtre, dont nous parlerons tout à l'heure, étaient évaluées à 10 millions de sesterces (2 millions de francs). Deux perles en poires sont estimées 2 000 écus dans l'inventaire des bagues de la reine Marie d'Écosse (Marie Stuart), à la mort de François II.

Dans la couronne de Rodolphe II, empereur d'Allemagne et fauteur de sciences occultes, à la fin du xvie siècle, figuraient des perles de la grosseur d'une noix de muscade, et du poids de 30 carats (6 grammes), évaluées à 4 000 écus d'or. Pour remonter moins haut, rappelons que dans le cours d'un procès récent il a été question d'un collier de perles de 500 000 francs,

donné à une actrice célèbre. Mais ce sont les souverains
orientaux, grands amateurs de pierreries et d'objets
rares, qui paient, même aujourd'hui, les prix les plus
élevés.

En raison de cette distinction et de cette valeur, les
perles ont joué quelque rôle dans l'histoire du monde.
Cependant, la mention en est relativement récente. Il
n'est question des perles ni dans Homère, ni dans
Hérodote. Elles ne sont guère citées qu'à partir du
temps d'Alexandre et de ses successeurs, c'est-à-dire
de la conquête de l'Orient, dont elles tiraient leur
origine. C'est aussi à cette époque que l'on voit apparaître le nom de *Margarita*, ou Marguerite, c'est-à-dire
perle, donné aux femmes.

Tout le monde connaît l'histoire des perles de Cléopâtre, reine d'Égypte. Antoine lui avait offert un fes-
tin, où les mets les plus chers et les plus rares étaient
prodigués : les Romains à cet égard, en leur qualité
de gens grossiers nouvellement enrichis, recherchaient
plutôt la gloriole d'un faste inutile que la délicatesse.
Comme il se vantait de sa dépense, Cléopâtre paria
qu'elle le surpasserait, et qu'elle consommerait à elle
seule pour 10 millions de sesterces. Après avoir servi
à ses convives un fort beau repas, elle fit apporter
deux perles énormes, et un vase renfermant du
vinaigre. Elle y mit dissoudre l'une des perles et

l'avala : au moment où elle allait détruire la seconde, Plancus mit la main dessus. Après la mort de Cléopâtre, ajoute Pline, cette perle fut sciée en deux, on en fit deux pendants d'oreilles pour une statue de Vénus, érigée dans le Panthéon à Rome.

On a révoqué en doute l'exactitude de ce récit, parce que la perle ne se dissout guère dans le vinaigre. En fait, celui-ci commence par en aviver l'éclat, en en décapant en quelque sorte la surface, puis il altère et ramollit la perle; mais son action est lente et les couches concentriques de la pierre précieuse ne s'attaquent que peu à peu sans désagréger. On ne saurait attribuer à l'action de Cléopâtre une durée supérieure à quelques minutes et il est difficile de comprendre comment elle aurait pu, dans un temps si court, désagréger une masse calcaire, grosse comme une muscade, pesant 6 à 8 grammes, et la réduire en une pâte gélatineuse, assez répugnante d'ailleurs à avaler. Telle est l'objection. Mais on pourrait répondre que Cléopâtre aura sans doute commencé par broyer la perle avec le vinaigre, et par y ajouter quelque condiment, avant de l'absorber.

L'anecdote même est d'autant plus probable qu'elle semble répondre à quelque usage, né de la folie du luxe chez les Romains. Pline, en effet, rapporte aussi qu'un certain Clodius, fils de l'acteur Ésope, fit avaler, à chacun de ses convives, une perle de valeur, à la fin d'un repas.

C'est vers la fin de la République romaine et au début de l'Empire que l'emploi des perles prend une grande extension. Les premières perles auraient été apportées à Rome du temps de Sylla. Au triomphe de Pompée, on montra son portrait retracé avec des perles : ce qui donne lieu à une déclamation de Pline, d'après laquelle cette tête de Pompée, montrée ainsi isolée de son corps, fut regardée comme un présage menaçant de la colère des dieux. On voit que les Romains avaient encore les préjugés superstitieux des barbares contre les portraits. Jules César, après la conquête des Gaules, dédia à Vénus, dont il prétendait descendre, une cuirasse garnie de perles de Bretagne. La perle joue aussi un rôle dans ces lois somptuaires, par lesquelles les magistrats romains prétendaient porter remède à la dépopulation, menaçante alors pour Rome, comme elle l'est devenue pour la France moderne. C'est ainsi que, dans une loi contre le célibat, César interdit les parures de perles aux femmes qui n'avaient ni enfant ni mari, et qui comptaient moins de cinquante-cinq ans d'âge. De pareilles lois en faveur de la moralité publique avaient peu d'autorité de la part de César : je ne sais si elles seraient accueillies avec plus de succès de notre temps. Le luxe des perles n'en continua pas moins. Lollia Paulina, femme de Caligula, portait sur ses vêtements des perles et des émeraudes pour une valeur de 40 millions de sesterces (9 millions de francs environ). Les brodequins de Caligula lui-même étaient couverts de perles, et Néron en garnissait le sceptre et le masque des histrions, dont il aimait à briguer la gloire. Le diadème et le casque de Constantin le Grand étaient ornés de perles. Ce fut un usage courant d'en garnir les vêtements, les croix, les armes, le trône des souverains byzantins et sassanides, et cet usage a régné pendant tout le moyen âge. Il n'est guère de récits relatifs aux ornements et objets d'église où ne figurent des perles, et leur luxe redouble au xvie siècle, au milieu de la grande exaltation artistique de la Renaissance.

Dans l'*Histoire des joyaux de la couronne de France*, par Germain Bapst, il est dit que Catherine de Médicis avait les plus belles perles du monde. Lorsqu'elle fut mariée à Marseille, le 28 octobre 1533, avec le second fils de François 1er, Henri, duc d'Orléans, qui fut depuis le roi Henri II, elle avait dans sa parure « deux grosses perles pucelles, en forme de poire, de 92 et 96 grains (5 grammes) », royal présent de François 1er. Elle apportait en France quantité de pierreries et, entre autres, « les plus belles et les plus grosses perles qu'on ait vues jamais », dit Brantôme; elle les donna

plus tard à la reine d'Écosse, sa nièce, Marie Stuart,
qui, après s'être parée de ces perles en collier.
comme reine de France, les emporta en Écosse, à la
suite de la mort de François II, son époux. Lors de
ses malheurs, elles furent prises, un jour de déroute,
par lord Morton à Bortwich-Castle, au mois de mai
1567, et apportées à Londres.

L'ambassadeur de France, M. de La Forest, fut
même chargé par Catherine de Médicis de les racheter.
Elles formaient six cordons enfilés comme patenôtre;
vingt-cinq à part, plus grosses, pareilles à des noix
muscades. Mais ce fut la reine Élisabeth qui acheta
pour 12 000 écus les joyaux de l'ennemie, qu'elle allait
achever d'accabler.

Les perles jouaient à cette époque, dans la parure
des femmes, un aussi grand rôle qu'au temps des
Romains. Sur les manches, alors fort larges, comme
sur le corsage de toutes les toilettes d'apparat, on
plaçait des milliers de pierres montées sur chaton. A
l'extrémité du corsage s'appliquait, sous forme de ceinture, la *patenôtre* qui, en épousant la taille, venait de
chaque côté des hanches se joindre sur le devant; elle
se terminait par une longue chaîne, ornée de pierreries,
descendant jusqu'au bas de la jupe; au bout se trouvait un bijou, composé d'une grande pièce centrale et
de trois perles en pendeloques.

Au-dessous de la *cotoire* était ordinairement une *berthe*, composée de deux rangs de perles, qui suivait sur le corsage, en deux guirlandes, la forme du sein : ces deux guirlandes se réunissaient au centre de la poitrine, au-dessous de la bague de la cotoire, et retombaient ensuite jusqu'à la ceinture, en dissimulant l'ouverture du corsage.

Les perles et pierres précieuses servaient alors en Europe, comme en Orient jusqu'à notre temps, de réserves financières. C'est ainsi qu'en 1568, le prince de Condé, Jeanne d'Albret, Henri de Navarre, Coligny, donnent en gage, à la reine d'Angleterre, leurs bagues et pierreries, comprenant entre autres un grand collier de Jeanne d'Albret, trois grosses perles en poires, et des cordelières d'or, garnies de huit perles chacune. Élisabeth prêta sur ces joyaux 20 000 livres sterling. Mais cette somme ne paraît avoir été jamais remboursée et les joyaux ont dû rester dans le trésor de la couronne d'Angleterre, où ils figurent probablement encore à l'heure présente, à côté des bijoux de Marie Stuart.

On voit que les hommes politiques de l'Angleterre, en encourageant la discorde chez leurs voisins, ont toujours connu l'art de les subventionner à leurs propres dépens, en prenant des gages qui augmentaient leur propre richesse nationale.

Les joyaux de la couronne d'alors, perles et diamants, furent pillés durant la Ligue et nul ne sait ce qu'en devinrent les perles.

Lorsque Henri IV épousa Marie de Médicis, il reconstitua le trésor des joyaux de la couronne, et au nombre des plus beaux bijoux qu'il acheta était un collier d'énormes perles rondes, avec pendeloques.

Les reines de France usèrent de ces perles, en diverses montures, jusqu'à la Révolution.

On connaît aussi l'histoire d'une perle célèbre, offerte en 1686 à Louis XIV par le Génois Semmeria. Elle pesait 100 grains (près de 7 grammes); elle avait la forme d'un buste d'homme, complété par des garnitures d'or émaillé, le tout posé sur un piédestal et disposé dans une corbeille d'argent.

Lors du vol des diamants de la couronne, en septembre 1792, il est question d'une perle enfermée dans une boîte d'or sur laquelle étaient écrits ces mots : « Reine des perles ».

Mais l'histoire des perles de la couronne de France serait difficile à poursuivre, parce que leur adaptation et leur existence même variaient au gré du souverain, qui les attribuait en dons à ses favoris et favorites. Les reines et les princesses ne se faisaient pas faute de remanier à leur fantaisie les garnitures des anciennes parures, pour en construire de nouvelles.

A côté de l'histoire authentique des perles, il n'est

20

pas sans intérêt, pour la connaissance des opinions d'autrefois, de rapporter quelques traits de leur histoire légendaire, ainsi que les vertus réelles ou chimériques qui leur ont été souvent attribuées. La perle était produite, disait-on, par la rosée céleste, qui fécondait les coquillages entre-bâillés. La pureté de la perle dépend de celle de la rosée : s'il tonne, l'animal est frappé de terreur, la bulle demeure vide et avortée. Ces contes, qui paraissent venir de l'Orient, ont été reproduits par Pline, par Solin, par Ammien Marcellin, et jusqu'au moyen âge par Marbod, évêque de Rennes, dans son poème sur les pierres précieuses. On prêtait aux coquillages mêmes une organisation et une intelligence singulière. Ces coquillages vivaient en troupes, sous la direction d'un chef, comme les abeilles, d'après Mégasthène ; il fallait saisir ce chef et les autres, demeurant sans direction, se laissaient prendre. Les huîtres d'ailleurs savaient se refermer sur la main indiscrète du pêcheur. Pour l'éviter, elles se cachaient derrière les rochers et dans les gîtes mêmes des chiens marins (squales ou requins).

On attribuait à la perle des propriétés extraordinaires, surtout en médecine : son emploi est préconisé dans les antidotaires du moyen âge. Elles étaient usitées contre toute maladie possédant une malignité secrète, fièvres et pestilences, et employées dans la fabrication des élixirs composés. La poudre de perle était réputée efficace contre tous venins et morsures d'animaux ; on l'administrait mélangée, avec addition de bezoard, de corne de licorne et de cornes de cerf. On préparait surtout une eau de perles, préconisée entre toutes. A cet effet, la perle était dissoute, ou plutôt délayée dans du jus de citron, du vinaigre, ou tout autre acide ; on ajoutait du sucre, puis un mélange d'eaux de roses, de fraises, de bourrache, de mélisse et de cannelle, etc. Cette eau de perles réparait les forces et combattait l'épuisement sénile ; elle avait presque la propriété de ressusciter les morts. Ce sont des vertus merveilleuses, que l'on trouve proclamées à toutes les époques pour les médicaments à la mode. Il y a là une tendance naturelle à l'esprit humain : dès qu'une chose, ou une idée, dans un ordre quelconque, arrive à la prééminence, on l'étend à tout, on la croit propre à toutes les destinations : la vue de l'objet, ou la conception de l'idée obsède certains esprits, et remplit en quelque sorte leur horizon.

LA DÉCOUVERTE DE L'ALCOOL

ET LA DISTILLATION

L'alcool joue un rôle considérable dans nos civilisations modernes : c'est par centaines de millions que l'on compte le produit des impôts qui pèsent sur lui dans le budget des grands États européens; c'est par milliards qu'il faudrait évaluer les gains tirés de sa fabrication, soit dans les villes, soit dans les campagnes. L'impôt sur les boissons, le privilège des bouilleurs de cru, le développement des distilleries agricoles, font l'objet des méditations des financiers et des législateurs. Aliments ou poisons, substances utiles à l'hygiène et à l'industrie ou funestes à la santé, les liquides alcooliques sont entre toutes les mains.

Mais si le vin, la bière, l'hydromel, sont usités depuis les temps préhistoriques, le principe actif qui leur est commun, celui qui produit l'excitation favorable et l'ivresse nuisible, celui que l'on concentre dans les liqueurs spiritueuses, l'alcool, n'est connu que depuis sept ou huit siècles : il a été ignoré de l'antiquité. Peut-être ne sera-t-il pas sans intérêt de raconter comment la découverte en a été faite. L'histoire des tâtonnements successifs des hommes dans l'invention des choses utiles, aussi bien que dans celle des vérités générales, est toujours digne de fixer notre attention. Rien ne doit nous être indifférent de ce qui touche au progrès, à la marche successive de l'esprit humain.

> Sic unum quidquid paulatim protrahit ætas
> In medium, ratioque in luminis eruit oras;
> Namque alid ex alio clarescere corde videmus
> Artibus, ad summum donec venere cacumen.
>   (LUCRÈCE.)

I

Le nom de l'*alcool*, en tant que réservé aux produits de la distillation du vin, est moderne. Jusqu'à la fin du XVIIIe siècle, ce mot, d'origine arabe, signifiait un principe quelconque, atténué par pulvérisation extrême, ou par sublimation. Par exemple, il s'appliquait à la poudre de sulfure d'antimoine (*koheul*), employée pour noircir les cils, et à diverses autres substances, aussi bien qu'à l'esprit-de-vin.

20.

Au xiiie siècle, et même au xive siècle et plus tard, on ne trouve aucun auteur qui applique le mot d'alcool au produit de la distillation du vin.

Le mot d'*esprit-de-vin* ou *esprit ardent*, quoique plus ancien, n'était pas non plus connu au xiiie siècle; car on réservait à cette époque le nom d'*esprit* à une seule classe d'agents volatils, tels que le mercure, le soufre, les sulfures d'arsenic, le sel ammoniac, capables d'agir sur les métaux pour en modifier la couleur et les propriétés.

Quant à la dénomination d'*eau-de-vie*, ce mot a été donné pendant les xiiie et xive siècles à l'élixir de longue vie; c'est Arnaud de Villeneuve qui l'a prononcé, pour la première fois, pour désigner le produit de la distillation du vin. Encore l'a-t-il employé, non comme nom spécifique, mais afin de marquer l'assimilation qu'il en faisait avec le produit retiré du vin; l'élixir de longue vie des anciens alchimistes n'avait rien de commun avec notre alcool. Cette confusion a occasionné plus d'une erreur chez les historiens de la science.

En réalité, c'est sous la dénomination d'*eau ardente*, c'est-à-dire inflammable, que notre alcool apparaît d'abord, et ce nom était également donné à l'essence de térébenthine.

Tâchons de préciser, d'après les auteurs anciens et

ceux du moyen âge, l'origine même de la découverte de l'alcool, en montrant les degrés successifs parcourus dans la connaissance de cette substance.

Que le vin pût fournir quelque chose d'inflammable, c'est ce que les anciens en effet avaient déjà observé. On lit dans Aristote (*Météorologiques*) : « Le vin ordinaire possède une certaine exhalaison ; c'est pourquoi il émet une flamme. » On lit de même dans Théophraste, le disciple immédiat d'Aristote : « Le vin versé sur le feu, comme pour des libations, jette un éclat », c'est-à-dire produit une flamme brillante.

Pline renferme une phrase plus décisive encore ; il nous apprend que le vin de Falerne, produit par le champ Faustien, « est le seul vin qui puisse être allumé au contact d'une flamme » : *solo vinorum flamma accenditur*. Ce qui arrive en effet pour certains vins très riches en alcool.

Ce sont ces phénomènes vulgaires, ces observations accidentelles, faites dans le cours des sacrifices et des festins, qui ont servi de point de départ à la découverte. Mais il a fallu bien des intermédiaires. Tel est l'essai suivant, tour de physique amusante, imaginé sans doute par quelque prestidigitateur, et exposé dans un manuscrit latin de la bibliothèque royale de Munich.

« On peut faire brûler du vin dans un pot, comme il suit : mettez dans un pot du vin blanc ou rouge, le sommet du pot étant élevé et pourvu d'un couvercle percé au milieu. Quand le vin aura été échauffé, qu'il entrera en ébullition et que la vapeur sortira par le trou, approchez une lumière : aussitôt la vapeur prend feu, et la flamme dure, tant que la vapeur sort. »

Cependant l'alcool ne fut pas isolé par les anciens.

II

Pour aller plus loin, il fallut une découverte nouvelle, d'une portée plus importante et plus générale, celle de la distillation, nécessaire pour séparer du vin son principe inflammable. Celle-ci traversa plusieurs étapes.

Son point de départ résulte aussi d'observations vulgaires. Lorsque l'eau est échauffée dans un vase, sa vapeur se condense sur les parois des objets environnants, et surtout sur le couvercle du vase ; c'est ce que chacun peut remarquer, dans l'économie domestique, sur le couvercle des soupières, des marmites, voire même des théières et des cafetières. Aristote signale le fait dans ses *Météorologiques* : « La vapeur, dit-il, se condense sous forme d'eau, si on se donne la peine de la recueillir ». Il rappelle, dans un autre passage, une observation moins banale, quoique due sans doute aussi au hasard, mais qui a reçu de notre temps les applications les plus étendues. « L'expérience, ajoute-t-il, nous a appris que l'eau de mer, réduite en vapeur, devient potable; et le produit vaporisé, une fois condensé, ne reproduit pas l'eau de mer... Le vin et tous les liquides, une fois vaporisés, deviennent eau. » Il semblait donc, d'après Aristote, que l'évaporation changeât la nature des liquides vaporisés et les ramenât tous à un état identique, celui de l'eau. Ce changement était conforme aux idées philosophiques de l'auteur; le vin, aussi bien que l'eau de mer, étant ainsi réduits à un même état, celui de l'eau, principe de la liquidité, c'est-à-dire regardée comme l'un des quatre éléments fondamentaux des choses par les philosophes anciens.

Cependant les remarques d'Aristote sur l'eau de mer ne tardèrent pas à devenir l'origine d'un procédé pratique, signalé par Alexandre d'Aphrodisie, l'un de ses premiers commentateurs, vers le IIᵉ ou IIIᵉ siècle de notre ère. D'après cet auteur, on chauffait l'eau de mer dans des marmites d'airain, et on recueillait, pour la boire, l'eau condensée à la surface des couvercles. Tel est le premier germe de cette industrie de la distillation de l'eau de mer, mise en pratique aujourd'hui sur une si vaste échelle, à bord des vaisseaux. Les procédés dus à la science du xix° siècle ont permis de remplacer ainsi ces approvisionnements d'eau, emportés autrefois dans les voyages de long cours, et dont l'insuffisance ou l'altération a occasionné tant de souffrances et de maladies, relatées dans les récits des vieux navigateurs. Ils parlent sans cesse des relâches fréquentes, nécessitées par les aiguades, c'est-à-dire par la recherche de l'eau sur le rivage : c'est là une préoccupation qui n'existe plus aujourd'hui.

Mais pour obtenir avec l'eau de mer de grandes quantités d'eau potable, à peu de frais et en peu de temps, il a fallu la découverte de la distillation et ses perfectionnements modernes.

Je viens de dire quel était le procédé signalé par Alexandre d'Aphrodisie, pour extraire l'eau potable de l'eau de mer. Des procédés analogues sont décrits par Dioscoride et par Pline, au 1er siècle de notre ère, pour la préparation de deux liquides d'un caractère tout différent, le mercure et l'essence de térébenthine. Ces découvertes, rencontrées ainsi dans le cours d'observations faites par accident, commencèrent à généraliser les idées des industriels et des physiciens du temps. Tel est le commencement des progrès qui ont abouti plusieurs siècles après à la connaissance de l'alcool.

Le cinabre ou sulfure de mercure était employé dès

une haute antiquité comme matière colorante rouge (vermillon); les Romains le tiraient d'Espagne, où existent encore actuellement les principales mines de mercure de l'Europe. On remarqua de bonne heure qu'en le chauffant dans un vase de fer, pour le purifier, il dégageait des vapeurs de mercure métallique, lesquelles se condensaient sur les objets voisins et spécialement sur le couvercle du vase.

Cette observation devint l'origine d'un procédé régulier d'extraction, décrit par Dioscoride et par Pline. On plaçait le cinabre dans une capsule de fer, au sein d'une marmite de terre cuite; on lutait celle-ci avec son couvercle, puis on chauffait. Après l'opération, on raclait le couvercle, pour en détacher et réunir les globules de mercure, qui s'étaient élevés de la capsule. On obtenait ainsi le vif-argent artificiel, auquel les anciens attribuaient des propriétés différentes du vif-argent naturel, je veux dire de celui qui se rencontre en nature dans les mines. C'était là d'ailleurs une illusion, le mercure étant identique, quel qu'en soit le mode d'extraction.

En tout cas, le procédé employé pour extraire le mercure par vaporisation est le même que celui décrit par Alexandre d'Aphrodisie pour rendre l'eau de mer potable; et ce procédé est devenu le point de départ de l'alambic, comme je vais l'expliquer tout à l'heure.

Une autre procédé rudimentaire, le premier qui ait été appliqué à l'extraction d'une huile essentielle, est décrit par Dioscoride et par Pline. Il s'agit de la distillation des résines de pin, que nous appelons aujourd'hui térébenthines. On les chauffait dans des vases, au-dessus desquels on étendait de la laine : celle-ci condensait la vapeur; puis on exprimait la laine de façon à en retirer le produit liquéfié, c'est-à-dire l'essence de térébenthine, appelée alors huile de résine, ou fleur de résine. Elle ne tarda pas à jouer un rôle important dans la composition des matières incendiaires, employées par l'art de la guerre.

Au début, les mots d'essence, fleur, huile de térébentine, ou d'autres résines, paraissent avoir désigné aussi et simultanément la partie la plus liquide des résines, ainsi que l'eau chargée de leurs principes solubles, qui surnage ces résines au moment de leur extraction, à la façon du sérum du lait; enfin ils s'appliquaient également à l'eau distillée et odorante, qui se vaporise en même temps que l'essence. Entre ces diverses matières, si distinctes pour la chimie moderne, il régnait chez les anciens une certaine confusion : c'est ce qui rend la lecture et l'interprétation des vieux auteurs si difficile.

Le pas décisif pour la connaissance de la distillation fut franchi en Égypte. Là furent inventés les pre-

miers appareils distillatoires proprement dits, au cours
des premiers siècles de l'ère chrétienne. Ils sont
décrits avec précision dans les ouvrages de Zosime,.
auteur du IIIe siècle, d'après les traités techniques de
deux femmes alchimistes, nommées Cléopâtre et Marie.
En marge du manuscrit grec de Saint-Marc, sont les
dessins mêmes des appareils, et ces dessins sont stric-
tement conformes au texte grec du vieil auteur. J'ai
reproduit ailleurs ces figures et cette description. L'appareil est constitué par une chaudière, ou plutôt par un
récipient en forme de ballon, où l'on plaçait le liquide:
mais le couvercle est remplacé par un système plus
compliqué, savoir un large tube surmontant le ballon,
et aboutissant par en haut à un chapiteau, en forme
aussi de ballon renversé, pour la condensation. Ce
chapiteau est pourvu de tubes latéraux coniques et
inclinés vers le bas, destinés à recueillir le liquide
condensé et à en permettre l'écoulement au dehors,
dans des ballons plus petits.

Toutes les parties essentielles d'un appareil distillatoire sont dès lors définies. Ce sont ces tubes latéraux
et leurs récipients, qui constituent le progrès capital et
qui caractérisent l'alambic. Le nom même d'alambic,
tel que nous l'employons, résulte de l'adjonction de
l'article arabe *al* avec le nom grec *ambix*, déjà employé
par Dioscoride pour désigner le couvercle condensa-

21

teur. Les mots *békos, bikos, bikion*, sont inscrits dans les figures de Zosime, à la fois sur le ballon supérieur (chapiteau), où s'opère la condensation, et sur les récipients latéraux, qui reçoivent le liquide distillé. Telle est l'origine exacte de cette expression alambic, aujourd'hui connue et répétée jusque dans nos plus petits villages par les bouilleurs de cru.

L'un des caractères distinctifs de l'alambic primitif, décrit par Zosime, c'est la multiplicité des tubes abducteurs de la vapeur : il distingue ainsi les alambics à deux becs et à trois becs, c'est-à-dire le *dibicos* et le *tribicos*. L'écoulement de la vapeur avait lieu simultanément par ces becs multiples, et la condensation s'opérait dans deux ou trois récipients à la fois.

Dans une autre figure, on voit un alambic à un seul bec, pourvu celui-ci d'un large tube de cuivre; enfin un alambic décrit par Synésius, auteur de la fin du IVᵉ siècle, et dessiné dans des manuscrits moins anciens, montre la chaudière avec son chapiteau, pourvu d'un tube unique, le tout chauffé au sein d'un bain-marie. C'est là une forme qui n'a guère varié jusqu'au XVIᵉ siècle. Peut-être retrouvera-t-on quelqu'un de ces appareils dans le temple de Phta, à Memphis, dont on a commencé récemment les fouilles. Zosime, en effet, parle en termes formels des appareils qu'il a vus dans un temple de Memphis.

L'alambic a passé ainsi des expérimentateurs gréco-égyptiens aux Arabes, sans aucun changement notable. Ceux-ci ne sont donc pas les inventeurs de la distillation, comme on l'a affirmé trop souvent. En chimie, comme en astronomie et en médecine, les Arabes se sont bornés à reproduire les appareils et les procédés des Grecs, leurs maîtres, tout en y apportant d'ailleurs certains perfectionnements de détails.

C'est à tort qu'on a fait remonter la découverte de la distillation et celle de l'alcool à Rasès, ou à Abulcasim et autres auteurs arabes : du moins les textes, vérifiés avec précision, ne m'ont fourni aucune indication de ce genre.

En effet, Rasès (xe siècle), dans les passages cités à l'appui de cette opinion, parle seulement des *vina falsa è saccaro*, *melle et riço*, c'est-à-dire des liquides vineux (vins prétendus), obtenus par la fermentation du sucre, du miel et du riz ; liquides dont certains, l'hydromel par exemple, étaient connus des anciens. Mais il n'est pas question de les distiller, ni surtout d'en extraire un principe plus actif, dans les passages de Rasès dont j'ai eu connaissance. Quant à Albucasis ou Abulcasim, médecin espagnol de Cordoue, mort en 1107, dans les ouvrages de pharmacie qui lui sont attribués, on trouve seulement un appareil distillatoire destiné à préparer l'eau de rose, appareil qui ne diffère pas, en principe, de ceux des vieux alchimistes grecs.

Établissons d'abord cette identité, fort digne d'attention. Elle résulte de la phrase suivante, qu'il est utile de donner *in extenso* : « Prenez une marmite d'airain, pareille à celle des teinturiers; placez-la derrière la muraille et posez dessus un couvercle fabriqué avec précaution, avec des tubulures, auxquelles on ajuste des récipients; disposez d'une façon intelligente. »

Ailleurs le nombre des tubulures est fixé à deux ou trois. Or cette description s'applique fort exactement aux anciens alambics, à deux et trois becs, de la Chrysopée de Cléopâtre, de Zosime et des alchimistes alexandrins.

Ainsi les Arabes, au commencement du XIVe siècle, se servaient encore des appareils distillatoires compliqués des alchimistes gréco-égyptiens.

Les alambics à plusieurs becs étaient demeurés en usage jusqu'au XVIe siècle, chez les alchimistes occidentaux. Dans le Traité de Porta, intitulé : *Magie naturelle*, qui est un recueil de procédés ou secrets pratiques, l'auteur parle du chapiteau à trois et quatre becs, pourvus chacun de son tube et récipient. C'est toujours le vieil appareil de Zosime. Mais Porta décrit deux perfectionnements capitaux, qui sont restés dans l'industrie moderne : celui des condensations graduées,

durant le cours d'une même opération, et celui du serpentin réfrigérant ; il n'en était pas sans doute l'inventeur, se bornant à reproduire la pratique de son temps.
Voici ce dont il s'agit : dans les descriptions de
Zosime, les trois tuyaux de l'alambic sont situés à la
même hauteur : ils dégageaient sans doute une vapeur
identique ; les idées des chimistes de l'époque étaient
trop vagues pour qu'ils pussent en attendre autre
chose. Au contraire, les trois tubes de l'alambic de
Porta sont situés à des hauteurs inégales, et l'auteur
ajoute que le tube le plus élevé fournit l'esprit-de-vin
le plus pur. On entrevoyait déjà les idées qui ont concouru à nos appareils de rectification fractionnée, munis
d'une série de chambres et de plateaux superposés,
débitant un alcool de plus en plus concentré, à mesure
qu'on s'élève. Mais cette disposition fut abandonnée ;
du moins on n'en retrouve plus trace aux siècles suivants. Ici, comme dans bien d'autres circonstances, les
hommes du xvie siècle ont aperçu les progrès les plus
modernes ; mais par une sorte d'intuition, sans posséder ces notions claires et ces principes de physique
exacts, à défaut desquels le progrès demeure acci-
dentel et passager.

Un autre perfectionnement plus durable est celui du
serpentin. En voici l'utilité. Les alambics des Grecs
permettaient sans doute d'obtenir des liquides dis-

tillés, à la condition d'opérer très lentement et avec
une très douce chaleur. En effet, les vapeurs se
condensaient mal dans les tubes et les chapiteaux à
faible surface, représentés par les manuscrits. Pour
peu que l'on essayât d'y activer la distillation, les récipients devaient s'échauffer, et la condensation devenait presque impossible. Aussi les vieux auteurs pres-
crivent-ils de chauffer leurs appareils sur des feux très
légers. Ils opéraient par l'intermédiaire des bains de
sable, des bains de cendre, ou des bains d'eau : le
nom même de bain-marie présente un lointain souvenir de Marie, l'alchimiste égyptienne. Souvent même
ils se bornent à opérer les distillations par la seule
chaleur du fumier en fermentation, ou tout au plus par
un feu lent de crottins, ou de sciure de bois. Voilà
pourquoi leurs opérations étaient si lentes; leurs distillations duraient des jours et des semaines. Il faut
quatorze jours, ou vingt et un jours, dit un texte, pour
accomplir l'opération. Non seulement on assurait ainsi
l'effet des digestions et des cémentations, destinées à
faire pénétrer peu à peu les principes sulfurés et
arsenicaux au sein des lames métalliques soumises à
l'action tinctoriale des élixirs; mais on rendait praticable l'évaporation et la récolte des liquides extraits
des alambics.

Cependant, les opérateurs du moyen âge avaient fini

par s'apercevoir que l'on pouvait conduire les manipulations plus rapidement : les distillations, par exemple, en refroidissant le chapiteau et le tube consécutif qui conduisait au récipient final. A cet effet, ils disposèrent d'abord autour du chapiteau un seau rempli d'eau froide : ce qui facilitait la condensation, mais en faisant retomber une partie des vapeurs liquéfiées au sein de la chaudière. Un nouveau perfectionnement, et c'est celui que décrit Porta, consista à contourner le tuyau qui joignait le chapiteau au récipient et à lui donner la forme d'un serpent (*anguineos flexus*). Ainsi prit naissance notre serpentin actuel ; on l'entoura d'eau froide, contenue dans un vase de bois. L'alambic moderne se trouva dès lors constitué. Toutefois, l'usage du serpentin ne se répandit que lentement et l'invention est encore regardée comme récente par les auteurs du XVIIIᵉ siècle.

Tels sont les progrès successifs, accomplis au moyen âge, dans la construction des appareils destinés à la distillation des liquides.

Observons ici que nous avons entendu dans le présent article le mot distillation au sens moderne d'évaporation, suivie par une condensation de liquide ; mais dans beaucoup d'auteurs du moyen âge le sens est plus vague. En effet, ce mot signifiait, au sens littéral, écoulement goutte à goutte, et il s'appliquait aussi bien à la filtration, et même à tout raffinage et purification. Le mot distiller, même dans le langage moderne, de la pharmacie et de la parfumerie, est employé quelquefois dans ce sens.

Ce n'est pas tout; il comprenait autrefois, dès l'époque gréco-égyptienne, deux applications profondément distinctes, savoir : la condensation des vapeurs humides, telles que l'eau, l'alcool, les essences; et la condensation des vapeurs sèches, sous forme solide, comme les cadmies ou oxydes métalliques, le soufre, les sulfures métalliques, l'acide arsénieux et l'arsenic métallique, qui était le second mercure des alchimistes grecs, et plus tard les chlorures de mercure, le sel ammoniac, etc. Nous désignons aujourd'hui cette condensation des vapeurs sèches sous le nom de sublimation. Elle exige des appareils spéciaux, employés déjà par les anciens et qui ont donné naissance à l'aludel arabe. Mais il suffit de signaler ici cet autre côté de la question, origine aussi de diverses industries modernes : malgré sa connexité avec l'étude de la distillation, je ne crois pas devoir y insister, parce qu'il est étranger à la découverte de l'alcool.

Ce sont les liquides distillés et les progrès successifs accomplis dans leur étude que je vais maintenant décrire.

III

« En haut les choses célestes, en bas les choses terrestres ; » tel est l'axiome par lequel les alchimistes grecs désignent les produits de toute distillation et sublimation. Ils déclarent, en propres termes, qu'on « appelle divine la vapeur sublimée émise de bas en haut... Le mercure blanc, on l'appelle pareillement divin, parce que lui aussi est émis de bas en haut... Les gouttes qui se fixent aux couvercles des chaudières, on les appelle également divines. » Nous retrouvons ici les indications d'Aristote, de Dioscoride et d'Alexandre d'Aphrodisie. Mais, selon leur usage, les alchimistes traduisirent ces notions purement physiques par des symboles et par un mysticisme étrange. Déjà Démocrite (c'est-à-dire l'auteur alchimique qui a pris ce nom) appelle « natures célestes » les appareils sphériques dans lesquels on opère la distillation des eaux. La séparation que celle-ci opère entre l'eau volatile et les matériaux fixes est exprimée ainsi dans un texte d'Olympiodore, qui vivait au commencement du ve siècle de notre ère. « La terre est prise dès l'aurore, encore imprégnée de la rosée que le soleil levant enlève par ses rayons. Elle se trouve alors comme veuve et privée de son

époux, d'après les oracles d'Apollon... Par l'eau
divine, j'entends ma rosée, l'eau aérienne. » De même
Comarius, écrivain du viie siècle, retrace le tableau
allégorique de l'évaporation et de la condensation qui
l'accompagne, les liquides condensés réagissant à
mesure sur les produits solides exposés à leur action :
« Dis-nous... comment les eaux bénies descendent
d'en haut pour visiter les morts étendus, enchaînés,
accablés dans les ténèbres et dans l'ombre, à l'intérieur de l'Hadès;... comment pénètrent les eaux nouvelles... venues par l'action du feu : la nuée les
soutient; elle s'élève de la mer, soutenant les eaux. »

Ce langage singulier, cet enthousiasme qui em-
prunte les formules religieuses les plus exaltées, ne
doivent pas nous surprendre. Les hommes d'alors,
à l'exception de quelques génies supérieurs, n'étaient
pas parvenus à cet état de calme et d'abstraction,
qui permet de contempler avec une froideur sereine
les vérités scientifiques. Leur éducation même, les
traditions symboliques de la vieille Égypte, les idées
gnostiques, dont les premiers alchimistes sont tout
imprégnés, ne leur permettaient pas de garder leur
sang-froid. Ils étaient transportés et comme enivrés
par la révélation de ce monde caché des transformations chimiques, qui apparaissait pour la première fois
devant l'esprit humain.

Aussi, dans ces premiers traités grecs, tous les liquides actifs de la chimie sont-ils confondus sous un nom commun, celui de l'eau divine, ou des eaux divines. « L'eau divine est une, quant au genre, disent-ils; mais elle est multiple, quant à l'espèce, et elle comporte un nombre infini de variétés et de traitements. » Ils désignent ces variétés par les noms symboliques les plus divers : eau aérienne, eau fluviale, rosée, lait virginal, eau de soufre natif, eau d'argent, miel attique, écume marine, etc. La confusion entretenue par cette variété de dénominations était d'ailleurs systématique; elle avait pour but avoué de cacher le secret des fabrications au vulgaire et aux gens non initiés.

Quoi qu'il en soit, il est parfois possible d'entrevoir, dans le vague voulu des descriptions des alchimistes grecs, quelque chose de précis, il n'existe, à ma connaissance, dans ces descriptions, aucun texte qui soit applicable à la distillation du vin. C'est à peine si le principe de la distillation fractionnée et la diversité de ses produits successifs sont signalés dans un ou deux passages; mais ces passages paraissent s'appliquer au traitement des polysulfures alcalins, ou de matières organiques sulfurées, n'ayant rien de commun avec l'alcool.

Je n'ai pas rencontré davantage de texte précis,

relatif soit à l'alcool, soit même à un liquide distillé
défini quelconque, dans les traités arabes de médecine
et de matière médicale, imprimés jusqu'ici, ou bien
dans les ouvrages arabes manuscrits de Géber et des
autres auteurs alchimiques dont j'ai effectué la publication. Je me suis expliqué plus haut à cet égard sur
les passages de Rasès, cités parfois, mais à tort; car
ils désignent seulement des liquides fermentés, sans
faire allusion ni à leur distillation, ni à l'extraction
de l'acool. De même on a parlé d'Abulcasim; mais
cet auteur, après avoir décrit certains appareils distillatoires, reproduits du dibicos et du tribicos des
Grecs, ajoute simplement : « D'après cette méthode,
celui qui désire du vin distillé peut le distiller. » Et il
prescrit de distiller aussi par ce moyen l'eau de rose
et le vinaigre. Il fait mention uniquement d'une distillation en masse. Néanmoins, il est incontestable que
l'idée de la préparation d'une eau aromatique distillée,
telle que l'eau de rose, fort usitée en Orient, apparaît
ici nettement pour la première fois; mais il n'y a rien
qui s'applique ni à une essence définie proprement
dite, ni à l'alcool en particulier.

Dans ces textes, je le répète, il s'agit simplement de
distiller le vin, sans aucune distinction entre les produits successifs d'une distillation fractionnée. Cependant, on s'était aperçu dès lors que le vin distillé

n'était pas identique à l'eau, contrairement à la vieille opinion d'Aristote ; mais nos auteurs ne parlent nullement de l'alcool, quoique la connaissance de ce corps dût résulter presque immédiatement de l'étude fractionnée des liquides distillés, fournis par le vin.

Le plus ancien manuscrit qui renferme une indicacation précise à cet égard est l'un de ceux de la « Clé de la peinture », *Mappa clavicula*, écrit au XIIe siècle. C'est une compilation de recettes techniques, provenant de diverses origines, surtout grecques et latines, avec quelques additions arabes. On ne saurait dire à laquelle de ces sources a été puisée l'indication relative à l'alcool. En fait, elle est contenue dans une phrase énigmatique, que j'ai réussi à déchiffrer.

L'usage des mots énigmatiques, ou cryptogrammes, existe dans beaucoup de manuscrits du temps. On sait que la formule de la poudre à canon a été ainsi signalée par Roger Bacon, dans une phrase dont l'interprétation a donné lieu à bien des discussions. Une semblable manière de transmettre la tradition scientifique sous une forme précise, — quoique intelligible pour les seuls initiés — quelque contraire qu'elle soit à nos usages modernes, constituait pourtant un progrès véritable, par rapport au vague des anciennes formules symboliques.

Je demande la permission de reproduire ici la phrase

même du vieux texte, afin de donner au lecteur une idée plus complète du problème historique relatif à l'alcool et de sa solution. La voici : *De commixtione puri et fortissimi xknk cum III qbsuf tbmkt corta in ejus negocii vasis fit aqua que accensa flammam incombustam servat materiam.*

Cette recette n'offre aucun sens, à première vue; mais les mots cryptographiques peuvent être interprétés d'après une convention, dont on rencontre quelques applications dans les manuscrits des XIII° et XIV° siècles. Il suffit de remplacer chacune des lettres des mots par celle qui la précède dans l'alphabet. On trouve ainsi : *xknk = vini; qbsuf = parte; tbmkt = salis,* et le passage peut être traduit (en rectifiant quelques fautes grammaticales du copiste) de la manière suivante :

« En mêlant un vin pur et très fort avec trois parties de sel, et en le chauffant dans les vases destinés à cet usage, on obtient une eau inflammable, qui se consume sans brûler la matière (sur laquelle elle est déposée). »

Il s'agit dès lors de l'alcool. Cette propriété de l'alcool de se consumer à la surface des corps, sans les brûler, avait beaucoup frappé les premiers observateurs.

Une autre indication plus explicite est contenue dans le livre *des Feux* de Marcus Graecus, ouvrage latin tiré de sources arabes et grecques, mais dont les manuscrits ne remontent pas au delà de l'an 1300. C'est aussi une compilation de recettes techniques, relatives pour la plupart à l'art de la guerre.

La recette relative à l'eau ardente a dû être ajoutée, après coup, au texte primitif; car elle n'en fait pas partie dans un autre manuscrit qui existe à Munich, s'y trouvant transcrite seulement en dehors du *Traité des Feux* et à la suite. Reproduisons cette recette, en raison des indications nouvelles et caractéristiques qu'elle contient.

« *Préparation de l'eau ardente.* — Prenez un vin noir, épais, vieux. Pour un quart de livre, ajoutez deux scrupules de soufre vif, en poudre très fine, un ou deux scrupules de tartre, extrait d'un bon vin blanc, et deux scrupules de sel commun, en gros fragments. Placez le tout dans un bon alambic de plomb; mettez le chapiteau au-dessus, et vous distillerez l'eau ardente. Vous la conserverez dans un vase de verre bien fermé. »

Le manuscrit de Munich ajoute : « Voici la vertu et la propriété de l'eau ardente. Mouillez avec cette eau un chiffon de lin et allumez, il se produira une grande flamme. Quand elle est éteinte, le chiffon demeure intact. Si vous trempez le doigt dans cette eau et si vous y mettez le feu, il brûlera comme une chandelle, sans éprouver de lésion. » C'était encore là un tour de prestidigitateurs : le rôle de ces derniers est manifeste au début d'un grand nombre d'inventions, dans l'antiquité et au moyen âge.

Quoi qu'il en soit, les faits indiqués dans cette description sont exacts, et ils montrent comment les premiers observateurs ont été souvent frappés par certaines propriétés des corps, réelles ou apparentes, quoique presque insignifiantes.

Mais souvent aussi les praticiens compliquent les opérations par certains détails superflus, sinon nuisibles, auxquels ils attachent la même importance qu'au reste, en raison des théories qui leur servent de guides : ces théories ont joué un certain rôle dans l'histoire de la science. Par exemple, dans la première recette de Marcus Græcus, il y a une indication singulière : celle de l'addition du soufre avant la distillation. Cette indication existe aussi dans un livre d'Al-Farabi, transcrit par un autre manuscrit de la même époque, et on la retrouve également dans l'ouvrage de Porta, *la Magie naturelle*, composé au xvie siècle. Elle n'est donc pas accidentelle. Elle résulte, en effet, d'une idée théorique, exposée tout au long dans plusieurs textes. Les chimistes d'alors pensaient que la grande humidité du vin s'oppose à son inflammabilité, et c'était pour combattre la première que l'on y ajoutait soit des sels, soit du soufre, dont la siccité, disait-on, accroît les propriétés combustibles. L'un de ces vieux auteurs cite, à l'appui de sa théorie, le bois sec et le bois vert, inégalement combustibles, suivant la saison où ils ont été coupés et la dose d'humidité qu'ils renferment.

Rappelons encore que la volatilité et la combustibilité étaient alors confondues et désignées sous le nom de *sulfuréité*, désignation qui était encore appliquée dans ce sens au temps de Stahl, au commencement du XVIIIe siècle. Ces idées remontent même aux alchimistes grecs, qui appelaient tout liquide volatil et tout sublimé émis de bas en haut du nom d'eau sulfureuse (ou eau divine).

On voit, par là, l'origine de ces préparations si compliquées et si difficiles à comprendre aujourd'hui, usitées chez les anciens chimistes. Ils s'efforçaient de communiquer aux corps les qualités qui leur manquaient, en y ajoutant certaines matières, dans lesquelles ces propriétés étaient supposées concentrées. Ainsi du soufre était ajouté au vin pour rendre plus facile, croyait-on, la manifestation de son principe inflammable.

Le premier savant, connu nominativement, qui ait parlé de l'alcool, est de date postérieure à la composition des écrits qui précèdent : c'est Arnaud de Villeneuve. On le donne d'ordinaire comme l'auteur de la

découverte, prétention qu'il n'a jamais élevée lui-
même. Il s'est borné à parler de l'alcool comme d'une
préparation connue de son temps et qui l'émerveillait
au plus haut degré. Arnaud de Villeneuve l'a consi-
gnée dans son ouvrage intitulé : *de Conservanda
juventute*, « Pour rester jeune; » ouvrage écrit vers
1309.

« On extrait, dit-il, par la distillation du vin, ou de
sa lie, le vin ardent, dénommé aussi eau-de-vie. C'est
la portion la plus subtile du vin. »

Puis, il en exalte les vertus : « Discours sur l'eau-
de-vie. Quelques-uns l'appellent eau-de-vie. Certains
modernes disent que c'est l'eau permanente, ou bien
l'eau d'or, à cause du caractère sublime de sa préparation. Ses vertus sont bien connues. » Il énumère
ensuite les maladies qu'elle guérit : « Elle prolonge la
vie, et voilà pourquoi elle mérite d'être appelée eau-de-
vie. On doit la conserver dans un vase d'or; tous les
autres vases, ceux de verre exceptés, laissent suspecter
une altération. » Puis il signale les alcoolats : « En
raison de sa simplicité, elle reçoit toute impression de
goût, d'odeur et autre propriété. Quand on lui a communiqué les vertus du romarin et de la sauge, elle
exerce une influence favorable sur les nerfs, etc. »

Le pseudo Raymond Lulle, auteur plus moderne
qu'Arnaud de Villeneuve, parle avec le même enthou-

siasme de l'alcool. Il décrit la distillation de l'eau
ardente, tirée du vin, et ses rectifications, répétées au
besoin sept fois, jusqu'à ce que le produit brûle sans
laisser trace d'eau. « On l'appelle, ajoute-t-il, mercure
végétal. »

On voit que les alchimistes, au début du xive siècle,
furent saisis d'une telle admiration par la découverte
de l'alcool, qu'ils l'assimilèrent à l'élixir de longue vie
et au mercure des philosophes. C'est l'écho de ces
souvenirs que Renan reproduit dans son drame philosophique de l'*Eau de Jouvence*.

Mais il faudrait se garder de prendre tout texte où il
est question du mercure des philosophes, ou de l'élixir
de longue vie, comme applicable à l'alcool.

L'élixir de longue vie est une imagination de
l'ancienne Égypte. Diodore de Sicile le désigne sous le
nom de « remède d'immortalité ». L'invention en était
attribuée à Isis et l'on en trouve la composition dans les
œuvres de Galien. Au moyen âge, les formules en ont
beaucoup varié. Cet élixir de longue vie était en
même temps réputé susceptible de changer l'argent en
or, c'est-à-dire qu'il jouissait des mêmes propriétés
chimériques que la pierre philosophale.

Si la découverte de l'alcool ne répond pas à ces illusions, elle n'en a pas moins eu les conséquences les
des graves dans l'histoire du monde. C'est un agent

éminemment actif, et par là même à la fois utile et nuisible : peut soit prolonger la vie humaine, soit en raccourcir le terme, suivant l'usage que l'on en fait. C'est aussi une source de richesse inépuisable pour les individus et pour les États, source plus féconde que ne l'eût été le prétendu élixir des alchimistes : leurs longs et patients travaux n'ont donc pas été perdus : leur rêve a été réalisé au delà de leur espérance par les découvertes de la chimie moderne.

UN CHAPITRE

DE L'HISTOIRE DES SCIENCES

TRANSMISSION DES INDUSTRIES CHIMIQUES
DE L'ANTIQUITÉ AU MOYEN AGE

I

La chimie est une science moderne, constituée depuis un siècle à peine; mais ses problèmes théoriques ont été agités et ses pratiques mises en œuvre pendant tout le moyen âge. Les nations de l'antiquité les avaient déjà connus : l'origine s'en perd dans la nuit des religions primitives et des civilisations préhistoriques. J'ai retracé dans mes *Origines de l'Alchimie* les premières tentatives rationnelles pour expliquer les transformations chimiques de la matière, tentatives exposées dans le *Timée* de Platon et dans les *Météorologiques* d'Aristote, puis, développées par les savants gréco-égyptiens et associées par eux à une philosophie symbolique, mêlée de chimères; j'ai exposé également dans mon *Histoire de la chimie au moyen âge* comment cette philosophie a été continuée par les Arabes et par les peuples occidentaux. Je me propose aujourd'hui de résumer les résultats relatifs à un sujet plus positif et moins subtil : je veux parler des industries chimiques du monde antique et de leur transmission aux Latins du moyen âge. Ce récit n'est peut-être pas sans intérêt pour montrer comment la culture des sciences a été perpétuée dans l'ordre matériel, par les nécessités de leurs applications, à travers les catastrophes des invasions et la ruine de la civilisation. L'extermination totale des populations, telle qu'elle a été pratiquée parfois par les Mongols et par les Tartares, serait seule capable d'anéantir complètement cette culture. Certes, lorsque Tamerlan érigeait sur les ruines d'Ispahan une pyramide formée avec les 70 000 têtes de ses habitants, la tradition des artisans a dû périr, en même temps que la culture des philosophes; mais un massacre aussi radical s'est rarement vu dans l'histoire de la race humaine.

Peut-être quelque lecteur sera-t-il surpris d'entendre parler des industries chimiques des Grecs et des Romains : accoutumé à entendre par là la préparation de l'acide sulfurique et de la soude artificielle, la fabrication du gaz de l'éclairage et celle des brillantes couleurs du goudron de houille, il ne voit rien d'analogue dans l'antiquité. C'est que le domaine de la chimie est plus vaste et comprend tout l'ensemble des métamorphoses des corps, opérées par d'autres voies que par l'action des forces mécaniques et physiques.

Dès les temps les plus reculés, l'homme a appliqué les pratiques chimiques à ses besoins, en mettant en œuvre ces pratiques pour la métallurgie, la céramique, la teinture et la peinture, la confection des aliments, la médecine, et jusqu'à l'art de la guerre. Si l'or, et parfois l'argent et le cuivre existent à l'état natif et n'exigent alors qu'une préparation mécanique ; le plomb, d'autre part, l'étain, le fer, et disons plus, le cuivre et l'argent, ne sauraient être extraits de leurs minerais ordinaires que par des artifices fort compliqués. La production des alliages, si nécessaires pour la fabrication des armes et pour celle des monnaies et des bijoux, est aussi un art essentiellement chimique. C'est même l'étude des alliages usités en orfèvrerie qui a donné naissance aux préjugés et aux fraudes de l'alchimie, ainsi qu'en témoigne l'étude d'un papyrus égyptien conservé dans le musée de Leyde et celle des écrits des alchimistes grecs.

L'art de préparer les ciments, les poteries, les émaux, le verre surtout, repose également sur des opérations chimiques. L'ouvrier qui teignait les étoffes, les vêtements et les tentures en pourpre, ou en d'autres couleurs, industrie usitée d'abord en Égypte, en Syrie, puis dans tout le monde grec, romain et persan, — pour ne pas parler de l'extrême Orient, — se livrait à des manipulations chimiques très développées : les tissus retrouvés dans les momies et dans les sarcophages en attestent la perfection. Pline et Vitruve décrivent en détail la production des couleurs, telles que cinabre ou vermillon, minium, rubriques, indigo, couleurs noires, vertes et bleues, tant végétales que minérales, mises en œuvre par les peintres. La chimie de l'alimentation, féconde en ressources et en fraudes, était dès lors mise en œuvre. On savait accomplir à volonté ces fermentations délicates qui produisent le pain, le vin, la bière et qui modifient un grand nombre d'aliments; on savait aussi, comme de nos jours, falsifier le vin par l'addition du plâtre et d'autres ingrédients. L'art de guérir, cherchant partout des ressources contre les maladies, avait appris à transformer et à fabriquer un grand nombre de produits minéraux et végétaux, tels que le suc du pavot, les extraits des solanées, l'oxyde de cuivre, le verdet, la litharge, la céruse, les sulfures d'arsenic et l'acide arsénieux : remèdes et poisons étaient composés à la fois, dans des desseins divers, par les médecins et par les magiciens.

Enfin, la fabrication des armes et celle des substances incendiaires : pétrole, soufre, résines et bitumes, avaient déjà, autrefois comme de notre temps, sollicité l'esprit des inventeurs et donné lieu à des applications redoutables, dans l'art des sièges spécialement et dans celui des combats marins ; précédant ainsi l'invention du feu grégeois, précurseur lui même de la poudre à canon et de nos terribles matières explosives.

On voit par ce tableau rapide combien le monde romain était déjà avancé dans la connaissance des industries chimiques, au moment où il s'écroula sous les coups des Barbares. Mais la ruine de l'organisation antique eut lieu par degrés. Si la haute culture scientifique, peu accessible à des esprits grossiers, cessa d'être encouragée et fut à peu près abandonnée ; si les philosophes grecs, ballottés entre la persécution religieuse des empereurs byzantins et le dédain indifférent des souverains persans, ne formèrent plus d'élèves ; si les grands noms de la physique, de la mathématique, de l'alchimie grecque ne passent guère le temps de Justinien ; cependant, il est certain que la nécessité des professions indispensables à la vie humaine, ou recherchées par le luxe des souverains et des prêtres, a dû maintenir et a maintenu effectivement la plupart des industries chimiques.

A l'appui de ces raisonnements, on peut apporter

22

des preuves de divers ordres. Les unes sont tirées de
l'examen des monuments, armes, poteries et verreries,
étoffes, gemmes et bijoux, objets d'art de toute
nature, qui sont parvenus jusqu'à nous. Cet examen
fournit, en effet, des résultats irrécusables, pourvu
que la date des objets soit certaine et qu'ils n'aient
subi aucune restauration. Sous ce dernier rapport, on
ne saurait montrer trop de prudence, et même de
défiance, quand on examine soit les édifices, soit les
objets conservés dans les musées. Non seulement ces
objets ont été sujets à bien des falsifications; mais les
plus authentiques ont été très souvent restaurés, sans
aucune mauvaise intention d'ailleurs. Celui qui fonde-
rait ses inductions sur l'examen des sculptures et des
vitraux de certaines églises gothiques, refaites au
XIXᵉ siècle, serait exposé à bien des erreurs. Parmi les
objets transmis par les trésors des églises et les collections des musées depuis l'époque carlovingienne, il en
est peu qui n'aient été complétés et restaurés à diverses
reprises, par les conservateurs des XVIIᵉ, XVIIIᵉ et
XIXᵉ siècles. Il suffit d'avoir manié ces objets et d'être
entré dans le détail de leur conservation pour s'assurer que leurs ornements, leurs appendices, les
perles et verres colorés qui les ornent, ont été de tout
temps et sont encore de nos jours l'objet d'une réfec-
tion incessante.

Cependant et sous ces réserves, de tels objets demeurent les témoignages les plus authentiques de l'état des industries d'autrefois. Ils en témoignent surtout, au moment où on les découvre au sein des tombeaux et dans des lieux qui n'ont pas été touchés ou violés par l'homme pendant le cours des siècles.

Les récits et les descriptions des historiens contemporains fournissent d'autres renseignements, moins précis d'ailleurs; car il vaut mieux avoir en main l'objet que sa description. Ils ont pourtant cet avantage de nous donner des indications indépendantes des progrès ultérieurs de l'industrie. Nous possédons un ordre de données plus sûres et plus exactes encore que les chroniques, dans les traités techniques et ouvrages relatifs aux arts et métiers, qui sont parvenus jusqu'à nous; toutes les fois que ces traités ont une date certaine, ne fût-ce que celle de leurs copies. Cette source de renseignements est connue déjà pour l'antiquité. Elle ne fait pas défaut au moyen âge, bien qu'elle paraisse avoir échappé presque complètement jusqu'ici aux érudits qui ont écrit l'histoire de la science; et elle permet de reconstituer celle-ci sous une forme et avec une précision nouvelles. Or c'est à l'aide de ces documents que je vais essayer de montrer, en m'attachant surtout aux industries chimiques, quelles connaissances, soit pratiques soit théoriques, ont subsisté après la chute de la civilisation antique, et comment les traditions d'atelier ont maintenu ces industries, presque sans inventions nouvelles d'ailleurs, mais, du moins, à un certain niveau de perfection.

II

L'histoire des sciences physiques dans l'antiquité ne nous est connue que très imparfaitement; il n'existait pas alors de traités méthodiques, destinés à l'enseignement, tels que ceux qui paraissent chaque jour en France, en Allemagne, en Angleterre, aux États-Unis et dans les principaux États civilisés. Aussi, à l'exception des sciences médicales, étudiées de tout temps avec empressement, ne possédons-nous que des notions insuffisantes sur les procédés usités dans les arts et métiers des anciens.

La méthode expérimentale des modernes a relié ces pratiques en corps de doctrines et elle en a montré les relations étroites avec les théories, auxquelles elles servent de base et de confirmation. Mais cette méthode était à peu près ignorée des anciens, sinon en fait, du moins comme principe général de connaissances scientifiques. Leurs industries n'étaient guère rattachées à des doctrines, si ce n'est pour les mesures de longueur, de surface ou de volume, qui se déduisent immédiatement de la géométrie, et pour les recettes de l'orfèvrerie, origine des théories, en partie réelles, en partie imaginaires, de l'alchimie. On s'est demandé même si les formules industrielles n'étaient pas conservées autrefois par voie de tradition purement orale et soigneusement réservée aux initiés. Quelques bribes de cette tradition auraient été transcrites dans les notes qui ont servi à composer l'histoire naturelle de Pline et les ouvrages de Vitruve et d'Isidore de Séville, non sans un mélange considérable de fables et d'erreurs; mais la masse principale de ces connaissances aurait été perdue. Cependant, un examen plus approfondi des ouvrages qui nous sont venus de l'antiquité, une étude plus attentive de manuscrits, d'abord négligés, parce qu'ils ne se rapportent ni aux études littéraires ou théologiques, ni aux questions historiques ordinaires, permet d'affirmer qu'il n'en a pas été ainsi : chaque jour nous découvrons des documents nouveaux et considérables, propres à établir que les procédés des anciens industriels étaient alors, comme aujourd'hui, inscrits dans des cahiers ou manuels d'ateliers, destinés à l'usage des gens du métier, et que ceux-ci se sont transmis de main en main, depuis les temps reculés de la vieille Égypte et de l'Égypte alexandrine,

22.

jusqu'à ceux de l'empire romain et du moyen âge.

La découverte de ces cahiers offre d'autant plus d'intérêt que l'emploi des métaux précieux chez les peuples civilisés remonte à la plus haute antiquité; or la technique des orfèvres et des joailliers anciens ne nous a été révélée tout d'abord que par l'examen même des objets parvenus jusqu'à nous. Les premiers textes précis et détaillés qui décrivent leurs procédés sont contenus dans un papyrus égyptien, trouvé à Thèbes et qui est conservé actuellement au musée de Leyde, quoique déjà altéré par l'action destructive du climat.

Ce papyrus date du IIIe siècle de notre ère; il est écrit en langue grecque. Je l'ai traduit, il y a quelques années (*Introduction à la Chimie des anciens et du moyen âge*, p. 3 à 73), et je l'ai rapproché, d'une part, de quelques phrases contenues dans Vitruve, dans Pline et autres auteurs sur les mêmes sujets; et, d'autre part, des ouvrages alchimiques grecs, datant du IVe et du Ve siècle; j'ai fait également la publication de ces derniers, en en montrant à la fois la signification matérielle et positive, et les prétentions théoriques et philosophiques. Par ces études, j'ai reconstitué toute une science, l'alchimie antique : jusque-là méconnue et incomprise, parce qu'elle était fondée sur un mélange de faits réels, de vues profondes sur l'unité de la matière, et d'imaginations religieuses et chimériques.

Ces pratiques et ces théories avaient une portée plus grande encore que le travail des métaux. En effet, les industries des métaux précieux étaient liées à cette époque avec celles de la teinture des étoffes, de la coloration des verres et de l'imitation des pierres précieuses ; toutes guidées par les mêmes idées tinctoriales et mises en œuvre par les mêmes opérateurs.

Ainsi, l'alchimie et l'espérance imaginaire de faire de l'or sont nées des artifices des orfèvres pour colorer les métaux ; les prétendus procédés de transmutation, qui ont eu cours pendant tout le moyen âge, n'étaient, à l'origine, que des tours de main pour préparer des alliages à bas titre, c'est-à-dire pour imiter et falsifier les métaux précieux. Mais, par une attraction presque invincible, les opérateurs livrés à ces pratiques ne tardèrent pas à supposer ce que l'on pouvait passer de l'imitation de l'or à sa formation effective, surtout avec le concours des puissances surnaturelles, évoquées par des formules magiques.

Quoi qu'il en soit, on n'a pas bien su jusqu'ici comment ces pratiques et ces théories ont passé de l'Égypte, où elles florissaient vers la fin de l'empire romain, jusqu'à notre Occident, où nous les retrouvons en plein développement, à partir des xiiiᵉ et xivᵉ siècles, dans

les écrits des alchimistes latins et dans les laboratoires des orfèvres, des teinturiers, des fabricants de
mosaïques et de vitraux colorés. En général, on a
attribué leur renaissance aux traductions d'ouvrages
arabes, faites à cette époque. Mais, sans prétendre
nier le rôle exercé par les livres arabes sur le développement des arts et des sciences en Occident, à
l'époque des croisades, il n'en est pas moins certain
qu'une tradition continue a subsisté dans les souvenirs professionnels des arts et métiers, depuis l'empire romain jusqu'à la période carlovingienne, et au
delà : tradition de manipulations chimiques et d'idées
scientifiques et mystiques. En effet, en poursuivant
mes études sur l'histoire de la science, j'ai rencontré,
dans l'examen des ouvrages latins du moyen âge, certains manuels techniques, qui se rattachent de la
façon la plus directe aux traités métallurgiques des
alchimistes et orfèvres gréco-égyptiens. Je me propose
d'établir ici cette corrélation, que personne n'avait
signalée jusqu'à présent.

On sait que les règles et les recettes de thérapeu-
tique et de matière médicale ont été conservées pareillement par la pratique, qui n'a jamais cessé, dans des
Réceptaires et autres traités latins : ces traités, traduits
du grec dès l'époque de l'empire romain et compilés
du Ier au VIIe siècle de notre ère, ont passé de main en

main et ont été recopiés fréquemment, pendant les débuts du moyen âge. La transmission des arts militaires et celle des formules incendiaires, en particulier, ont été poursuivies également, depuis les Grecs et les Romains, à travers les âges barbares. Bref, la nécessité des applications a partout fait subsister une certaine tradition expérimentale des arts de la civilisation antique.

III

Au moyen âge, les plus vieux traités techniques latins, relatifs à la chimie, que nous connaissions, sont les « Formules de Teinture » (*Compositiones ad tingenda*), — nous en possédons un manuscrit écrit vers la fin du VIIIᵉ siècle, et la « Clé de la peinture » (*Mappæ clavicula*), dont le plus vieux manuscrit remonte au Xᵉ siècle. Ces deux ouvrages nous ont transmis des procédés et des textes contemporains de la dernière période de l'empire romain. Cependant ils n'ont été jusqu'ici l'objet d'aucun commentaire. Leur connaissance a dû être fort répandue autrefois ; car nous en possédons plusieurs copies, et certaines de leurs recettes sont reproduites textuellement dans les manuscrits alchimiques latins de la Bibliothèque nationale

de Paris. Ces collections de recettes forment donc une
série ininterrompue, depuis les articles du papyrus
grec de Leyde, écrit au IIIe siècle de notre ère et
découvert dans les tombeaux de Thèbes au commencement du XIXe siècle, jusqu'à ceux des traités latins, écrits
au moyen âge, tels que les précédents, ceux du moine
Éraclius « sur les arts et les couleurs des Romains »,
et ceux du moine Théophile, auteur du « Tableau de
divers arts » ; ainsi que les opuscules publiés par
Mrs Merrifield : *Ancient practice of painting*. La suite
de ces traités et opuscules se continue aux XVIe et
XVIIe siècles, par les ouvrages de *Secrets* d'Alessio, de
Mizaldi, de Porta et de Wecker, jusqu'aux traités de
teinture, de verrerie et d'orfèvrerie du XVIIe siècle, et
même jusqu'aux manuels Roret de notre temps.

Le plus ancien de ces traités, les *Formules de teinture*, a été rencontré dans un manuscrit de la bibliothèque du chapitre des chanoines de Lucques, écrit au
temps de Charlemagne et renfermant divers autres
ouvrages. Il a été publié au siècle dernier par Muratori,
dans ses *Antiquitates italicæ* (t. II, p. 364-387, *disser-
tatio* XXIV), sous le titre : « Formules pour teindre les
mosaïques, les peaux et autres objets, pour dorer le
fer, pour l'emploi des matières minérales, pour l'écriture en lettres d'or, pour les soudures et collages, et
autres documents techniques. » M. Giry, de l'École

des chartes, a collationné ce manuscrit sur place, et il a eu l'extrême obligeance de me communiquer sa collation, qui est fort importante.

Les Formules de teinture ne constituent pas un livre méthodique, tel que nos ouvrages modernes sur l'orfèvrerie, ou sur la céramique, coordonnés d'après la nature des matières. C'est un cahier de recettes et de documents, récoltés par un praticien, en vue de l'exercice de son art, et destinés à lui fournir à la fois des procédés pour l'exécution de ses fabrications et des renseignements sur l'origine de ses matières premières. Les sujets qui y sont exposés sont les suivants : coloration ou teinture des pierres artificielles, destinées à la fabrication des mosaïques ; leur dorure et argenture ; leur polissage ; fabrication des verres colorés en vert, en blanc laiteux, en rouge de diverses nuances, en pourpre, en jaune ; colorations tantôt profondes, tantôt superficielles, parfois même réalisées à l'aide de simples vernis. La fabrication du verre est accompagnée par une description sommaire du fourneau des verriers, laquelle se retrouve avec des développements de plus en plus grands chez les auteurs postérieurs, tels que Théophile, et plus tard les écrivains techniques et alchimiques de la fin du moyen âge : la filiation historique de ces procédés et appareils est par là rendue manifeste.

La teinture des peaux en pourpre, en vert, en jaune, en rouges divers, sujet où les Égyptiens étaient fort avancés, et qui s'est perpétué chez les Byzantins, puis la teinture des bois, des os et de la corne, sont aussi signalées. On trouve encore dans cet ouvrage, la mention des minerais, des métaux, des terres usités en orfèvrerie et en peinture. On y voit apparaître des idées singulières sur le rôle du soleil et de la chaleur, propre à certaines terres chaudes, pour la production des minerais, doués de vertus correspondantes; tandis qu'une terre froide produirait des minerais de faible qualité. Ceci rappelle les théories d'Aristote sur l'exhalaison sèche, opposée à l'exhalaison humide dans la génération des minéraux, théories qui ont joué un grand rôle au moyen âge.

L'auteur distingue un minerai de plomb féminin et léger, opposé à un minerai masculin et lourd : distinction pareille à celle des minerais d'antimoine mâle et femelle, dont parle Pline; aux bleus mâle et femelle de Théophraste, et à diverses indications du même genre : l'assimilation des minéraux aux êtres vivants est continuelle dans la chimie du moyen âge.

On lit également dans cet ouvrage des articles développés sur certaines opérations, telles que l'extraction du mercure, du plomb, la cuisson du soufre, les préparations de la céruse avec le plomb et le vinaigre, du vert-de-gris avec le vinaigre et le cuivre, déjà décrites dans Théophraste et Dioscoride, celle des cadmies, oxydes de plomb et de zinc impurs, celle du cuivre brûlé (*aes ustum*), de la litharge, de l'orpiment, celle du cinabre artificiel, inconnue à l'époque de Pline, etc.

L'écrivain indique certains alliages, peu nombreux à la vérité, tels que le bronze, le cuivre blanc et le cuivre couleur d'or; sujet souvent traité par les alchimistes grecs, qui ont passé de là à l'idée de transmutation. Le nom du bronze (*brundisium*) apparaît pour la première fois. Ce nom a été souvent controversé parmi les philologues : son existence, sa forme, et les détails qui l'accompagnent dans les textes actuels montrent que c'était à l'origine un alliage fabriqué à Brindes, pour l'industrie des miroirs, et dont Pline a parlé. La préparation du parchemin et celle du vernis font l'objet d'articles séparés, ainsi que la fabrication des couleurs végétales, à l'usage des peintres et enlumineurs, et leur emploi sur murs, bois, linge, etc., à l'encaustique, ou au moyen de la colle de poisson.

La confection des feuilles d'or, exposée par l'auteur, jouait un grand rôle dans la pratique des orfèvres et ornemanistes byzantins et latins, pour la décoration, par dorure, des églises et des palais. Aussi cette pratique est-elle décrite dans tous les ouvrages techniques du temps et elle se retrouve chez les alchimistes grecs.

23

Suit un groupe de formules consacrées à la dorure :
dorure du verre, du bois, de la peau, des vêtements,
du plomb, de l'étain, du fer; préparation des fils d'or,
procédés pour écrire en lettres d'or (chrysographie)
sur parchemin, papier, verre ou marbre : question
fort en honneur au moyen âge, en raison des pratiques
des copistes et ornemanistes. Elle figure déjà dans le
papyrus de Leyde, et l'une des recettes présentes y
existe même littéralement.

Puis viennent la feuille d'argent, la feuille d'étain,
et des procédés pour réduire l'or et l'argent en poudre,
procédés fondés sur divers tours de main, où figurent
l'emploi du mercure et du vert-de-gris.

Cette poudre d'or, ou d'argent, obtenue par amal-
gamation, était employée ensuite dans des procédés
de dorure et d'argenture. Elle a joué un rôle important
en économie politique; car on s'en servait pour faire
passer l'or et l'argent d'un pays dans un autre, malgré
l'interdiction de l'exportation des métaux précieux;
interdiction qui a régné pendant si longtemps, au
moyen âge et dans les États modernes.

L'auteur continue, en disant : « Nous avons désigné
toutes les choses relatives aux teintures et décoctions;
nous avons parlé des matières qui y sont employées :
pierres, minéraux, salaisons, herbes; nous avons dit
où elles se trouvent, quel parti on tire des résines,

oléo-résines, terres ; ce que sont le soufre, l'eau noire, les eaux salées, la glu et tous les produits des plantes sauvages et venues par semences, domestiques et marines ; la cire des abeilles, l'axonge, toutes les eaux douces et acides ; parmi les bois, le pin, le sapin, le genièvre, le cyprès... les glands et les figues. On fait des extraits de toutes ces choses avec une eau formée d'urine fermentée et de vinaigre, mêlés d'eau pluviale. »

Ces énumérations et descriptions caractérisent la nature des connaissances recherchées par l'écrivain et conservent la trace de traités antiques de drogues et minéraux, analogues à ceux de Dioscoride, mais plus spécialement destinés à l'industrie. Par malheur, nous n'en avons plus guère ici que des titres et des indications sommaires, pareilles à celles qui figureraient au calepin d'un ouvrier teinturier, mettant bout à bout des indications puisées dans des auteurs différents. Plusieurs des mots spécifiques qui y sont contenus manquent dans les dictionnaires les plus complets, tels que ceux de Forcellini et de Du Cange ; mais il ne m'appartient pas d'insister sur cet ordre de considérations, non plus que sur la grammaire étrange de ces textes incorrects, où les accords de genres, de cas, de verbes, n'ont plus lieu suivant les règles de la grammaire classique. Nous avons affaire à un latin barbare, parlé à une époque de décadence, avec des diversités très apparentes d'orthographe et de dialectes, ou plutôt de patois et de jargon.

Certains ont été écrits primitivement en grec, puis transcrits en lettres latines, probablement sous la dictée, par un copiste qui n'entendait rien à ce qu'il écrivait. Ce dernier trait accuse l'origine byzantine des recettes. Constantinople, en effet, était restée le grand centre des arts et des traditions scientifiques. C'est de là que les orfèvres italiens, qui utilisaient les procédés décrits, tiraient leurs pratiques; mais elles remontent, en général, presque toutes à l'antiquité.

Notons particulièrement les mots : eaux salées, eaux douces et acides, eau formée d'urine fermentée et de vinaigre, parce que ces mots désignent les commencements de la chimie par voie humide. Ils figurent déjà dans Pline et dans les auteurs anciens, avec les mêmes destinations. Ce sont toujours des liquides naturels, ou bien les résultats de leur mélange, avant ou après décomposition spontanée. Mais il n'y est pas fait mention des liquides actifs obtenus par distillation, et qui portent le nom d'*eaux divines* ou *sulfureuses* (c'est le même mot en grec) : liquides qui jouent un si grand rôle chez les chimistes gréco-égyptiens, et qui sont devenus l'origine de nos acides, alcalis et autres agents; ils n'étaient pas encore entrés dans les usages industriels, et on ne les y rencontre guère avant le XIVᵉ siècle.

Telle est la collection de formules, recettes et descriptions pratiques, intitulée « Formules de teinture ». Le manuscrit qui les contient remonte, je le répète, au VIIIᵉ siècle; il fournit les renseignements les plus curieux sur la pratique des arts, au commencement du moyen âge et dans l'antiquité.

IV

Le groupe de recettes transmis par les « Formules de teinture » a passé entièrement, ou à peu près, dans une collection plus étendue, intitulée « la Clé de la peinture » (*Mappæ clavicula*), et dont il existe un manuscrit du Xᵉ siècle, étudié par M. Giry, dans la bibliothèque de Schlestadt. Le même ouvrage a été publié, en 1847, par M. Way, d'après un autre manuscrit du XIIᵉ siècle, dans le Recueil de la Société des antiquaires de Londres.

Le premier manuscrit est exempt de toute influence arabe; tandis que celle-ci est signalée par cinq articles, interpolés plus tard dans le second.

L'ouvrage se compose de deux parties principales, savoir :

Un traité sur les métaux précieux, comprenant aujourd'hui cent articles, traité qui comportait en réalité une étendue à peu près double, d'après une vieille table conservée dans le manuscrit de Schlestadt; mais la moitié environ de l'ouvrage proprement dit est perdue.

Un autre traité est relatif à des recettes de teinture. Ce dernier reproduit presque entièrement les Formules de teinture, quoique dans un ordre parfois un peu différent. Puis on lit seize articles de balistique militaire et spécialement incendiaire, formant un groupe particulier; d'autres, relatifs à la balance hydrostatique, aux densités des métaux; enfin des recettes industrielles et magiques, ajoutées à la fin du cahier.

Le traité relatif aux métaux précieux offre un grand intérêt, parce qu'il présente de frappantes analogies avec le papyrus égyptien de Leyde, trouvé à Thèbes, ainsi qu'avec divers opuscules antiques, tels que la Chimie dite de Moïse, renfermés dans la *Collection des alchimistes grecs* que j'ai publiée. Plusieurs des recettes de la « Clé de la peinture » sont non seulement imitées, mais traduites littéralement de celles du papyrus et de celles de la Collection des alchimistes grecs : identité qui prouve sans réplique la conservation continue des pratiques alchimiques, y compris celle de la transmutation, depuis l'Égypte jusque chez les artisans de l'Occident latin. Les théories proprement dites, au contraire, n'ont reparu en Occident que vers la fin du xii⁰ siècle, après avoir passé par les Syriens et par les Arabes. Mais la connaissance des procédés eux-mêmes n'avait jamais été perdue. Ce fait capital résulte surtout de l'étude des alliages destinés à imiter et à falsifier l'or; recettes d'ordre alchimique, je le répète, car on y trouve aussi la prétention de le fabriquer. Les titres sont à cet égard caractéristiques : « pour augmenter l'or; pour faire de l'or; pour fabriquer l'or; pour colorer (le cuivre) en or; faire de l'or à l'épreuve; rendre l'or plus pesant; doublement de l'or ». Ces recettes sont remplies de mots grecs, qui en trahissent l'origine.

Dans la plupart, il s'agit simplement de fabriquer l'or à bas titre : par exemple, en préparant un alliage d'or et d'argent, teinté au moyen du cuivre. Mais l'orfèvre cherchait à le faire passer pour de l'or pur. Cette fraude est d'ailleurs fréquente, même de notre temps, dans les pays où la surveillance est imparfaite. Notre or dit au 4⁰ titre prête surtout à des fraudes dangereuses : non seulement à cause de la dose considérable de cuivre qu'il renferme, mais parce que chaque gramme de ce cuivre occupe un volume plus que double de celui de l'or qu'il remplace. Les bijoux d'or à ce titre fournissent donc double profit au fraudeur, attendu que l'objet est plus pauvre en or et que pour un même poids il occupe un volume bien plus considérable : ce sont là les profits de l'orfèvre, en Orient et même dans le midi de l'Europe, sinon ailleurs.

Ces fabrications d'alliages compliqués, qu'on faisait passer pour de l'or pur, étaient rendues plus faciles par l'intermédiaire du mercure et des sulfures d'arsenic, lesquels se trouvent continuellement indiquées dans les recettes des alchimistes grecs, aussi bien que dans la « Clé de la peinture ». Leur emploi remonte même aux premiers temps de l'empire romain. En effet Pline rapporte en quelques lignes un essai exécuté par l'ordre de Caligula, en vue de fabriquer l'or avec le sulfure d'arsenic (orpiment).

Il a existé ainsi toute une chimie spéciale, abandonnée aujourd'hui, mais qui jouait un grand rôle dans les pratiques et dans les prétentions des alchimistes. De notre temps même, un inventeur a pris un brevet pour un alliage de cuivre et d'antimoine, renfermant six centièmes du dernier métal, et qui offre la plupart des propriétés apparentes de l'or et se travaille à peu près de la même manière. L'or alchimique appartenait à une famille d'alliages analogues. Ceux qui le fabriquaient s'imaginaient d'ailleurs que certains agents jouaient le rôle de ferments, pour multiplier l'or et l'argent. Avant de tromper les autres, ils se faisaient illusion à eux-mêmes. Or, ces idées, cette illusion, se rencontrent également chez les Grecs et dans la « Clé de la peinture ».

Parfois l'artisan se bornait à l'emploi d'une cémentation, ou action superficielle, qui teignait en or la surface de l'argent, ou en argent la surface du cuivre ; sans modifier ces métaux dans leur épaisseur. C'est ce que les orfèvres appellent encore de notre temps « donner la couleur ». Ils se bornaient même à appliquer à la surface du métal un vernis couleur d'or, préparé avec la bile des animaux, ou bien avec certaines résines; comme on le fait aussi de nos jours. Un procès récent, relatif aux médailles commémoratives de la tour Eiffel, faisait mention de cet artifice.

De ces colorations, le praticien, guidé par une analogie mystique, a passé à l'idée de la transmutation; chez le pseudo-Démocrite, aussi bien que dans la « Clé de la peinture ». L'auteur de cette dernière conclut, par exemple, par ces mots : « Vous obtiendrez ainsi de l'or excellent et à l'épreuve » : c'était une formule destinée à rassurer le client, sinon l'opérateur. L'auteur ajoute encore : « Cachez ce secret sacré, qui ne doit être livré à personne, ni donné à aucun prophète ». Le mot prophète trahit l'origine égyptienne

23.

de la recette : il s'agit des scribes sacerdotaux et prêtres égyptiens, qui portaient en effet le nom de prophètes, comme on peut le voir dans un passage de
Clément d'Alexandrie sur les livres hermétiques,
portés en grande pompe dans les processions.

La preuve de ces origines gréco-égyptiennes des
recettes d'orfèvres consignées dans la « Clé de la peinture » peut être poussée plus loin. En effet, il existe
dans le Recueil latin une dizaine de recettes, parfois
développées, qui sont données exactement dans les
mêmes termes par le papyrus grec de Leyde ; de telle
sorte que le premier texte est traduit du second, jusque
dans le détail de certaines expressions techniques,
lesquelles se sont perpétuées, même encore aujour-
d'hui, dans les manuels Roret d'orfèvrerie.

Évidemment ceci ne veut pas dire que le texte transcrit dans la « Clé de la peinture » ait été traduit ori-
ginairement sur le papyrus même que nous possédons,
attendu que ce papyrus a été trouvé seulement au
XIXᵉ siècle, à Thèbes, en Égypte. Mais la coïncidence
des textes prouve qu'il existait des cahiers de recettes
secrètes d'orfèvrerie, transmises de main en main par
les gens du métier, depuis l'Égypte jusqu'à l'Occident
latin, lesquelles ont subsisté pendant le moyen âge, et
dont la « Clé de la peinture » nous a transmis un
exemplaire.

Notons spécialement les procédés de *diplosis*, c'est-
à-dire destinés à doubler le poids de l'or, par voie
d'alliage, procédés relatés déjà dans un vers de Mani-
lius, poète latin contemporain de Tibère :

Materiamque manu certà duplicarier arte ;

vers que les critiques du xvi⁰ siècle avaient supposé à
tort interpolé, parce qu'ils ignoraient l'existence des
textes grecs découverts depuis en Égypte et qu'ils
n'avaient pas compris le sens alchimique de l'essai de
Caligula.

C'était une opinion fort accréditée au temps de Dio-
clétien que les Égyptiens possédaient des secrets
pour s'enrichir en fabriquant l'or et l'argent; à tel
point qu'à la suite d'une révolte, l'empereur romain
fit brûler leurs livres. On voit que, malgré cette
précaution, les formules n'ont pas disparu, puisque
nous les retrouvons, à la fois, dans le papyrus de
Leyde, dans les vieux traités grecs du pseudo-Démocrite, du pseudo-Moïse, d'Olympiodore et de Zosime,
et dans les textes latins de la « Clé de la peinture ».

Citons encore le titre de l'une des recettes de la
vieille table : *Fabriquer du verre incassable*. Ce titre
mérite de nous arrêter, à cause des légendes et traditions qui s'y rattachent et qui se sont perpétuées
pendant tout le moyen âge et jusqu'à notre époque. Le

verre incassable (*fialam vitream quæ non frangebatur*,
Pétrone) paraît avoir réellement été découvert sous
Tibère, et il a donné lieu à une légende, qui en ampli-
fiait les propriétés et en faisait du verre malléable :
légende rapportée par Pétrone, Pline, Dion Cassius,
Isidore de Séville, et transmise aux auteurs du moyen
âge. Suivant le dire de Pline, Tibère fit détruire la
fabrique, de peur que cette invention ne diminuât la
valeur de l'or et de l'argent. « Si elle était connue, l'or
deviendrait aussi vil que la boue », écrit Pétrone.
D'après Dion Cassius, Tibère fit tuer l'auteur. Pétrone,
reproduit par Isidore de Séville, par Jean de Salisbury,
par Éraclius, prétend aussi qu'il le fit décapiter, et il
ajoute cette phrase caractéristique, qui s'applique
également au verre incassable : « Si les vases de verre
n'étaient pas fragiles, ils seraient préférables aux
vases d'or et d'argent. »

Ces récits se rapportent évidemment à un même fait
historique, rapporté par les contemporains, mais plus
ou moins défiguré par la légende : l'invention aurait
été supprimée, par la crainte de ses conséquences
économiques. Il n'est que plus curieux de la retrouver
signalée dans les recettes d'orfèvres du moyen âge,
comme si la tradition secrète s'en fût conservée dans
les ateliers. Il existe dans la « Clé de la peinture », au
nº 69, une formule obscure, ou plutôt chimérique, où

entre le sang-dragon, et qui paraît se rapporter au même sujet : « Sache que le verre fragile, après avoir subi cette préparation, acquiert la nature d'un métal plus résistant. » J'ai rencontré quelque indice des mêmes souvenirs dans des auteurs plus modernes, tels que le faux Raymond Lulle, et d'autres alchimistes du moyen âge, qui s'en sont fort préoccupés. « Par ce procédé, dit l'un d'eux, le verre peut être rendu malléable, ductile et changé en métal. » On sait que le procédé du verre incassable a été découvert de nouveau de notre temps, et cette fois sous une forme positive, sans équivoque et d'une façon définitive.

A la vérité, il ne s'agit pas du verre malléable ; mais celui-ci même n'est pas une chimère. En effet, on a décrit, dans ces dernières années, certains procédés industriels de laminage et de moulage du verre, fondés sur l'état plastique et la malléabilité qu'il possède à une température voisine de sa fusion. Or un article de la « Clé de la peinture » semble indiquer la connaissance de quelque procédé analogue. Ce sont ces propriétés réelles, aperçues sans doute dès l'antiquité et conservées à l'état de secrets de fabrication, qui auront donné lieu à la légende.

Quelques mots en terminant sur les écrits techniques, qui portent les noms d'Éraclius et de Théophile. Ces écrits sont plus connus que les « Formules de

teinture » et la « Clé de la peinture ; » ils ont été
l'objet d'un certain nombre de publications, mais ils
sont plus modernes. Ils se distinguent parce que les
auteurs en sont dénommés, tandis que les « Formules » et la « Clé » sont anonymes. Toutefois on sait
peu de choses sur ces deux auteurs.

Éraclius ou Héraclius se rattache à la tradition
byzantine de l'Italie méridionale ; il a vu les ruines des
édifices antiques à Rome, il est hanté par le souvenir de
la gloire et de la puissance romaines ; mais il exprime
son admiration avec la naïveté et les connaissances
confuses d'une époque redevenue barbare. La collection de recettes qui porte son nom se compose de deux
parties, de composition et de date différentes.

La première est formée par deux livres en vers,
qui offrent le caractère des écrits de la fin de l'époque
carlovingienne (ix⁰ et x⁰ siècles). Elle traite des couleurs végétales, de la feuille d'or, de l'écriture en
lettres d'or, de la dorure, de la peinture sur verre, de
la préparation des pierres précieuses artificielles : leur
taille y est décrite par l'emploi d'un tour de main chimérique, accompli avec le concours du sang de bouc :
c'est une vieille formule qui a traversé tout le moyen
âge. Toutes ces recettes sont d'origine antique, un peu
vagues d'ailleurs et sans invention nouvelle.

Le livre en prose est rédigé d'une façon plus solide

et plus précise : il a dû être ajouté plus tard par un continuateur, vers le xiie siècle; car il y est question de la teinture du cuir de Cordoue, et le cinabre (couleur rouge) y est désigné sous le nom d'*azur*, traduction d'un mot arabe, fréquente au xiie siècle et qui a donné lieu à toutes sortes de contresens et de confusions avec notre azur bleu moderne. L'auteur rapporte également les vieux contes de Pline et d'Isidore de Séville sur l'origine du verre et sur l'invention du verre malléable : ces contes couraient le monde au xiie siècle et ils figurent aussi dans Jean de Salisbury. En tout cas, les sujets principaux, traités dans l'ouvrage d'Éraclius, existent déjà dans la « Clé de la peinture ».

Le *Tableau des divers arts*, du moine Théophile, paraît dû à un moine bénédictin pseudonyme, nommé en réalité Roger, qui vivait à la fin du xie siècle et au commencement du xiie. Cet ouvrage est plus exact et plus détaillé que celui d'Éraclius. Il se compose de deux livres, le premier consacré à la peinture; c'est toujours le même programme, commun à tous les manuels destinés aux peintres, mais avec plus de détails. Le second livre concerne la confection des objets nécessaires au culte et à la construction des édifices qui lui sont consacrés. Il décrit en détail le fourneau pour fondre le verre et la fabrication de ce

dernier, celle des verres peints et des vases de terre
colorés, le travail du fer, la fusion de l'or et de
l'argent et leur travail, celui de l'émail, qu'il appelle
electrum, nom donné autrefois à un alliage d'or et
d'argent; la fabrication des vases destinés au culte,
calice, ostensoir, etc. ; les orgues, les cloches, les
cymbales, etc. Ces renseignements sont curieux ; car ils
montrent que l'industrie du verre et des métaux avait
fini par se concentrer autour des édifices religieux.
Mais la technique chimique de Théophile est la même
que celle des traités précédents, quoique se rattachant
à une période plus moderne : elle nous amène directement aux xiiie et xive siècles, époque à partir de
laquelle les monuments et les écrits se multiplient de
plus en plus jusqu'aux temps modernes. La filiation
des traditions techniques depuis l'antiquité devient de
moins en moins manifeste, à mesure que les intermédiaires se multiplient et que les arts tendent à
reprendre un caractère original.

    L'ensemble des faits que je viens d'exposer mérite
d'attirer notre attention, au point de vue de la suite
et de la renaissance des traditions scientifiques. En
effet, c'est par la pratique que les sciences débutent;
il s'agit d'abord de satisfaire aux nécessités de la vie
et aux besoins artistiques, qui s'éveillent de si bonne
heure dans les races civilisables. Mais cette pratique

même suscite aussitôt des idées plus générales, lesquelles ont apparu d'abord dans l'humanité sous la
forme mystique. Chez les Égyptiens et les Babyloniens,
les mêmes personnages étaient à la fois prêtres et
savants. Aussi les premières industries chimiques
ont-elles été exercées d'abord autour des temples :
*le Livre du Sanctuaire, le Livre d'Hermès, le Livre de
Chymès*, toutes dénominations synonymes chez les
alchimistes gréco-égyptiens, représentent les premiers
manuels de ces industries. Ce sont les Grecs, comme
dans toutes les autres branches scientifiques, qui ont
donné à ces traités une rédaction dégagée des vieilles
formes hiératiques, et qui ont essayé d'en tirer une
théorie rationnelle, capable à son tour, par une action
réciproque, de devancer la pratique et de lui servir de
guide. Le nom de Démocrite, à tort ou à raison, est
resté attaché à ces premiers essais; ceux de Platon et
d'Aristote ont aussi présidé aux tentatives de conceptions rationnelles. Mais la science chimique des Gréco-
Égyptiens ne s'est jamais débarrassée, ni des erreurs
relatives à la transmutation, — erreurs entretenues
par la théorie de la matière première, — ni des formules religieuses et magiques, liées autrefois en Orient
à toute opération industrielle.

Cependant, la culture scientifique proprement dite,
ayant péri en Occident avec la civilisation romaine,

les besoins de la vie ont maintenu la pratique impérissable des ateliers, avec les progrès acquis au temps des Grecs, et les arts chimiques ont subsisté; tandis que les théories, trop subtiles ou trop fortes pour les esprits d'alors, tendaient à disparaître, ou plutôt à faire retour aux anciennes superstitions. Dans la « Clé de la peinture, » comme dans les papyrus égyptiens et dans les textes de Zosime, il est fait mention des prières que l'on doit réciter au moment des opérations, et c'est par là que l'alchimie est restée intimement liée avec la magie : au moyen âge, aussi bien que dans l'antiquité.

Mais quand la civilisation a commencé à reparaître pendant le moyen âge latin, vers le xiiie siècle, au sein d'une organisation nouvelle, nos races se sont prises de nouveau au goût des idées générales, et celles-ci, dans l'ordre de la chimie, ont été ramenées par les pratiques; ou plutôt elles ont trouvé leur appui dans les problèmes permanents soulevés par celles-ci. C'est ainsi que les théories alchimiques se sont réveillées soudain, avec une vigueur et un développement singuliers; leur évolution progressive, en même temps qu'elle perfectionnait sans cesse l'industrie, a éliminé peu à peu les chimères et les superstitions d'autrefois. Voilà comment a été constituée en dernier lieu notre chimie moderne, science rationnelle établie aujourd'hui sur des fondements purement expérimentaux. Ainsi, la science est née à ses débuts des pratiques industrielles; elle a concouru à leur développement, pendant le règne de la civilisation antique. Quand la science a sombré avec la civilisation, la pratique a subsisté et elle a fourni plus tard à la science un terrain solide, sur lequel celle-ci a pu se développer de nouveau, lorsque les temps et les esprits sont redevenus favorables. La connexion historique de la science et de la pratique, dans l'histoire des civilisations, est ainsi manifeste : il y a là une loi générale du développement de l'esprit humain.

LA CHIMIE CHEZ LES ARABES

L'alchimie arabe a été réputée pendant longtemps le véritable point de départ de la science chimique : on attribuait aux Arabes la découverte de la distillation, celle des acides et des sels métalliques, bref la plupart des connaissances chimiques antérieures au xvi° siècle. Les traditions qui rattachaient la chimie à Hermès, c'est-à-dire à l'Égypte, étaient regardées comme imaginaires; les débuts de notre science ne remontaient pas, disait-on, au delà des croisades. Ces affirmations, que l'on trouve dans un grand nombre d'auteurs du commencement de ce siècle, n'ont en réalité d'autre fondement que l'ignorance où ils étaient des véritables sources, je veux dire des textes grecs, syriens et arabes, demeurés manuscrits dans les bibliothèques; joignez-y le mépris que les adeptes d'une science, constituée enfin sur des bases rationnelles, professaient alors pour les opinions incertaines et confuses de leurs prédécesseurs, et l'impossibilité apparente de débrouiller le fatras symbolique et mystique, accumulé par les auteurs des xve et xvie siècles. Mais aujourd'hui, cet état d'esprit a bien changé. Nous avons en toutes choses le souci de remonter aux origines et d'y chercher la compréhension des idées ultérieures. Les textes anciens ont été publiés, traduits, commentés : en grande partie, qu'il me soit permis de le rappeler, par moi-même, ou sous ma direction Or ces textes ont révélé tout un ordre nouveau de faits positifs et de doctrines coordonnées et rationnelles. Ils ont ressuscité la science chimique de l'antiquité et nous ont livré la clé de ces systèmes, en honneur jusqu'au xviiie siècle et qui représentaient, sous le voile de leurs emblèmes, toute une philosophie, connexe avec la métaphysique des Alexandrins, disciples de Platon et d'Aristote.

Dès lors, l'alchimie arabe a dû tomber au second rang : en réalité, les Arabes ne sont pas les créateurs de la science, ils en ont été seulement les continuateurs. A ce titre même, leur rôle a été fort exagéré, parce qu'on leur a attribué non seulement les travaux de leurs prédécesseurs helléniques, sur la distillation par exemple, mais aussi les découvertes faites par leurs successeurs dans l'Occident, aux xive et xve siècles. Les œuvres purement latines du faux Geber, écrites du xive au xvie siècle par divers pseudonymes, ont

contribué à jeter sur l'histoire de la chimie une obscurité, qui n'est pas encore dissipée. Mais la publication
des ouvrages authentiques des chimistes arabes et de
ceux du véritable Geber, en particulier, fait à cet
égard une lumière définitive et permet d'assigner à
l'œuvre des Arabes son importance et son caractère
réels. Je vais essayer d'en donner une idée.

Les écrits chimiques en langue arabe se partagent
en deux catégories distinctes : les uns sont de véritables
traités descriptifs et pratiques de chimie, analogues aux traités de matière médicale, mais coordonnés suivant des principes et une méthode que nous
ne trouvons ni chez les Grecs ni chez les Syriens; les
autres écrits sont au contraire des compositions théoriques, mêlées de philosophie et de mysticisme, et où
l'on rencontre sur la constitution des métaux des
idées et des notions qui existaient seulement en germe
chez les Grecs, et que les Arabes ont dégagées et sys-
tématisées. On y trouve même des poètes, comme
dans tout ordre d'idées susceptible d'ouvrir de vastes
horizons et d'exciter l'enthousiasme : il existe une
vaste littérature poétique d'alchimistes byzantins,
arabes, latins, enivrés d'espérances chimériques.

Rappelons ici que dans l'histoire scientifique le mot
« arabe » offre quelque chose d'illusoire; en réalité,
ce sont des auteurs syriens, persans et espagnols, qui

ont employé la langue arabe, à la suite du grand mouvement qui suivit la conquête musulmane. Ce mouvement s'étendit à toutes les branches de la culture scientifique et philosophique; mais il est trop étendu pour que je puisse même essayer de le résumer dans son ensemble; l'étude seule de son développement en chimie représente déjà un travail considérable.

Je parlerai d'abord des personnes, c'est-à-dire des alchimistes arabes, puis de leurs ouvrages authentiques, de ceux de Geber en particulier, et je terminerai en examinant les connaissances positives des Arabes en chimie et les acquisitions que la science leur doit réellement.

I. — LES ALCHIMISTES ARABES : LEURS PERSONNES.

L'histoire personnelle des alchimistes arabes est retracée dans plusieurs encyclopédies écrites dans cette langue, spécialement dans le Kitab-al-Fihrist.

D'après les auteurs de ces compilations, le premier musulman qui ait écrit sur l'art alchimique fut Khaled-ben-Yezid-ibn-Moaouïa, prince Ommiade, de la noble tribu des Koréischites, mort en 708; ce fut un personnage considérable, qui prétendit au khalifat, mais dont les circonstances déçurent l'ambition et annihilè-

rent le rôle politique. Il se rejeta vers l'étude des
sciences et devint l'un des promoteurs de la culture
grecque en Syrie. Il compta parmi ses maîtres un
moine syrien, nommé Marianos.

On attribue à Khaled et à Marianos plusieurs ouvrages
alchimiques; mais ces attributions sont aussi incertaines que celles des ouvrages grecs, supposés écrits
par les empereurs Héraclius et Justinien II, qui ont
vécu à la même époque. Les uns et les autres étaient
protecteurs des savants de leur temps, et grands fauteurs de médecine, d'astrologie et d'alchimie. Aussi les
contemporains ont-ils mis sous leur nom diverses
œuvres relatives à ces matières, soit qu'elles aient été
composées réellement avec leur patronage; soit que
les auteurs, restés anonymes, aient voulu se couvrir
d'une grande autorité, du vivant même de ces personnages, ou dans la génération qui les suivit et qui con-
servait le souvenir de leur puissance. Aucun traité de
Khaled ou de Marianos, dans son texte arabe ou
syriaque, n'est venu jusqu'à nous, à ma connaissance;
mais nous possédons des traductions latines de livres
qui portent leur nom : seulement, par suite d'une
altération commune aux mots sémitiques, où les
voyelles comptent peu, Marianos est devenu en latin
Morienus. L'une de ces traductions est même la plus
ancienne œuvre arabico-latine en alchimie qui possède

une date certaine, celle de 1182, où elle fut exécutée
par Robertus Castrensis. L'auteur original dit être
devenu moine quatre ans après la mort d'Héraclius, et
il rapporte sa science au Livre de la Chimie, composé
par Hermès : il reproduit un certain nombre des
axiomes des Grecs ; la seconde partie de son opuscule
consiste dans un dialogue avec Khaled (écrit Calid).
Sous le nom de Calid même, on possède également des
traductions latines, d'authenticité incertaine. Il aurait
eu, dit-on, pour disciple Djaber-ben-Hayyan-Eç-Çouty,
le célèbre Geber des Latins.

Cependant les notices biographiques consacrées à ce
dernier par les auteurs arabes laissent flotter sa personnalité dans un milieu un peu légendaire. Il était,
d'après les uns, natif de Tousa, ville du Khorassan, et
établi à Koufa, en Mésopotamie ; tandis que Léon
l'Africain prétend que c'était un chrétien grec, con-
verti à l'islamisme. D'autres chroniqueurs le font naître
à Harran, parmi les Sabéens, c'est-à-dire parmi les
derniers partisans du culte des astres et des religions
babyloniennes. Enfin, d'après le Kitab-al-Fihrist, certains historiens contestaient même l'existence de
Geber. L'époque de sa vie est incertaine, entre le
VIIIe et le IXe siècle. En effet, le récit qui en fait un disciple de Khaled le placerait au début du VIIIe siècle :
tandis que d'autres historiens le rattachent au groupe

24

des Barmécides, contemporains d'Haroun-al-Raschid, qui ont vécu un siècle plus tard. On ne sait rien de précis sur sa vie et on lui attribue des centaines d'ouvrages, ou de mémoires, dont j'ai reproduit ailleurs la longue liste, traduite du Kitab-al-Fihrist. Plus d'un de ces ouvrages est dû en réalité à ses disciples, ou à ses imitateurs. Quoi qu'il en soit, Geber avait écrit sur toutes sortes de sujets et sa réputation domine celle des autres alchimistes : Rasès et Avicenne le déclarent le maître des maîtres. Sa réputation a grandi pendant le moyen âge latin, et Cardan le proclamait, au xvie siècle, l'un des douze génies les plus subtils du monde.

L'étude directe des œuvres arabes de Géber ne justifie que bien imparfaitement cet enthousiasme. Sans doute elles comprennent un vaste domaine, dans l'ordre des connaissances humaines; mais Geber vivait à une époque de décadence et sa force d'esprit ne répond pas à l'étendue des sciences qu'il a essayé d'embrasser. On en jugera tout à l'heure, quand j'analyserai quelques-unes de ses œuvres authentiques : je parle des œuvres arabes, bien entendu, les écrits latins qui portent son nom étant apocryphes.

Mais poursuivons l'histoire des chimistes arabes. Après Geber, on cite Dz'oun-Noun-El-Misri; Maslema,

astronome et magicien espagnol, mort en 1007; Er-
Râzi, autrement dit Rasès, célèbre médecin auquel on
attribue divers traités traduits en latin; Ishaq-ben-
Noçair, habile dans la fabrication des émaux; Toghrayi,
mort en 1122; Amyal-et-Temîmi et divers autres; El-
Farabi; enfin au xiie siècle, Ibn-Sina, notre Avicenne,
médecin, alchimiste et personnage politique.

Nous possédons sous son nom une alchimie latine,
qui porte les caractères d'une œuvre traduite de
l'arabe et dont les exposés et les doctrines, conformes
à ceux de Vincent de Beauvais et d'Albert le Grand,
autorisent à admettre l'authenticité. Je veux dire que
c'est un livre arabe, car on ne saurait affirmer qu'il a
été écrit par Avicenne lui-même, le texte arabe étant
perdu et le texte latin portant les traces de fortes
interpolations, d'origine espagnole principalement.
J'en extrairai seulement les lignes suivantes, qui
montrent à quel degré la science avait développé, dès
lors, chez ses partisans, la tolérance et le scepticisme.
« Jacob, le Juif, homme d'un esprit pénétrant, m'a
enseigné beaucoup de choses, et je vais te répéter ce
qu'il m'a enseigné. Si tu veux être un philosophe de
la nature, à quelque loi (religion) que tu appartiennes,
écoute l'homme instruit, à quelque loi qu'il appartienne
lui-même, parce que la loi du philosophe dit : ne tue
pas, ne vole pas, ne commets pas de fornication, fais

aux autres ce que tu fais pour toi-même. » Il y a là
l'affirmation de la communauté de sentiments entre les
adeptes de la science d'alors, quelle que fût leur
confession religieuse, communauté exceptionnelle aux
xiie et xiiie siècles. Il y a même l'affirmation d'une
morale purement philosophique, ce qui était une
hérésie et une impiété, pour les musulmans aussi bien
que pour les chrétiens.

Quoi qu'il en soit, vers cette époque s'engagea une
première polémique sur la réalité de la transmutation
des métaux, que les alchimistes grecs n'avaient jamais
pensé à mettre en doute. Ibn-Teimiya, Yakoub-el-Kindi
et Ibn-Sina la contestent; tandis qu'Er-Râzi et Toghrayi
en maintiennent l'existence. Ibn-Khaldoun, en rappor-
tant cette polémique, ajoute malignement qu'Ibn-Sina,
qui niait la transmutation, était grand-vizir et riche;
tandis qu'El-Farabi, qui y croyait, était misérable et
mourait de faim. A mesure que les expériences se
multipliaient, la transmutation semblait plus difficile
et plus incertaine. Déjà on commençait à donner la
liste des philosophes qui l'avaient accomplie autrefois.
« Tous ceux qui sont venus après eux, dit le Kitab-al-
Fihrist, ont vu leurs efforts impuissants. » C'est ainsi
que l'efficacité des oracles, dans le monde grec, et la
réalité des miracles, dans le monde moderne, ont été
rejetées de plus en plus dans le passé.

Tel est le résumé de l'histoire des alchimistes arabes jusqu'au temps des croisades, époque où les Latins eurent connaissance de leurs travaux, par l'Espagne principalement. Les musulmans n'ont pas cessé depuis d'écrire sur ce sujet. De nos jours même, il existe chez eux des ouvrages d'alchimie moderne, au Maroc et ailleurs : ouvrages tenus secrets par leurs propriétaires, qui prétendent s'assurer le monopole de recettes chimériques ; les rêves du moyen âge durent encore dans les pays musulmans, demeurés étrangers aux progrès de la science européenne.

II. — LES ALCHIMISTES ARABES : LEURS DOCTRINES

Le moment est venu d'examiner les ouvrages de la chimie arabe, que j'ai publiés d'après les manuscrits authentiques des bibliothèques de Paris, de Leyde et de Londres, afin de donner une idée des connaissances réelles de leurs auteurs. Ces ouvrages se partagent ainsi que je l'ai dit, en deux catégories : *les Traités pratiques*, dont je citerai un type, remontant vers le XIIe siècle ; et *les Traités théoriques*, contenus dans les manuscrits de Paris et de Leyde. Commençons par ces derniers.

On y rencontre d'abord quelques livres imprégnés

24.

de souvenirs gréco-égyptiens, tels que *le livre de Cratès*, peut-être dérivé d'un original grec, et le seul qui transcrive quelques signes alchimiques; *le livre d'El-Habib* et *le livre d'Ostanès*, tout rempli d'allégories et de citations caractérisques, mais auquel il serait superflu de nous arrêter.

Les *Traités de Geber*, qui occupent une centaine de pages in-4°, méritent une attention plus particulière, sinon par leur valeur propre, du moins par la réputation de l'auteur et le jugement qu'ils permettent de porter sur lui. Ils sont compris, d'ailleurs, dans les listes du Kitab-al-Fihrist. D'après ces listes, qui occupent plusieurs pages, les œuvres de Geber étaient distribuées en séries, désignées par des indications numériques, telles que les *112 livres*; les *70 livres*; les *10 discours*; les *20 ouvrages*; les *17*, les *30*, etc., comprenant l'ensemble des sciences. La plupart de ces ouvrages sont de simples opuscules ou mémoires. Geber y reste d'ordinaire dans le domaine des déclamations vagues et charlatanesques. Il recommande le secret et renouvelle sans cesse sa profession de bon musulman, comme s'il craignait qu'on en suspectât la sincérité. Le passage suivant donnera une idée de sa méthode d'exposition :

« Au nom du Dieu clément et miséricordieux ! Djaber-ben-Hayyan s'exprime en ces termes : — Mon

maître (que Dieu soit satisfait de lui!) m'appela :
ô Djaber! — Maître, lui répondis-je, me voici à vos
ordres. — Parmi tous les livres que tu as composés et
dans lesquels tu as traité de l'œuvre... il en est qui
ont la forme allégorique et dont le sens apparent n'offre
aucune réalité. D'autres ont la forme de traités pour
la guérison des maladies et ne sauraient être compris
que par un savant habile. Quelques-uns sont rédigés
sous forme de traités astronomiques... Il en est qui ont
la forme de traités de littérature, où les mots sont
employés tantôt avec leur sens véritable, tantôt avec
un sens figuré; or, la science qui donne l'intelligence
de ces mots a disparu et les initiés n'existent plus. Personne après toi ne pourra donc plus en saisir le sens
exact... Enfin, tu as composé de nombreux ouvrages
sur les minéraux et les drogues, et ces livres ont troublé l'esprit des chercheurs, qui ont consumé leurs biens,
sont devenus pauvres et ont été poussés par le besoin
à frapper des monnaies de faux poids, ou à fabriquer
des pièces fausses. Cette pauvreté et cette détresse les
ont encore amenés à employer la ruse vis-à-vis des gens
riches, et la faute en est à toi et à ce que tu as écrit
dans tes ouvrages... »

Cependant, au milieu de ces développements prolixes
et sans précision, on peut démêler certaines idées philosophiques, de source hellénique, pour la plupart.

Toutes choses résultent de la combinaison des quatre éléments : le feu, l'air, l'eau et la terre, et des quatre qualités : le chaud et le froid, le sec et l'humide. Quand il y a équilibre entre leurs natures, les choses deviennent inaltérables; elles subsistent alors en dépit du temps et résistent à l'action de l'eau et du feu : ainsi fait l'or naturel. Tel est encore le principe de l'art médical, appliqué à la guérison des maladies. On retrouve dans Geber l'assimilation des métaux aux êtres vivants, en tant que constitués par l'association d'un corps et d'une âme, théorie empruntée aux alchimistes alexandrins et conforme aux théories aristotéliques sur la forme et la matière.

Mais on y rencontre aussi des notions nouvelles, comme la doctrine des qualités occultes des êtres, opposées à leurs qualités apparentes; théorie développée dans des termes et avec une précision inconnue des alchimistes grecs. « Le plomb, dit Geber, est, à l'extérieur, froid et sec, et à l'intérieur, chaud et humide; tandis que l'or, à l'extérieur, est chaud et humide, mais froid et sec à l'intérieur. Donc l'intérieur de l'or est pareil à l'extérieur du plomb, et l'extérieur de l'or pareil à l'intérieur du plomb. De même l'étain comparé à l'argent. » Rasès déclare également que le cuivre est de l'argent en puissance : « celui qui en extrait radicalement la couleur rouge le ramène à l'état d'argent; car il est en apparence cuivre et dans son intimité secrète argent. » Ces idées peuvent paraître étranges aux savants d'aujourd'hui; mais il faut les connaître, si l'on veut comprendre la direction des travaux des alchimistes du moyen âge. Peut-être en retrouverait-on quelque trace dans nos opinions sur les fonctions opposées et les rôles électro-chimiques contraires, que peut remplir un même élément dans ses combinaisons.

Les *Traités* de Geber ne comprennent pas seulement l'alchimie. On y rencontre un résumé de la *Logique* d'Aristote, des dissertations mêlées de chimie et de métaphysique sur le corps, l'âme et l'accident et sur les dix-sept forces qui constituent toute chose; des exposés médicaux et physiologiques sur la nutrition, la digestion, l'utérus, sur les compartiments du cerveau et la localisation des facultés, imagination, mémoire et intelligence : c'est un premier essai de phrénologie. Après avoir présenté une série de *Pourquoi* sur les matières animales, végétales, minérales, série analogue aux *Problèmes* d'Aristote, et qui atteste un mélange singulier de crédulité puérile et de charlatanisme, Geber invoque la nécessité des connaissances astrologiques, en raison des influences sidérales sur les phénomènes et sur les personnes.

Non seulement il croit à l'astrologie; mais il reproduit les idées pythagoriciennes de Stéphanus, contemporain d'Héraclius, sur les quatre éléments, les sept métaux, les douze fauteurs de l'œuvre et il expose le calcul mystérieux du Djomal, d'après lequel les noms des choses en font connaître la nature. Pour faire pénétrer le lecteur plus profondément dans la connaissance de la science orientale, il n'est peut-être pas inutile d'en donner une idée. Le nom d'une chose ou d'un être, d'après Ptolémée, dit notre auteur, est déterminé d'une manière fatale par la conjonction des astres au jour de sa naissance. Rangeons donc les vingt-quatre lettres de l'alphabet dans un tableau à double entrée, formé de quatre colonnes verticales, comprenant six rangées horizontales : les quatre colonnes représenteront la sécheresse, l'humidité, le froid et la chaleur, et les six rangées, les divisions numériques exprimées par les mots degré, minute, seconde, tierce, quarte, quinte. Soit maintenant un nom formé d'un certain nombre de lettres, cherchons la place occupée par chacune de ses lettres. Si la seconde lettre, par exemple, tombe dans la colonne de la chaleur et dans la rangée des minutes elle donnera deux minutes de chaleur; on fera la même évaluation pour chacune des lettres du mot et chacune des quatre qualités : la somme indiquera la proportion des quatre qualités fondamentales dans le mot lui-

même, c'est-à-dire dans la chose qu'il exprime. Si
c'est une substance destinée à un usage médical ou
chimique, on en cherchera une ou plusieurs autres,
susceptibles d'équilibrer par compensation les éléments actifs de la première. « Installez alors votre
chaudron, dit Geber, et faites chauffer à un feu léger
les substances qui s'équilibrent, afin qu'elles se pénètrent et forment un mélange intime et permanent. »

Si j'ai reproduit ces rêveries subtiles, renouvelées
des médecins mathématiciens de l'Égypte, c'est afin
de montrer quel mélange de données réelles et de
calculs chimériques constituait la science arabe,
mélange qui subsiste même de notre temps dans la
science orientale : car elle n'est jamais parvenue à la
conception purement rationnelle, qui élimine le mystère et le mysticisme de la connaissance positive de
l'univers.

Quelques mots encore sur une théorie de la constitution des métaux, qui paraît due aux Arabes et qui a
été souvent attribuée à Geber, quoiqu'on n'en trouve
aucune trace dans ses œuvres authentiques, connues
jusqu'à présent. Je veux parler de cette théorie d'après
laquelle les métaux seraient formés de mercure, de
soufre et d'arsenic (sulfuré). L'arsenic est de trop ici,
car il était rangé autrefois dans la classe du soufre;
mais la doctrine dont il s'agit figure sous sa forme

précise dans les traductions arabico-latines, d'apparence authentique, écrites au XIII° siècle. Ainsi l'alchimie dite d'Avicenne explique d'abord que tout métal doit être réputé formé de mercure et de soufre, parce qu'il peut être rendu fluide par la chaleur et prendre ainsi l'apparence du mercure, et parce qu'il peut produire de l'*azenzar*, qui possède la couleur (jaune ou rouge) du soufre. Par ce mot *azenzar* ou *açur*, l'auteur entendait à la fois le cinabre et l'oxyde de mercure, le minium, le protoxyde de cuivre, le peroxyde de fer, en un mot tous les sulfures et oxydes métalliques de teinte rouge. Les modernes savent aujourd'hui distinguer ces corps les uns des autres ; mais les auteurs anciens et les alchimistes grecs, aussi bien que les arabes, les confondaient sous des noms communs ; cette confusion était invoquée comme la preuve d'une théorie sur la constitution des métaux.

Voici quel système, en effet, avait été construit sur ces prémisses. « L'or est engendré par un mercure brillant, associé avec un soufre rouge et clair. — Le mercure blanc, fixé par la vertu d'un soufre blanc, engendre une matière que la fusion change en argent. — Le cuivre est engendré par un mercure trouble et épais, et un soufre trouble et rouge. — L'étain est engendré par un mercure clair et un soufre clair, cuit pendant peu de temps ; si la cuisson est très prolongée, il devient argent, etc. Cette génération des métaux est accomplie en cent ans dans les entrailles de la terre; mais l'art pourrait en abréger l'accomplissement. Il s'effectue alors en quelques heures, ou en quelques minutes. »

Ces doctrines singulières montrent quelles idées on se faisait alors de la constitution des métaux et quelles théories guidaient les alchimistes, dans cette région ténébreuse et complexe des métamorphoses chimiques. Peut-être ne doit-on pas traiter ces idées avec trop de dédain, si on les compare avec les conceptions en honneur parmi les chimistes d'aujourd'hui sur les séries périodiques des corps simples, alignés en progressions arithmétiques, et sur la formation supposée des métaux dans les espaces célestes.

Quoi qu'il en soit, on voit par là quelles ont été les additions faites par les Arabes aux idées des alchimistes grecs. C'est aux Grecs, en effet, qu'ils ont emprunté le dogme fondamental de l'unité de la matière et l'hypothèse de la transmutation, ainsi que la notion du mercure des philosophes; ils ont seulement modifié la doctrine de la teinture de ce mercure quintessencié par le soufre et les composés arsenicaux, en la remplaçant par la composition même de ces métaux, au moyen de deux éléments mis sur le même rang, le mercure et le soufre, et ils ont développé

25

toutes ces théories, par des rêveries numériques et des subtilités sans fin.

Tel est notamment le cas du véritable Geber, d'après la lecture de ses ouvrages authentiques. Il diffère extrêmement du personnage qui a usurpé son nom dans les histoires de la chimie. Le dernier personnage, en effet, est apocryphe, et il représente les œuvres réunies de plusieurs générations de faussaires.

Ce récit vaut la peine d'être fait. En effet, la littérature alchimique, comme la littérature prophétique, est remplie d'apocryphes, depuis l'Égyptien Hermès, divinité changée en homme et auteur pseudo-épigraphe de tant d'écrits, à partir des prêtres de Thèbes et de Memphis qui mettaient sous son nom tous leurs ouvrages, jusqu'aux Alexandrins, dont certaines élucubrations attribuées à Hermès Trismégiste nous sont parvenues, enfin jusqu'aux Arabes et aux Occidentaux, qui n'ont cessé de multiplier au moyen âge, et même au xixe siècle, les livres mis sous le nom d'Hermès.

Le pseudo Démocrite est le plus vieil auteur, de personnalité humaine, dont les alchimistes grecs invoquent l'autorité. Le pseudo Aristote et le pseudo Platon sont des alchimistes arabes; le pseudo Raymond Lulle et ses disciples ont rempli les collections alchimiques latines de leurs œuvres, écrites du xive au xvie siècle. Mais la plupart de ces faussaires ont été démasqués de

bonne heure. Le pseudo Démocrite était déjà suspect
au temps d'Aulu-Gelle; la fraude du pseudo Aristote
était reconnue par Vincent de Beauvais. Les pseudo
Raymond Lulle ont été percés à jour par M. Hauréau;
tandis que la réputation du pseudo Geber est demeurée
incontestée pendant tout le moyen âge et jusqu'à
l'époque présente.

Cependant elle ne saurait résister, ni à l'examen
attentif de ses œuvres latines, ni surtout à leur comparaison avec les écrits arabes du véritable Geber. Le
nom de Geber, comme le nom de Raymond Lulle, a
servi de couverture et de passe-partout à des auteurs
divers et anonymes, qui ont mis sous son patronage
autorisé des œuvres écrites au xıv^e, au xve et au
xvı^e siècle. Les éditeurs sans critique des livres alchimiques ont réuni aux xvı^e et xvıı^e siècles tous ces
traités, sous une attribution identique, dans leurs
collections imprimées. Quelques détails sont ici nécessaires pour bien établir ce point, qui touche au cœur
de l'histoire de l'alchimie arabe.

Les principaux ouvrages latins attribués à Geber
sont : la *Somme*, ou *Traité de la fabrication parfaite
du magistère*, la *Recherche de la perfection*, la *Découverte de la vérité*, le *Livre des fourneaux*, le *Testament
de Geber, roi de l'Inde*, et l'*Alchimie de Geber*; on y a
même ajouté par surcroît divers traités d'astronomie,

composés en réalité par un homonyme de Séville, qui vécut au xiiie siècle. Parmi les ouvrages chimiques, les deux derniers sont beaucoup plus modernes que les autres, car ils décrivent des préparations telles que l'acide nitrique et l'eau régale, qui ne figurent pas dans la *Somme*, ni chez aucun auteur, avant le milieu du xive siècle. La *Recherche de la perfection*, la *Découverte de la vérité*, le *Livre des fourneaux*, ne sont autre chose que des extraits de la *Somme*, accrus par des additions postérieures. La *Somme* est donc à la fois l'œuvre capitale et l'œuvre la plus ancienne parmi ces apocryphes. Elle est rédigée avec une méthode, une logique, une précision inconnues du véritable Geber; on y trouve, au contraire, cette forte influence exercée par la scolastique sur l'art d'écrire et de raisonner. « L'or est un corps métallique, jaune, pesant, non sonore, brillant..., malléable, fusible, résistant à l'épreuve de la coupellation et de la cémentation. D'après cette définition, on peut établir qu'un corps n'est point de l'or, s'il ne remplit pas les conditions positives de la définition et de ses différenciations. » Tout ceci est d'une fermeté de pensée et d'expression inconnue aux auteurs antérieurs, notamment au Geber arabe.

L'auteur latin expose et discute les raisonnements de ceux qui nient l'existence de l'alchimie, suivant toutes les règles de la philosophie de son temps. On y relève cette objection terrible, qui a fini par tuer l'ancienne alchimie : « Voici bien longtemps que cette science est poursuivie par des gens instruits ; s'il était possible d'en atteindre le but par quelque voie, on y serait parvenu déjà des milliers de fois. Nous ne trouvons pas la vérité sur ce point, dans les livres des philosophes qui ont prétendu la transmettre. Bien des princes et des rois de ce monde, ayant à leur disposition de grandes richesses et de nombreux philosophes, ont désiré réaliser cet art, sans jamais réussir à en obtenir les fruits précieux : c'est donc là un art frivole. »

Or, rien d'analogue ne se lit dans le Geber arabe. Ce dernier croit à l'influence des astres sur les métaux, tandis que l'auteur latin la nie. On ne trouve nulle part chez l'auteur latin ce mélange perpétuel d'illusion mystique et de charlatanisme, qui caractérise l'écrivain arabe. Enfin, dans l'auteur latin, il n'y a aucun indice d'origine arabe, ni dans la méthode, ni dans les faits, ni dans les mots, ou les personnages cités, ni dans allusions à l'islamisme, si fréquentes chez l'auteur arabe et qui font ici complètement défaut. Ajoutons que Vincent de Beauvais, contemporain de saint Louis, dans son encyclopédie (*Speculum naturale*) ne reproduit pas une seule ligne de la *Somme* ; il cite deux ou trois fois Geber; mais uniquement d'après l'alchimie latine d'Avicenne, dont il reproduit textuellement les phrases; ainsi que celles de divers autres alchimistes qu'il avait entre les mains. Nous pouvons en conclure que Vincent de Beauvais ignorait l'existence de cette œuvre latine du pseudo Geber; qui a été probablement composée après lui. La même vérification s'applique aussi à Albert le Grand, autre compilateur célèbre du XIIIᵉ siècle : il ignore complètement le pseudo Geber. On voit par là comment l'attribution des ouvrages latins du pseudo Geber aux Arabes a faussé toute l'histoire de la science, en laissant supposer dans ceux-ci des connaissances positives qu'ils n'ont jamais possédées.

III. — LES ALCHIMISTES ARABES : LEURS CONNAISSANCES POSITIVES

Examinons maintenant les connaissances positives des Arabes en chimie, d'après leurs écrits authentiques, afin de les comparer, d'une part, à celles des savants grecs qui les ont précédés, et, d'autre part, à celles des savants latins, qui les ont suivis et qui ont été les précurseurs les plus prochains de la chimie moderne.

Ces connaissances sont présentées dans une série de

traités techniques, parvenus jusqu'à nous. Je citerai
d'abord un ouvrage arabe, écrit en lettres syriaques,
contemporain des croisades, et que j'ai publié récemment. Il convient de le rapprocher de l'ouvrage de
matière médicale d'Ibn-Beithar, en grande partie reproduit de Dioscoride, et que M. Leclerc a imprimé dans
les collections de l'Académie des Inscriptions. —
A côté de ces deux ouvrages, écrits en langue arabe, les
seuls dont on ait donné des traductions modernes, il
convient de citer les vieilles traductions latines manuscrites, faites vers le XIIe siècle, des traités qui portent le
nom de Rasès et le nom de Bubacar, ainsi que les
alchimies attribuées à Avicenne et au pseudo Aristote,
imprimées aux XVIe et XVIIe siècles. Les textes originaux
ne devaient pas être beaucoup plus anciens que le
XIIe; mais ils sont perdus, ou inconnus. Heureusement,
la grande similitude de ces traductions avec le traité
arabe cité plus haut en atteste l'authenticité, et la comparaison des faits qui y sont contenus avec ceux relatés
par Albert le Grand et par Vincent de Beauvais permet
de retracer avec une exactitude suffisante le tableau
des connaissances positives des Arabes en chimie, au
temps des croisades; en même temps que celles des
Latins, avec lesquels ils sont entrés alors en relation.

Entrons dans les détails. L'ouvrage arabe que j'ai
cité tout à l'heure présente un caractère pratique,

exempt des théories et déclamations des alchimistes doctrinaires. On y trouve, mis bout à bout, deux traités. L'un d'eux surtout est un véritable traité de chimie, décrivant avec méthode les substances et les opérations. Il débute par ces mots : « De la connaissance des corps métalliques, des esprits et des pierres... Sache qu'il y a sept corps métalliques, sept pierres et sept choses composées. Tout cela rentre dans la pratique de l'art. Les objets rouges sont bons pour le travail de l'or; les objets blancs pour le travail de l'argent. »

Suivent les sept métaux : or, argent, fer, cuivre, étain, plomb, mercure, et leurs noms multiples. Mais les signes alchimiques grecs ne figurent plus ici : ils disparaissent après les Syriens, peut-être à cause de l'horreur des musulmans pour la magie et les représentations figurées. Les signes alchimiques manquent également dans les manuscrits latins du xiiie siècle et ils ne reparaissent que vers la fin du xive siècle, ou plutôt dans le cours du xve : sans doute, par suite de l'influence directe, exercée alors de nouveau par les auteurs grecs.

Après les métaux viennent les esprits, ou corps volatils, capables d'agir sur les métaux, au nombre de quatre à l'origine : mercure, soufre, arsenic (sulfuré), sel ammoniac; puis ils ont été portés au chiffre sept par symétrie, l'arsenic étant dédoublé en arsenic rouge (réalgar) et arsenic jaune (orpiment), et le soufre distingué en soufre jaune, rouge et blanc. Le mercure est à la fois compris dans la classe des corps et dans celle des esprits. Les pierres sont partagées en pierres contenant des esprits, c'est-à-dire susceptibles de fournir des liquides et des sublimés par l'action de la chaleur (au contact de l'air), au nombre de sept : ce sont les marcassites (sulfures métalliques), les vitriols (sulfates de fer, d'alumine, de cuivre, etc.), et les sels ; — et en pierres ne contenant pas d'esprits.

Chaque genre de pierres est à son tour partagé en sept espèces, par exemple : la marcassite dorée, argentée, ferrugineuse, cuivreuse, etc. Il y a sept sels naturels et sept sels artificiels. Il y a sept aluns, sept fondants, désignés par le mot borax, qui a pris chez les modernes un autre sens. Sept minéraux entrent dans les préparations : cadmie, litharge, minium, céruse, sel alcalin, chaux vive, verre, et l'on emploie aussi le cinabre, le vert-de-gris, le stibium, l'émail, etc.

J'ai cru devoir reproduire toute cette liste, qui fait connaître le tableau des substances chimiques en usage au XIIIe siècle. On remarquera que ces substances sont ordonnées suivant les principes d'une classification, analogue à ce que l'on a appelé plus tard en botanique la méthode naturelle, mais dominée par l'intervention systématique du nombre sept.

Après la description des matières employées en chimie, vient celle des ustensiles et appareils : marmite, matras, cucurbite, alambic, mortier et pilon, fourneaux, etc,; puis celle des sept opérations : chauffage ou cuisson, sublimation des corps et des esprits, distillation à feu nu, ou au bain-marie, fusion, fixation. La distillation est décrite avec soin; mais cette opération remontait aux alchimistes grecs, comme je l'ai expliqué plus haut. Nous ne trouvons ici rien d'essentiellement nouveau. L'auteur termine par ces mots : « Ainsi tout est rendu manifeste. »

On voit par ces détails avec quelle précision nous pouvons parler de la chimie d'alors. Sans doute, il y a bien des points qui restent obscurs, bien des opinions erronées; mais il n'en existait pas moins un fond sérieux de connaissances positives, qu'il est facile de comprendre, en se reportant à l'état des intelligences et à la signification des mots de l'époque. Nous pouvons donc appuyer nos comparaisons et nos raisonnements sur une base solide.

Pour compléter cet exposé de la science chimique arabe, il convient de dire que le traité analysé contient, à la suite des recettes d'alliages, de teintures métalliques et de transmutations, diverses formules pour le travail des perles et des pierres précieuses artificielles, formules similaires avec celles des alchimistes grecs :

Zosime y est même cité. Il y a aussi un petit traité de
l'art du verrier, indiquant les procédés pour teindre le
verre en couleurs verte, rouge, noire, bleu, jaune
citron, etc., et décrivant les fourneaux du verrier. La
céramique et la fabrication du verre ont été toujours
cultivées en Perse et en Orient.

Ces arts s'étaient d'ailleurs conservés parallèlement
en Occident; car les mêmes sujets sont traités dans le
manuscrit de Lucques du VIIIᵉ siècle, qui renferme les
Compositiones, et plus tard dans l'ouvrage du moine
Théophile.

Ce n'est pas tout. Dans un autre passage, notre
auteur arabe donne des formules pour les flèches
incendiaires, les amorces, les pétards et artifices,
recettes pareilles à celles du traité arabe de Hassan-
al-Rammah, que nous possédons à la Bibliothèque de
Paris : elles sont contemporaines des croisades. Le
premier texte occidental qui reproduise des formules
de ce genre, c'est celui de Marcus Graecus, compilation
latine du XIIIᵉ siècle, traduite de l'arabe. J'ai exposé
ailleurs toute cette histoire, en montrant par quelle
gradation les projectiles incendiaires des anciens sont
devenus à Constantinople le feu grégeois, comment
les Arabes ont révélé le secret de ce dernier; comment enfin ses transformations successives ont engendré
la poudre à canon.

L'ouvrage arabe que je viens d'analyser peut être regardé comme un type des livres de chimie pratique de l'époque. Il fournit le tableau des matières et des opérations usitées chez les Arabes, au XIIIᵉ siècle. Or ces matières, ces opérations sont précisément les mêmes que nous rencontrons dans les traités latins indiqués comme traduits de l'arabe au cours du XIIIᵉ siècle. Tel est, par exemple, le traité de Bubacar, dans le manuscrit 6514 de Paris, dont les descriptions sont semblables et même moins systématiques, n'étant pas assujetties à reproduire perpétuellement le nombre cabaslistique sept. Ce traité comprend pareillement la description des substances, partagées en métaux, esprits et pierres; celle des vitriols, aluns, sels, fondants; puis viennent les appareils et les opérations. Il y avait évidemment un plan général, commun à tous les traités de chimie, alors comme aujourd'hui. On trouve ce plan suivi dans l'alchimie latine d'Avicenne et dans une alchimie attribuée tantôt à Rasès, tantôt au pseudo Aristote. Vincent de Beauvais reproduit aussi la plupart de ces faits, en grande partie en copiant les articles de l'alchimie latine d'Avicenne.

Nous devons nous arrêter maintenant à un ordre de composés, non mentionnés jusqu'ici dans le présent article et qui allaient prendre dans la chimie occidentale un rôle prépondérant : je veux parler des acides,

des alcalis et des dissolutions métalliques. Déjà entrevus par les Grecs, ils furent étudiés d'une façon plus approfondie par les Arabes, mais sans être isolés par eux d'une façon définitive. Les alchimistes grecs confondaient toutes les liqueurs actives de la chimie sous le nom d'*eaux divines* ou *sulfureuses*; — le mot grec Θεῖον signifie les deux choses. Les liqueurs obtenues, par filtration ou distillation des mélanges les plus dissemblables, recevaient chez eux cette dénomination. Le soufre et les sulfures y entraient d'ailleurs fréquemment comme ingrédients essentiels. A l'origine, dans le papyrus de Leyde, ce nom s'applique à un polysulfure de calcium; mais chez les auteurs alchimiques, le sens en est plus vague et plus compréhensif. Il embrassait à la fois des liqueurs acides, appelées cependant de préférence *vinaigres* ou *aluns*, des solutions ammoniacales, dérivées de l'urine, des liqueurs alcalines, renfermant des carbonates alcalins, des solutions de sulfures et de sulfarsénites alcalins, capables de teindre superficiellement les métaux, etc. Aussi les passages où le mot d'eau divine figure sont-ils d'une intelligence difficile et parfois impossible, à cause de l'indétermination du sens précis, caché sous cette désignation.

L'étude des eaux divines se perfectionna dans le cours des temps. Cependant elles ne sont pas décrites en détail dans les traités arabes cités plus haut; mais il en est fait une mention plus claire dans les traductions arabico-latines. Ainsi le traité de Bubacar renferme un livre sur les *Eaux acides*, qui ont le pouvoir de dissoudre les métaux; un autre livre sur les *Eaux vénéneuses*, préparations alcalines et ammoniacales, sulfures complexes. Mais toutes ces préparations sont encore bien confuses; il y entre, comme dans les médicaments de l'époque, des ingrédients multipliés, soumis chacun à des traitements si divers qu'il est souvent difficile d'en préciser la composition véritable, au point de vue moderne.

Dans le *Livre d'Hermès*, autre œuvre du XIIIᵉ siècle, on lit un chapitre sur les *Eaux fortes*, comprenant le vinaigre, l'urine putréfiée (carbonate d'ammoniaque), les solutions d'alun (sulfates provenant des pyrites), la lessive de cendres traitée par la chaux (potasse caustique), etc.

Le *Livre des douze eaux* était célèbre au XIIIᵉ siècle. Dans un manuscrit de cette époque, on trouve mentionnés nominativement les adeptes connus du copiste : ce sont des moines de la Haute-Italie, originaires de Crémone, Brescia, Verceil, Pavie, etc. Ces moines pratiquaient l'alchimie. Or, « Maître Jean, y est-il dit, emploie dans ses opérations le *Livre des douze eaux*, qui occupe deux folios. Richard de Pouille le possède également. » Ce titre a été appliqué d'ailleurs à plusieurs ouvrages distincts. La liste des eaux et préparations qui sont décrites dans les manuscrits, sous ce titre, ne sont pas identiques; quoique ce soient d'ordinaire des solutions alcalines, acides, sulfureuses, arsenicales fort compliquées. Mais on était bien éloigné de la notion claire et précise de nos liqueurs acides ou alcalines, modernes et bien définies.

Voici le tableau général des connaissances chimiques d'alors, d'après les documents exacts qui viennent d'être énumérés :

Dans l'ordre des arts industriels et de la médecine : extraction et purification des produits naturels utilisés, minéraux, résines, huiles, baumes, matières colorantes, etc.

Dans l'ordre de la métallurgie : fusion, coulée, alliage, moulage et travail des métaux, tant pour l'orfèvrerie que pour la construction des armes, des outils et des machines; purification de l'or et de l'argent, par coupellation, et par cémentation avec le soufre, les sulfures d'arsenic, d'antimoine, les sels de fer et les sels alcalins; réaction des métaux sur les composés sulfurés, arsenicaux, antimoniés, mercuriels, en vue de la prétendue transmutation.

Dans l'ordre des fabrications chimiques : préparation des oxydes de plomb (minium, litharge), de cuivre, de fer (ocres, sanguine, etc.), de la céruse, du

vert-de-gris, du cinabre, de l'acide arsénieux, des
chlorures de mercure; préparation des métaux en
poudre et en feuilles, ainsi que des couleurs minérales
et végétales, pour les peintres, les miniaturistes, les
verriers, les mosaïstes, les céramistes; enfin teinture
des peaux et des étoffes.

Tout cela était déjà connu en gros des chimistes
anciens; mais les préparations avaient été perfectionnées par la pratique, dans le cours des siècles. La
production des sels, aluns, vitriols, fondants, s'était
également développée, et on en définissait avec plus
de précision les différentes espèces. Le salpêtre principalement, matière inconnue des anciens, ou plutôt
non distinguée par eux, commençait à être fabriqué
sur une grande échelle, pour les arts de la guerre. La
distillation, découverte par les Grecs, s'était répandue,
sans changement notable dans les appareils, mais avec
un développement sans cesse croissant dans les applications, telles que l'extraction de l'eau de roses et des
eaux volatiles, celle des essences de térébenthine et
de genièvre, etc. : l'alcool faisait à ce moment son
apparition sous le nom « d'eau ardente, » qui s'appliquait aussi aux essences précédentes. Parmi les eaux
divines ou eaux fortes, un certain nombre représentaient des produits distillés : par exemple, les esprits
tirés des vitriols, au moyen de mélanges de matières

multiples, qui donnaient naissance à des liqueurs
également complexes.

Il y avait là des progrès considérables, par rapport
aux connaissances des anciens; progrès dans lesquels
il n'est pas facile de faire une part distincte aux
travaux des praticiens occidentaux antérieurs et à
ceux des Arabes et de leurs disciples, les deux
traditions s'étant confondues au moment des croisades.

Mais c'est à tort que l'on a prétendu faire remonter,
soit aux Arabes, soit aux auteurs des xiie et xiiie siècles,
la connaissance précise de nos acides sulfurique,
chlorhydrique, azotique et de leurs sels métalliques
bien définis. Les préparations confuses et compliquées
d'alors n'ont été débrouillées en réalité que plus tard,
dans l'Occident latin, pendant le cours des xive et
xve siècles. Si on a cru rencontrer les produits définis
de la chimie moderne dans des traités plus anciens,
c'est par suite de fausses attributions, d'une intelligence imparfaite des textes, enfin en raison d'interpolations de date plus récente, faites du xive au
xvie siècle. Dans l'alchimie imprimée du pseudo Aristote, par exemple, à la suite d'un grand nombre
d'articles, on distingue à première vue plusieurs
groupes d'additions successives, ajoutées évidemment,
de siècle en siècle, par les copistes qui voulaient

tenir le manuel au courant. Or, ces additions manquent dans les plus anciens manuscrits.

Puissent les développements que je viens de présenter laisser dans l'esprit du lecteur une idée plus exacte de la marche de la science chimique pendant le cours des âges, depuis ses origines gréco-égyptiennes jusqu'au temps de la première renaissance des études, en France et en Europe, vers le temps de saint Louis! Cette marche a été parallèle à celle des autres sciences : l'esprit humain procède à une même époque, suivant des voies analogues dans les divers ordres. Fondée sous une forme rationnelle, mais avec quelque mélange de chimères, par les Alexandrins, la science ou plutôt la pratique chimique a subsisté pendant les âges barbares, en Orient comme en Occident, à cause des nécessités industrielles. Cependant son évolution théorique a repris d'abord chez les Arabes, disciples des Syriens, qui avaient reçu eux-mêmes la doctrine des Grecs; les idées des anciens, modifiées par les Arabes, ont été réintroduites par eux dans le monde latin, aux xiie et xiiie siècles. Elles y ont pris un essor nouveau, qui s'est poursuivi sans interruption jusqu'à notre temps, où elles ont revêtu une forme absolument scientifique. Mais ce résultat n'a pas été acquis du premier coup : les hommes se dépouillent difficilement de leurs chimères et de leurs espérances, surtout

quand elles sont associées à des conceptions mystiques.

L'appât de la richesse, la prétention décevante de
fabriquer de toutes pièces les métaux précieux, ont
continué, pendant tout le moyen âge, à détourner les
esprits de la science pure et à les maintenir dans une
voie, où la recherche scientifique côtoyait sans cesse
l'illusion, le charlatanisme, et même l'escroquerie.
C'est ainsi que l'alchimie a poursuivi son cours, s'enri-
chissant sans cesse de faits et de doctrines nouvelles,
jusqu'au jour où la clarté définitive s'est faite tout
d'un coup; le système véritable, qui préside aux métamorphoses de corps, ayant été découvert par Lavoisier. Ce jour-là, la connaissance de la constitution de la matière a fait un pas que nulle déduction
purement logique n'aurait pu accomplir, et elle est
sortie du cadre des conceptions antiques. Les vieux
éléments, réputés jusqu'alors des êtres véritables, ont
passé dans la catégorie des phénomènes, et la métaphysique d'autrefois en a été profondément troublée.
Une science à la fois antique et moderne, la chimie, a
pris dans l'ensemble des connaissances rationnelles
une place que les doctrines suspectes dont elle était
mélangée lui avaient fait jusque-là contester. Mais
c'est à tort que les savants de la fin du XVIII° siècle,
dans l'enthousiasme de leur triomphe, ont cru pouvoir

faire table rase, en chimie comme ailleurs, des opinions et des faits acceptés avant eux. C'est là une prétention qui s'est d'ailleurs reproduite plus d'une fois en chimie, même de notre temps; prétention injuste et illusoire, parce qu'elle méconnaît à la fois la continuité et la faiblesse de l'esprit humain. Ce n'est que par des efforts graduels et incessants, en traversant bien des mécomptes, des erreurs et des préjugés, qu'il parvient à la connaissance de la vérité. Aujourd'hui nous pouvons juger les choses avec plus d'impartialité, et le moment est venu de restituer à l'histoire de la civilisation les longs travaux de nos prédécesseurs et d'apprécier les services qu'ils ont rendus à la fois aux arts pratiques et à la philosophie naturelle.

PAPIN

ET LA MACHINE A VAPEUR

Il y a plusieurs places pour les élus dans la maison de Dieu, et il y a plusieurs rangs dans la science, parmi les hommes dont les noms ont passé à la postérité. Les rangs dépendent à la fois de la grandeur des problèmes résolus, ou abordés; de la force intellectuelle et inventive des auteurs; enfin de l'importance des résultats pratiques, laquelle n'est pas nécessairement proportionnelle à la difficulté des problèmes. L'opinion, — c'est-à-dire le jugement que chacun se fait des découvertes, soit parmi les gens compétents, soit parmi le public, — joue aussi un rôle dans la distribution des réputations. Du vivant des hommes, et même plus tard, cette opinion dépend, dans une certaine mesure, de l'art avec lequel ils ont su cultiver leur gloire, grossir leurs propres travaux, en passant sous silence, ou en amoindrissant systématiquement ceux de leurs prédécesseurs et de leurs contemporains; tandis que d'autres savants, tels que Papin, ignorent ces artifices. La gloire dépend encore, à toute époque, de ces données légendaires, par lesquelles les Grecs excellaient à grandir leurs compatriotes, ainsi que de cette rivalité moderne des écoles scientifiques et des nationalités, cherchant à s'attribuer le principal honneur des progrès de la civilisation.

Ce sont là des éléments multiples, qui interviennent surtout quand il s'agit des génies de second ordre, tels que Papin. Chacun les pèse à sa propre balance, et l'estime que l'on en fait varie avec les temps et les lieux.

Cependant on doit reconnaître que la réputation de Papin, un peu effacée au siècle dernier, a brillé dans le nôtre d'un nouvel éclat, à la suite des recherches qui ont établi complètement son rôle au début des inventions dont est sortie la machine à vapeur de notre temps, — et spécialement l'application de cette machine à la direction des vaisseaux. L'enthousiasme excité par ces grandes découvertes, qui ont multiplié dans une proportion presque miraculeuse les effets du travail humain et transformé toutes les industries et l'art du commerce par terre et par mer, n'est pas encore éteint; il a amené les esprits curieux à l'examen des degrés successifs, suivant lesquels la science

tchnique et appliquée est parvenue à les réaliser.

Arago, entre autres, a retracé d'une façon magistrale
l'histoire de la machine à vapeur, il y a soixante ans
(*OEuvres d'Arago*, t. V). Déjà le rôle de Papin, comme
promoteur primitif de ce que l'on appelait alors la
pompe à feu, est signalé dans l'*Encyclopédie* de Diderot et d'Alembert (t. XIV, p. 167 et 169, édition de
Genève, 1878). Mais la pompe à feu n'était pas encore
devenue la machine à vapeur moderne.

Nulle question n'est définitivement vidée, ni dans
l'histoire, ni dans la science. Il y a toujours lieu à une
revision, et il est même nécessaire de la faire à de
certains intervalles : des documents nouveaux inter-
venant sans cesse, qui modifient les premières opinions.

Nous en rencontrerons quelques-uns au cours de
ce récit, soit dans la connaissance exacte des textes
anciens, soit dans la trouvaille imprévue des renseignements nouveaux, relatifs au bateau à vapeur de
Papin; renseignements qu'Arago n'avait pas connus et
qui viennent fournir un plus solide appui à ses jugements.

Reconnaissons pourtant qu'à son époque on tran-
chait ces questions de priorité par des appréciations
peut-être trop absolues; les grandes inventions, dans
l'ordre pratique surtout, étant graduelles, et leur

mise en œuvre reposant sur une progression de détails et de perfectionnements, qui ne permettent pas d'en attribuer toute la gloire, ni même parfois la gloire principale, à une personnalité unique. La vérité en cette matière consiste dans le récit impartial et critique des travaux et des idées qui se sont succédé, appuyés les uns sur les autres.

La marche des sciences impose même une réserve plus générale, et qui s'applique à toute découverte. L'intérêt que nous attachons aujourd'hui à ce qui touche la machine à vapeur, à cause de l'universalité de son emploi, est certes plus grand que celui attribué il y a cent ans à la pompe à feu ; mais peut-être cet intérêt diminuera-t-il dans l'avenir, le jour où la machine à vapeur, — engin de transformation assez imparfait, en somme, de l'énergie des agents naturels, — viendrait à faire place à quelque autre appareil, mieux approprié à leur utilisation, et plus conforme aux théories nouvelles de la thermodynamique. Le transport à distance des forces naturelles par l'électricité a déjà détrôné la vapeur, sur plus d'un point ; néanmoins il est incontestable que celle-ci dirige encore en souveraine la marche des chemins de fer, des navires, et de la plupart des industries. Jusqu'ici la reconnaissance que nous devons aux savants et aux ingénieurs qui ont créé la machine à vapeur, par la lente évolution de

leurs réflexions et de leurs expériences, demeure justifiée dans toute son étendue.

Papin a joué un rôle capital dans cette création. Ce
sont Salomon de Caus et Papin qui en ont signalé les
idées maîtresses, à savoir l'application du ressort de
la vapeur pour élever l'eau (1615) ; et surtout la construction d'une machine à feu, pourvue d'un piston, où
la force élastique de la vapeur est combinée avec la
propriété de cette vapeur de se condenser par le froid,
en produisant un vide qui fait intervenir la pression
atmosphérique. Or cette machine est décrite dans un
mémoire latin, publié par Papin dans les *Acta eruditorum*, *Lipsiæ*, en 1690. Il a prévu en même temps et
signalé les applications de sa machine à toutes sortes
de travaux, et il a réalisé, avec le concours de cette
même machine, le premier bateau à vapeur connu,
bateau détruit par la ghilde des bateliers du Weser
en septembre 1707. Quels qu'aient été les immenses
progrès accomplis après les publications de Salomon
de Caus et de Papin, d'abord par Savery et d'autres, et
surtout par le puissant génie de Watt, et par celui des
ingénieurs du XIXᵉ siècle, c'est un devoir pour tout
historien de la science de reconnaître les titres des
premiers inventeurs ; alors surtout que leur existence,
telle que celle de Papin, s'est écoulée dans l'agitation
d'espérances sans cesse renouvelées et sans cesse

déçues, et terminée au sein de l'abandon, de.l'obscurité et de la misère.

J'ai été engagé à reprendre cette étude par la suite de mes recherches sur la science antique, sur sa transmission au moyen âge, sur l'invention des matières explosives, et.sur les engins de mécanique et d'artillerie employés aux xive et xve siècles. Mais la cause occasionnelle de la présente étude a été la publication intitulée : *la Vie et les Ouvrages de Denis Papin*, commencée en 1869 par de la Saussaye, et poursuivie récemment par M. de Belenet, officier d'infanterie. Quatre volumes ont déjà paru, quatre autres nous sont promis. Je crois remplir un devoir envers un zèle si méritoire, en présentant les fruits de mes réflexions sur la nouvelle publication.

Je retracerai d'abord le tableau des inventions multiples de Papin, afin d'en montrer le caractère général, tel qu'il fut et dut être compris de ses contemporains : on se rendra mieux compte ainsi des circonstances et des fautes qui ont troublé sa vie et amené ses malheurs. Puis je rapporterai brièvement sa biographie et je terminerai en m'attachant à la suite des idées et des travaux qui l'ont conduit à trouver la machine à vapeur.

I. — LES INVENTIONS

Le nom de Papin, sans être celui d'un génie supérieur, tel que Galilée, Newton, Lavoisier, ou même
Cavendish, Ampère ou Laplace, mérite cependant de
rester dans la mémoire des hommes, en raison de sa
valeur propre et du temps où il a accompli ses travaux. Le xviie siècle est l'une des époques critiques de
l'humanité moderne : c'est le moment où les sciences
commencent à apercevoir les lois générales de la physique et de la mécanique, celui où elles s'essaient à
sortir des laboratoires pour mettre ces lois en œuvre,
dans la pratique des diverses industries; préludant
ainsi au vaste développement des applications des
théories scientifiques auquel nous assistons aujour-
d'hui, ainsi qu'à la puissance et au bien-être chaque
jour, croissants qui en résultent pour les races européennes. Il est intéressant d'en examiner les commencements. A ce point de vue, les expériences et les
imaginations mêmes de Papin, le jugement qu'en ont
porté ses contemporains, enfin ses relations personnelles avec quelques-uns des plus distingués d'entre
eux, tels que Boyle, Huygens et Leibnitz, sont très
dignes de notre attention.

Disons d'abord que la caractérisque de Papin n'est

pas celle d'un savant pur : il n'a découvert aucun principe général en physique, ou en mathématiques; ses idées même n'y sont pas toujours justes, et il a soutenu contre Leibnitz, sur la question des forces vives, une controverse où il n'a pas témoigné une reconnaissance suffisante de l'infériorité de son génie, comparé à celui de son adversaire. Cependant, je le répète, on ne saurait lui contester le mérite d'avoir développé avec opiniâtreté tout un ensemble d'idées et de tentatives, qui ont servi de base à la découverte des machines à vapeur. Papin est en réalité un inventeur demi-scientifique, demi-industriel, fécond en propositions de tout ordre, les unes neuves et ingénieuses, les autres médiocres ou banales, quelques-unes chimériques.

Afin de mettre le talent d'expérimentateur de Papin dans son jour et d'en bien montrer la valeur positive. nous parlerons d'abord de l'une de ses premières inventions, celle du *digesteur*, ou marmite autoclave, qui porte son nom et qui l'a conservé jusqu'à notre temps, où il est encore en usage. C'est l'appareil qu'il a le plus complètement étudié et réalisé; son origine vient d'une idée de Boyle, l'un des maîtres de Papin. Mais c'est ce dernier qui lui a donné sa forme et son véritable caractère. La publication de sa description eut lieu d'abord en Angleterre, en 1681, sous le titre

suivant : *A new digestor, or engine for softening bones,
containing the description of its make and use in coo-.
kery, voyages at sea, confectionary making of drinks,*
etc. (London, 1681); puis, l'année suivante, en France,
sous un titre un peu différent : *La manière d'amollir
les os et de faire cuire toutes sortes de viandes en fort
peu de temps et à peu de frais.* (Paris, 1682).

Le « digesteur » de Papin a joué un rôle historique
important, tant au point de vue pratique qu'au point
de vue scientifique. Au point de vue pratique, il a été
employé pendant le xviiie siècle et la première moitié
du xixe, conformément aux idées de l'inventeur, pour
cuire les aliments, et surtout pour extraire des os leur
gélatine, destinée à servir de nourriture dans les hôpi-
taux. On avait fondé sur son emploi toute une théorie
chimico-physiologique de la digestion. Après un si
long usage aux dépens de l'estomac des indigents et
des malades, l'appareil eut un étrange retour de fortune; on s'avisa, il y a un demi-siècle, de contester les
propriétés nutritives de la gélatine. Les expériences de
Magendie et d'autres amenèrent à des conclusions
négatives, et cette pratique du digesteur tomba. On l'a
remplacé par la mise en œuvre des extraits de viande,
faits à des températures bien plus basses, et dont l'emploi, tantôt efficace, tantôt illusoire, suivant les conditions
de fabrication, a soulevé aussi bien des discussions.

26.

La marmite de Papin n'est cependant pas restée
dans l'oubli. Cet appareil est le premier type industriel de ceux où l'on opère au moyen d'une vapeur,
sous une charge supérieure à la pression atmosphérique. Papin l'avait pourvu d'une disposition protec-
trice, qui le caractérise et qui est restée dans toutes
nos machines à vapeur : je veux parler de la soupape
de sûreté, destinée à limiter la pression intérieure, de
façon à prévenir les explosions. Reproduisons les
paroles mêmes de l'auteur :

« Pour connaître la quantité de pression, on ajuste
sur le couvercle une verge de fer, munie d'un poids
glissant sur un anneau et portant sur une soupape
garnie de papier, mise en communication par un étroit
orifice avec le cylindre d'enveloppe. » Il calcule
ensuite, d'après la longueur du bras de levier, la pression exercée sur la surface de la soupape. La limite
de pression dans son appareil étant environ de
9 atmosphères, elle répondrait à une température voisine de 175°, température à laquelle les matières animales sont décomposées, et dépouillées de toute vertu
comestible. Mais, en fait, l'appareil de Papin fonction-
nait vers 4 atmosphères; c'était encore trop. Dans les
usages domestiques, on ne doit pas dépasser 2 ou
3 atmosphères, et lorsque Papin cuisait des pâtés ou
des pigeonneaux, il restait certainement dans ces

limites. On se tient même au-dessous, dans la prépa-ration des boîtes de conserves alimentaires.

L'autoclave, plus ou moins modifié, a été ainsi con-servé par l'industrie, et il continue également à être employé journellement dans les laboratoires de physio-logie, comme très commode pour développer en vase clos une température de 120 à 130 degrés, capable de tuer les microbes et de jouer le rôle de stérilisateur : c'est là, je crois, aujourd'hui, dans l'industrie, comme dans la science, son principal usage.

Le grand effort de Papin s'est tourné ensuite vers les applications du vide, dont il avait étudié la produc-tion dès ses débuts, dans les laboratoires de Huygens et de Boyle. Il a entrepris d'en tirer une force motrice générale, c'est-à-dire d'utiliser l'effort et le travail de la pression atmosphérique. J'y reviendrai plus loin, en exposant l'historique de la machine à vapeur. Mais en ce moment je m'attacherai surtout à donner une idée du mouvement d'esprit de Papin, en indiquant la suite de ses inventions.

C'est ainsi qu'il propose tour à tour des machines à extraire l'eau des mines, à faire monter l'eau des rivières dans des réservoirs et pour l'arrosage des jar-dins : problèmes fort en honneur aux XVIᵉ et XVIIᵉ siècles, époque où chaque prince élevait des palais, et où Louis XIV construisait Versailles, le plus vaste et le plus magnifique, sinon le plus parfait de tous.

Papin cherche aussi à appliquer la force motrice du vide pour faire marcher des voitures sur terre et sur eau ; pour lancer, toujours par la force du vide, des grenades à quatre-vingt-dix pas. Il imagine un long tube, destiné à transporter à distance la force motrice du vide : à peu près comme nous le faisons aujourd'hui pour le transport des lettres dans les tubes pneumatiques. Malheureusement les tubes et jointures d'alors étaient trop imparfaits pour tenir le vide sur de grandes longueurs; ce qui fit échouer l'expérience. On sait comment l'électricité de notre temps a résolu le problème, avec une étendue et une perfection qui rappellent les rêves de la magie. Mais l'électrodynamique n'était même pas soupçonnée en 1680.

A côté de ces vues générales et des projets d'appareils qu'elles suscitaient, Papin, toujours en effervescence, en met en avant une multitude d'autres, destinés à exciter la curiosité des princes et des grands seigneurs allemands, auprès desquels il résidait. Toutefois, en raison même de cette variété perpétuelle de projets nouveaux, pareils à des bulles de savon, qui montent sans cesse briller et crever à la surface de l'eau, l'inventeur ne réussissait guère à se concilier la confiance de ses protecteurs, au degré qu'il fallait pour obtenir les fonds nécessaires à la réalisation de ses

propositions : il s'en plaint même, non sans amertume,
à l'occasion de la construction des machines destinées
à élever l'eau de la Fulda dans un réservoir, pour
l'arrosage des jardins du landgrave de Hesse, à Cassel.
Plus tard il s'en prend, comme tous les inventeurs,
aux ennemis réels ou supposés qu'il avait suscités.
« J'ai lieu de croire que mes ennemis ont encore prévalu », écrivait-il en 1707.

Citons encore quelques-uns de ses projets : il propose des appareils soufflants, propres à entretenir la
flamme sous l'eau, ou bien encore à alimenter la
cloche à plongeur et les bateaux sous-marins, à ven-
tiler les mines, à évaporer l'eau des salines, à fondre
le fer et le verre dans les fourneaux ; des appareils
fumivores, utilisant la combustion de la fumée ; un
procédé pour la conservation des légumes par l'esprit
de soufre (acide sulfureux) ; la fabrication d'une ser-
rure à secrets ; des horloges perfectionnées, réminis-
cence des travaux qu'il avait faits autrefois avec son
vieux maître Huygens ; des chambres à air comprimé,
pour y étudier la vie des animaux et des plantes et
pour traiter les maladies, — idée reprise de nos jours ;
— des lits à sommiers et matelas remplis d'air, au lieu
de plumes, — Leibnitz lui commanda même des cous-
sins de ce genre pour sa voiture ; une disposition pour
déterminer la fulmination de l'eau projetée sur une

plaque de fer rouge, en la frappant au moyen d'un marteau — ce qui répondait sans doute à quelque expérience mal comprise, relative à l'état sphéroïdal.

L'une de ses idées les plus funestes fut celle d'un canon à vapeur pour lancer des projectiles, canon dont l'explosion détruisit son atelier, fit périr plusieurs hommes, et détermina sa disgrâce auprès de son protecteur, le landgrave de Hesse, qui avait failli être enveloppé dans la catastrophe.

Au lieu de s'attacher avec persévérance à la réalisation complète de quelqu'une de ces idées, comme il l'avait fait pour son digesteur, Papin passait sans cesse de l'une à l'autre : ce qui devait à la longue lui faire perdre tout crédit, aucun de ses projets n'aboutissant.

La plupart même n'avaient rien d'original, étant agités également par d'autres inventeurs contemporains. Plusieurs des problèmes qu'ils prétendaient avoir résolus dès la fin du xviie siècle, sont venus jusqu'à notre temps et ils continuent à faire l'objet des brevets pris de nos jours, en excitant toujours les mêmes espérances, la même activité désordonnée des inventeurs, et les mêmes déceptions.

A Londres, vers 1707, il essaya, comme tant d'autres, de faire exploiter l'une de ses découvertes par une compagnie d'actionnaires; mais il ne trouva pas sur la place la confiance nécessaire.

J'ai dû faire ce récit des inventions perpétuelles de
Papin, afin de bien faire connaître son caractère et
l'origine de ses malheurs; mais il faudrait se garder
de l'envisager comme un charlatan, dupe de sa folle
imagination. Les esprits supérieurs d'alors, tels que
Huygens et Leibnitz, ont déclaré plus d'une fois la
valeur personnelle et le mérite de Papin. Leibnitz surtout, qui l'avait connu à Paris, alors que lui-même
était pareillement aux débuts de sa carrière, ne cessait
de l'encourager et essayait même de lui signaler des
perfectionnements, ainsi qu'on le voit dans sa correspondance. Il avait d'autant plus de mérite à le faire
que Papin, irritable, impatient et obstiné, même dans
ses erreurs, lui donne parfois occasion de se plaindre
doucement de son ton et de son aigreur. Mais Leibnitz
était une nature morale trop élevée pour ne pas passer
par-dessus ces inégalités de caractère. Son amitié fut
fidèle à Papin jusqu'au bout. Au milieu de ce flux
d'idées et de projets sans cesse renouvelés, il n'est pas
surprenant que Leibnitz n'ait réussi à intéresser ni le
landgrave de Hesse, ni la Société royale, à l'exécution
des propositions vraiment géniales de Papin, telles
que son bateau mû par la vapeur, le premier de cette
espèce qui ait été construit. Les temps d'ailleurs
n'étaient pas mûrs, ni la science ou l'art d'alors suffi-
sants, pour amener à bonne fin cette ébauche d'une

découverte, qui a exigé plus d'un siècle d'efforts avant de parvenir à son accomplissement.

Aussi, malgré son génie et ses talents pratiques, Papin a-t-il vécu errant et agité, en butte aux inimitiés suscitées par ses prétentions et son caractère, victime douloureuse de sa propre imprévoyance. Sa seule consolation, s'il a pu les pressentir, a dû être sa confiance dans les jugements de la postérité.

II. — LA BIOGRAPHIE

Le moment est venu de retracer brièvement le tableau de cette odyssée, qui devait si tristement finir, avant d'exposer les idées maîtresses qui dirigèrent Papin dans les plus importantes de ses inventions, je veux dire celles relatives à la machine à vapeur.

Né à Blois, d'une famille protestante (22 avril 1647), il suivit dès l'âge de dix-sept ans les cours de la Faculté de médecine de l'Université d'Angers; il fut reçu médecin en 1669. On ne sait s'il exerça cet art; mais deux ans après, en 1671, Huygens, qu'il avait connu à Angers, l'appela à Paris pour l'aider dans les expériences qu'il poursuivait au Louvre, dans les bâtiments de la Bibliothèque du roi. Papin put se livrer, sous cette haute direction, à son goût pour la physique et la mécanique. Les notions nouvelles relatives au vide, qui résultaient des découvertes de Torricelli et des expériences de Pascal, ainsi que les machines à faire le vide, récemment inventées par Otto de Guerike, occupaient alors tous les esprits, celui d'Huygens en particulier ; ce fut là que Papin puisa les notions théoriques et acquit les connaissances pratiques, qu'il mit en œuvre plus tard dans ses inventions. Ce fut aussi à ce moment qu'il se trouva en relation avec Leibnitz, résidant à Paris (1672-1676) comme précepteur du fils du baron de Bornebourg, et contracta avec lui une amitié, que Leibnitz ne cessa de manifester par ses services.

Après avoir publié, en 1674, un premier mémoire sur le vide, consacré en partie à des découvertes de physique pure et en partie à la conservation des fruits, Papin abandonne sa position à Paris pour aller chercher fortune en Angleterre. Peut-être sa qualité de protestant lui fermait-elle dès lors en France l'accès à des situations plus hautes; cependant il ne fait aucune allusion à une semblable circonstance. Il quitta donc la France, bien avant la révocation de l'Édit de Nantes; non à la suite, comme l'ont prétendu quelques-uns de ses biographes.

Lorsqu'il passa en Angleterre, Huygens l'y recommanda. Boyle, à son tour, le prit comme aide et colla-

27

borateur dans son laboratoire (1675-1679); il le fit nommer, en 1680, titulaire de la Société royale, dont il était l'un des fondateurs. En 1681, Papin inventa son digesteur, son œuvre la plus accomplie : la destination en était essentiellement pratique; j'en ai parlé plus haut.

Cependant, au bout de six ans de séjour, au lieu de poursuivre à Londres le lent développement d'une carrière scientifique qui s'annonçait avec quelque éclat, Papin se laissa entraîner vers une nouvelle aventure. Sarotti, chargé d'affaires du Sénat de Venise à la cour d'Angleterre, au moment de retourner dans sa patrie, voulut y fonder ce qu'on appelait alors une Académie, c'est-à-dire une réunion de savants et d'artistes, patronés et pensionnés par lui. Papin accepta ses offres décevantes; et il abandonna, pour le suivre, son titre de membre de la Société royale, tenu à résidence. Après être descendu à Anvers, il fit à Paris, en 1682, une courte visite, la dernière de sa vie, et il alla passer à Venise deux années, qui lui furent de peu d'utilité.

En 1684, Sarotti étant renvoyé en Angleterre par le Sénat, son Académie tomba, et Papin revint à Londres, où la Société royale lui rendit son titre de membre et de « curateur aux expériences de la Société ». Elle y affecta un traitement trimestriel de 190 livres tournois;

traitement modeste, mais suffisant à cette époque
pour assurer à un savant qui débutait le loisir de s'attacher à ses études; il aurait sans doute été accru
avec le temps et le progrès de sa réputation. Papin y
continua ses inventions d'ordre pratique, fondées pour
la plupart sur l'emploi du vide. Mais aucune de ces
inventions ne paraît avoir atteint la période des applications industrielles, au moment où il abandonna
Londres pour l'Allemagne, attiré par de nouvelles
espérances.

Les savants d'alors passaient ainsi d'État en État,
de France en Angleterre, en Allemagne, en Italie, et
réciproquement, — comme le montre l'histoire de
l'Académie des sciences au temps de Louis XIV, —
sans être assujettis à ces liens de nationalité, qui
rendent aujourd'hui de telles mutations, sinon impos-
sibles, du moins de plus en plus rares. Elles le sont
devenues surtout depuis la constitution de l'Italie et
de l'Allemagne en grandes nations; chacun trouvant
plus aisément à faire sa carrière dans son propre pays
que dans les autres, où un étranger rencontre les
difficultés des examens et des grades, sans parler des
situations acquises et des jalousies nationales.

A la suite de la révocation de l'Édit de Nantes par
Louis XIV, les protestants opprimés quittèrent en
foule la France et transportèrent de tous côtés leurs

industries. Le landgrave de Hesse, de même que l'électeur de Brandebourg et les autres princes protestants, cherchèrent à attirer chez eux les proscrits, en leur assurant un bon accueil et divers privilèges. Une partie de la famille de Papin émigra de Blois à Marbourg, et le landgrave, curieux d'inventions scientifiques, pensa à appeler Papin dans ses États. Il lui offrit le titre de professeur de mathématiques à l'Université de Marbourg, avec un émolument de 150 florins; ce qui représentait 1600 à 1700 livres tournois, le double à peu près de la subvention de Papin en Angleterre, plus un éventuel variable. C'était pour l'époque un traitement considérable, équivalant à celui des professeurs de l'enseignement supérieur d'aujourd'hui en France.

Papin se trouvait ainsi, à quarante ans, dans une belle situation et en état de poursuivre ses expériences. Son titre embrassait les sciences physiques. Malheureusement pour lui, il devait faire quatre leçons par semaine, lourde charge pour un homme qui n'avait jamais professé.

A cette époque d'ailleurs, les étudiants s'occupaient surtout de théologie, de droit ou de médecine, seuls enseignements susceptibles d'aboutir à des carrières profitables. Les sciences proprement dites, étant à peu près de nul rapport, n'attiraient personne : aussi le élèves ne tardèrent-ils pas à lui faire défaut. De là des discussions avec le Sénat académique de Marbourg, la prospérité de l'Université et l'éventuel des professeurs étant subordonnés au nombre des élèves. La jalousie excitée par l'introduction de ce nouveau venu dans le corps académique vint sans doute s'y joindre. Cependant il ne faudrait rien exagérer à cet égard ; car les Universités allemandes ont toujours été accoutumées à l'appel de savants étrangers à la localité. Le landgrave était sympathique aux chercheurs et aux esprits distingués et se glorifiait du titre d' « artisan couronné ». Tous ces petits princes allemands rivalisaient entre eux de culture et de goût pour les arts et les sciences, imitant en cela le grand modèle de Louis XIV, et suivant une tradition qui remontait au xvi⁰ siècle et à la Renaissance.

C'est ainsi que Charles de Hesse finit par appeler Papin à résider à Cassel, sa capitale (1695), avec le titre et les honoraires de son conseiller et de son médecin, payés par sa cassette. Il lui maintint en outre son traitement de professeur à Marbourg, malgré l'opposition du Sénat académique, qui se plaignait de ne trouver personne pour faire la suppléance à cause de l'insuffisance de l'éventuel. Papin, en abandonnant ses fonctions de professeur, devenait ainsi complètement dépendant de la faveur personnelle du prince :

situation toujours délicate et qui devait se dérober un jour devant lui.

En 1690, Papin se maria avec sa cousine, devenue veuve deux ans auparavant, et qui avait avec elle sa mère et sa fille. Il prit ainsi de nouvelles charges de famille. On ignore s'il eut des enfants : cet homme, tout occupé de ses idées, ne parle jamais des personnes qui le touchent.

L'année précédente, l'Académie des sciences de Paris avait sanctionné le choix de Papin comme correspondant, désigné par l'abbé Galois : les correspondants d'alors étaient attachés à l'individualité des académiciens et n'avaient pas, comme aujourd'hui, un titre impersonnel ; mais il fallait l'approbation du corps. On voit que Papin était parvenu à une situation considérable dans le monde scientifique de l'époque. Il la conserva pendant vingt ans, publiant sans cesse de nouveaux projets et de nouvelles propositions pour créer la force motrice, projets fondés sur l'emploi du vide et le ressort de la vapeur.

En 1688, c'est une machine à faire le vide, au moyen de la poudre à canon ; en 1690, une autre, dont le vide est produit par la condensation de la vapeur d'eau : c'est déjà la machine à vapeur, et il en indique les applications à l'épuisement des mines, à l'élévation de l'eau et à la marche des chariots et des navires. On

reviendra tout à l'heure avec détail sur ce mémoire,
œuvre principale de Papin. Cependant il s'agissait toujours de projets, ou de modèles en petit : l'exécution
en grand eût exigé des études nouvelles et présenté
des difficultés que Papin semblait à peine soupçonner.
C'est ainsi qu'il exprime la surprise de voir le prince
adopter d'autres appareils que les siens, appareils
plus pratiques sans doute, pour faire monter l'eau de
la Fulda au sommet des tours de son château et
arroser les jardins. Une machine d'épuisement, cons-
truite sous la direction de Papin par l'ordre du landgrave, fut malheureusement emportée par les glaces
de la Fulda. La proposition de sa pompe balistique
pour lancer les grenades à 90 pas, faite successivement
au landgrave, à la Hollande, au Hanovre, en Angleterre, fut refusée de tout le monde, comme inférieure
aux procédés connus de l'artillerie : on croirait lire
l'aventure d'un inventeur de notre époque. Pendant ce
temps, Papin ne cessait de présenter au landgrave des
projets nouveaux, de lui demander les ressources
nécessaires à leur exécution, de se plaindre de ses
collègues, envieux du bruit que faisaient ses expériences et mécontents de voir Papin se décharger sur
eux de sa part du travail collectif. *Negant Mathesim
esse de pane lucrando*, écrivait-il à Leibnitz. Il dut
même réclamer l'intervention du prince dans des

querelles obscures, suscitées au sein de la communauté protestante et qui avaient amené son excommunication par ses coreligionnaires. Le landgrave, sans entrer dans la querelle, y mit fin par des ordres impératifs. Mais, préoccupé par les intérêts de son État et par les besoins de la guerre, perpétuellement entretenue en Europe sous Louis XIV, et qui absorbait toutes les ressources disponibles, Charles Ier finit par ne plus prêter qu'une oreille distraite à ces réclamations continuelles et à ces projets, dont le fruit utile était si rarement atteint. Il était d'ailleurs, suivant un mot de Leibnitz, chancelant dans ses résolutions. « Les princes ont tant de sortes d'occupations qu'ils ne pensent guère aux sciences », écrivait Papin. Les revenus promis étaient, comme il le dit, « difficiles à tirer à cause de la guerre ». Dès 1690, il demandait à Huygens de lui trouver une situation en Hollande.

Cependant, il persistait à suivre ses inventions, lorsque arriva la catastrophe de l'explosion du canon rempli d'eau, explosion qui démolit une parti de l'atelier et blessa mortellement plusieurs personnes. De la Saussaye et les biographes de Papin y voient l'effet de quelque noir complot de ses ennemis. Je ne sais : mais une telle expérience serait dangereuse, même de notre temps, où l'on possède mieux l'art de régler la détente de la vapeur d'eau ; on ne l'exécute-

rait certes pas dans l'intérieur d'un édifice, et l'on
prendrait des précautions, dont Papin ne concevait
peut-être même pas la nécessité. Quoi qu'il en soit, ce
coup lui fut fatal. Les adversaires de sa faveur auprès
du prince affectèrent de regarder Papin comme « un
aventurier, entreprenant sans expérience et par pure
spéculation cent choses diverses, au péril de sa propre
existence et des jours du souverain ».

Abandonnant, sans doute contre son gré, la situation qu'il avait à Cassel, Papin demanda l'autorisation
de se retirer en Angleterre, et elle lui fut accordée,
sans qu'il ait stipulé de dédommagement (1707). Il
avait soixante ans, et il recommençait sa carrière,
moins avancé qu'au moment où Boyle le faisait
nommer en 1680 curateur aux expériences de la
Société royale. Toujours enthousiaste et rempli d'espérances, il voulait vendre à la reine d'Angleterre la
machine de son bateau à vapeur, comme cent ans
plus tard Fulton proposa la sienne à Napoléon : on
voit combien la réalisation pratique était encore loin-
taine. Mais Papin ne se croyait pas moins sûr de son
fait. Il emporta avec lui la chaloupe modèle, destinée à marcher au moyen de la vapeur, et il débuta
par naviguer sur la Fulda, se proposant de faire
démonter sa machine un peu plus loin, pour la
mettre à bord du navire qui traverserait la mer.

27.

C'est ici qu'éclate l'imprévoyance de cet homme de
génie. En arrivant à l'embouchure de la Fulda, pour
passer sur le Weser, on sortait des États du landgrave de Hesse, dont la protection le couvrait, pour
pénétrer dans ceux de l'électeur de Hanovre. Là, la
navigation du Weser était attribuée par monopole à
la ghilde des bateliers, très jalouse d'un privilège
dont elle vivait. Il fallait donc à Papin des autorisa-
tions spéciales pour poursuivre sa navigation. Il les
demanda en effet; mais, malgré une recommandation
de Leibnitz, les bureaux de l'électeur de Hanovre refu-
sèrent catégoriquement, et la ghilde ne fit pas meilleur accueil à la demande. Au lieu de poursuivre ses
négociations, ou au besoin de démonter sa machine
un peu plus tôt, sur les bords de la Fulda même,
Papin, impatienté et se berçant de je ne sais illusion,
s'imagina qu'il pourrait poursuivre quand même et
éluder le privilège des bateliers. Il s'embarqua donc
avec sa famille et quelques bateliers sur son bateau
« sans rames, ni voiles », et pourvu uniquement de
roues; c'est-à-dire dans les conditions les plus propres
à exciter la jalousie et la crainte des possesseurs du
monopole. Nous savons dans le dernier détail ce qui
arriva; car les procès-verbaux, rédigés au bailliage de
Munden, ont été retrouvés et publiés. A peine Papin
est-il descendu à Loch, dans les eaux du Hanovre,

que les bateliers s'emparent de son bateau et déclarent
qu'il est devenu la propriété de la ghilde. Malgré une
tentative impuissante du bailli pour le protéger, le
bourgmestre délivre l'ordre de saisie. Elle a lieu au
milieu des lamentations de la famille de Papin. On
brise la chaloupe et la machine, et on en vend aussitôt sur place les matériaux aux enchères, le quart
du produit étant prélevé pour le compte de l'électeur
de Hanovre, suivant l'usage. « Le bonhomme de passager, — dit le bailli, qui n'avait pas réussi à le sau-
ver, — s'éloigna sans proférer une plainte. »

Cette aventure, quelle qu'ait été la témérité de
Papin, est certes l'une des plus tragiques que rapporte
le martyrologe des inventeurs. Mais, par l'un de ces
retours inattendus que comporte l'histoire, elle est
devenue la preuve la plus forte que l'on puisse invoquer pour établir que Papin est le premier inventeur
du bateau à vapeur et qu'il en avait réellement construit un, dès l'an 1707.

Ses traverses n'étaient pas finies. Arrivé à Londres,
il n'y retrouva plus Boyle, ni ses anciens amis : la
mort lui avait enlevé ses protecteurs. On lui rendit
bien ses vieilles fonctions de curateur aux expériences
de la Société royale, mais sans traitement fixe et avec
des indemnités irrégulières. Une lettre de Papin, datée
du 16 mai 1709, adressée au docteur Sloane, secré-

taire de la Société, « manifeste l'humble désir de recevoir dix livres sterling ». Le pain de l'exil est amer, disait Dante, et ses escaliers sont durs à monter. Dans une autre lettre au même, datée du 31 décembre 1711, Papin supplie cette même Société, « dont il ne saurait trop louer les bontés passées », et pour laquelle il travaillait, « de faire attention que depuis près de sept mois qu'il vaque à ses expériences, avec le dévouement de l'homme le plus honnête et selon sa capacité, il a vécu sans une pièce de monnaie, forcé de s'épargner les aliments et toutes les choses indispensables à la vie. » Et il ajoute : « Ne se voyant pas en état de rendre ses devoirs » au délégué de la compagnie, « il est forcé de se tenir celé dans une demeure inconnue ». Sa famille même paraît à ce moment avoir été chercher ailleurs des moyens d'existence, peut-être à Cassel, où il lui restait des parents : car il n'en est plus question davantage dans le récit de ses misères.

Cependant il persévérait dans ses projets, et il demanda en 1708 à la Société royale, avec l'appui d'une lettre de Leibnitz, son aide pécuniaire pour faire exécuter l'invention du bateau mis en mouvement par le feu. Newton était alors président : l'invention lui fut renvoyée. Mais les plus puissants génies sont rarement les plus sympathiques aux souffrances

des autres, ou les plus prompts à les encourager.
Newton proposa d'étudier graduellement l'invention
de Papin, par des expériences aussi simples et aussi
peu coûteuses que possible, en raisonnant sur ces
expériences. L'avis était sage, mais peu propre à
encourager le malheureux. Ces expériences, telles
quelles, ont-elles eu lieu? Nulle trace ne s'en retrouve
dans les archives et les papiers d'alors.

Privé de toutes ressources et réduit à « mettre ses
machines dans le coin de sa pauvre cheminée », Papin
paraît avoir quitté Londres en 1712 et être retourné
en Hollande, puis en Allemagne. En 1714, il se trouvait à Cassel, d'après la correspondance de Leibnitz,
où ce dernier le recommande encore à un ami, en
disant « qu'il a un mérite qui certainement n'est pas
ordinaire ». C'est la dernière trace que l'on ait de
Papin, qui s'éteignit dans l'oubli. Son asile suprême
est inconnu, ainsi que la date de sa mort.

Parlons maintenant des compensations posthumes
que lui réservait la destinée : je veux dire l'invention
qui a perpétué sa mémoire, la machine à vapeur.

III. — LA MACHINE A VAPEUR

Le souffle de l'air, dit Aristote, provient de l'action
combinée du sec et de l'humide. L'élément liquide

infiltré dans la terre, et réchauffé par le soleil et par
le feu interne, produit les tremblements de terre.
Sénèque explique de même ceux-ci par l'action de la
vapeur des eaux bouillonnantes, échauffées par le
foyer souterrain. Ces idées générales furent traduites
en expériences par les physiciens grecs d'Alexandrie,
dont les œuvres sur ce point nous sont parvenues,
compilées par Héron d'Alexandrie dans le traité des
Pneumatiques. Il y démontre entre autres l'existence
réelle de l'air par une expérience. En submergeant un
vase à orifice renversé, l'eau n'y pénètre pas; mais
si l'on perce un trou dans la partie supérieure, l'eau
remplit le vase et l'air s'échappe, en produisant un
souffle facile à percevoir.

Soumet-on l'eau à l'action du feu, dit encore Héron,
elle se change en air, — en gaz, pour nous, — et ce
changement, se renouvelant sans cesse par l'action du
feu, détermine les mêmes mouvements que les fluides
atmosphériques.

De là deux expériences : l'une consiste à faire danser
une boule légère, placée sur l'orifice étroit d'une chaudière; l'autre, à faire tourner une boule creuse, dans
l'axe de laquelle pénètre un courant de vapeur d'eau,
qui s'échappe par deux tubes, fixés sur l'équateur de
la boule et recourbés à angle droit, en sens inverse
l'un de l'autre. C'est le premier appareil (éolipyle)

fondé sur la force motrice de la vapeur d'eau, qui soit connu.

Héron en décrit beaucoup d'autres, où le mouvement est produit, tantôt par la compression de l'air, développée en vase clos par une introduction d'eau; tantôt par la dilatation de l'air échauffé, lequel refoule l'eau contenue dans une certaine capacité. Telle est notamment la machine suivante, destinée à ouvrir les portes d'une chapelle, au moment où l'on allume le feu du sacrifice, et à les refermer, quand le feu est éteint. L'autel sur lequel on allume le feu est creux et communique par en bas avec un vase contenant de l'eau. L'air échauffé exerce sur cette eau une pression, laquelle refoule l'eau par un siphon dans un autre vase, suspendu à des cordes et tenu en équilibre par un contrepoids. L'eau refoulée augmente le poids du vase où elle tombe et soulève le contrepoids : celui-ci, par un jeu de cordes et de poulies, fait ouvrir les portes du sanctuaire. Quand le feu est éteint, l'air enfermé sous l'autel se contracte : la pression diminue dans le vase inférieur; le siphon fonctionne en sens inverse et y fait repasser l'eau qu'il avait perdue. Par suite, le vase suspendu s'allège, le contrepoids s'abaisse et referme les portes de la chapelle.

C'est ainsi que les propriétés et les ressorts de l'air et de la vapeur d'eau étaient appliqués par les physi-

ciens anciens, soit à des jeux d'enfants, tels que l'éolipyle, soit à des fraudes sacerdotales. Le nombre et la
variété de celles-ci, énumérées sans réflexion par
Héron d'Alexandrie, comme faciles à produire en vertu
des propriétés physiques de l'air, est considérable.
Les détails rapportés par ce savant s'accordent avec
ceux qui nous sont donnés par les *Philosophumena*
et les auteurs ecclésiastiques, ainsi que par les alchimistes grecs (phosphorescence nocturne des pierres
précieuses, et, suivant d'autres auteurs, des statues
des divinités ; enduits pour rendre les prêtres incombus-
tibles, etc.). La fraude jouait alors, comme l'histoire
le prouve, un grand rôle dans l'accomplissement des
miracles destinés à frapper l'imagination du vulgaire.

Mais nul, chez les Grecs ou les Romains, n'avait
l'idée de chercher dans les propriétés des corps la
source de forces motrices, avec l'intention d'épargner
le labeur humain. Les citoyens, dispensés par l'institution de l'esclavage de la dure loi du travail manuel,
méprisaient celui-ci ; à l'exception des cas où il s'applique à la guerre, ou à l'agriculture. C'était l'époque
où Aristote légitimait l'esclavage, en disant que la
navette ne pouvait pas marcher toute seule : il n'avait
pas la pensée que l'on pût la faire marcher à l'aide
des forces naturelles. L'Église a conservé pendant
tout le moyen âge ce dédain du travail servile,

regardé comme la punition du péché originel. Aussi
les savants d'Alexandrie ne tournèrent-ils pas de ce
côté leurs réflexions.

L'art de la guerre fut le seul auquel leurs découvertes firent faire de notables progrès, consignés vers
le temps de la guerre du Péloponèse dans le traité
d'Eneas Tacticus, et depuis, dans de nombreux
ouvrages grecs et latins. Les légendes que les Romains
ont concentrées sur le nom d'Archimède et sur le
siège de Syracuse, où ils éprouvèrent les effets inattendus et effrayants de ces machines et artifices, doivent être reportées en réalité sur plusieurs générations de géomètres et de mécaniciens. Mais aucun de
ces progrès, dans l'antiquité, n'a reposé sur une
force motrice empruntée aux gaz ou aux vapeurs : c'est
seulement l'invention du feu grégeois qui a conduit
plus tard les observateurs à constater avec surprise
la force d'impulsion des matières explosives et à en
tirer la poudre à canon[1].

Dans le long intervalle qui sépare les Ptolémées de
Salomon de Caus, nous ne trouvons que deux ou trois
faits, révélant quelque application de la force de la
vapeur. L'un est une anecdote d'Agathias, d'après
lequel Anthemius, le savant architecte de Sainte-

1. Voir l'article que j'ai consacré à cette question, dans la
Revue des Deux Mondes, du 15 août 1891.

Sophie, se serait amusé à ébranler l'appartement de
son ennemi, Zenon, par la pression de la vapeur d'eau ;
l'autre rentre dans ces fraudes de prêtres, signalées
plus haut.

On trouva vers le xvᵉ siècle, au château de Rothenbourg, ensevelie sous les décombres, une vieille idole
en bronze, appelée depuis *Entpustend* ou *Pustorich*
(le Souffleur), et qui paraît être l'image de Perun ou
Perkunas, divinité wendo-slave présidant aux phénomènes atmosphériques. C'est une statue creuse, dont
la tête porte en guise de bouche un orifice annulaire,
et un autre orifice plus petit au sommet. Elle pouvait
être fixée à un poteau, à l'aide d'une chaîne. Cette
statue fut achetée en 1522 par le châtelain de Son-
dershausen, lieu où elle est restée. D'après la tradition, cette idole, remplie d'eau et mise sur un brasier,
vomissait des flammes et brûlait les maisons et les
vergers des Saxons thuringiens, lorsque ceux-ci refu-
saient aux prêtres une part des récoltes auxquelles
Perun présidait. Divers essais furent faits dans les
temps modernes, pour en vérifier les propriétés. Le
premier eut un dénoûment fatal : l'idole incendia le
château de Rothenbourg. Au deuxième essai, la statue
se renversa et l'eau qu'elle contenait éteignit le feu.
En 1817, Ludloff, conservateur du musée de Sonders-
hausen, combina mieux son expérience. L'idole étant

remplie d'eau aux trois quarts et placée sur un foyer, ses orifices bouchés d'ailleurs avec de fortes chevilles, au bout de quelque temps elle se prit à mugir; puis la cheville de la bouche sauta avec bruit, et un jet de vapeur, accompagné de sifflements aigus, s'élança à 30 ou 40 pieds de distance, en enveloppant tout l'espace environnant d'un brouillard épais, qui couvrit une vaste surface.

Quittons la région des merveilles pour rentrer dans l'ordre scientifique. On a coutume de citer, à propos des machines à vapeur, quelques phrases vagues de Roger Bacon sur les vaisseaux, qui parcourront un jour les mers sans rameurs, et sur les chars rapides, destinés à marcher sans le secours d'aucun animal : c'étaient les rêves d'un enthousiaste, entrevoyant la puissance future de la science. Mais on ne saurait pas y chercher plus de réalité que dans les prophéties de Sénèque le Tragique, sur les terres situées au delà de l'*ultima Thule*.

En 1826, de Navarette a publié, dans la *Correspondance astronomique de Zach*, une note, soi-disant originaire des archives de Simancas, d'après laquelle un nommé Blasco de Garay aurait proposé, en 1543, une machine pour faire aller les navires sans rames ni voiles. La force motrice de la machine est demeurée inconnue; en outre, ce qui est plus grave, le docu-

ment en question n'a jamais été publié, ni même vu
depuis, par aucune personne digne de foi. Jusque-là,
il sera prudent de réserver son jugement.

Peut-être le lecteur me permettra-t-il de rapprocher
de cette annonce les textes authentiques suivants, qui
figurent dans un manuscrit latin (n° 197) de la Bibliothèque royale de Munich. C'est un manuscrit à figures,
relatif à l'artillerie et aux arts mécaniques, avec
légendes en vieil allemand; sa date est voisine de
l'an 1430. J'en ai reproduit, par photogravures, et
publié avec commentaires vingt-cinq pages, dans les
Annales de physique et de chimie (6e série, t. XXIV,
1891). Au folio 17 verso (p. 456 de la publication),
on voit un bateau à roues, sans rameurs, et la légende
suivante : « Ceci est un bateau avec quatre roues à
aubes, desservies par 4 hommes... Ce navire peut
porter 20 hommes d'armes... Le vaisseau doit être
couvert pour qu'on ne puisse voir les hommes. Sur
le devant, il aura un éperon de bataille, et de chaque
côté, une pointe secondaire et un canon. Cela s'appelle
un vaisseau de combat, et les gens de Catalogne s'en
servent pour être les maîtres des autres vaisseaux. »

Valturius (*De Re militari*, 1472) figure aussi des
bateaux avec un couple, et même avec cinq couples de
roues. On voit que les bateaux naviguant sans voiles

et sans rames (apparentes) existaient bien avant les
bateaux à vapeur.

La Renaissance ayant remis au jour les anciens
auteurs, l'expérience de l'éolipyle frappa plus d'un
savant et d'un ingénieur, comme démonstration de la
force de la vapeur. On fit même divers essais pour en
tirer des applications : tel, par exemple, un tourne-
broche, mû directement par un éolipyle, imaginé en
1597, d'après R. Stuart (*A descriptive history of the
Steam Engine*), et un moulin à poudre, décrit dans un
ouvrage imprimé à Rome en 1629, par Branca, ingénieur et architecte de la Santa Casa di Loreta. Dans
ce moulin, la vapeur d'eau, chassée par un orifice,
communique l'impulsion à une roue dentée et, par
suite de divers engrenages, aux deux pilons chargés
de broyer les substances dont se compose la poudre
de guerre. Dans un autre appareil similaire, c'est un
courant d'air chaud qui donne l'impulsion. Depuis
deux siècles et plus cette question des machines à
poudre préoccupait beaucoup les ingénieurs, en raison
de l'importance toujours croissante de l'artillerie.

Disons en passant que l'on constate ici la transformation d'un mouvement rotatoire en un mouvement
alternatif, et par conséquent la possibilité de réaliser
le changement inverse. Cette transformation est donc
connue depuis longtemps. On la trouve, d'ailleurs,

également dans la figure d'un moulin à poudre, dessiné dans le manuscrit de Munich, écrit vers 1430, manuscrit dont j'ai déjà parlé, et l'on pourrait sans doute remonter plus haut.

Quoi qu'il en soit de ce problème, dont la solution a été attribuée à tort aux inventeurs des machines à vapeur, on voit que l'action motrice de la vapeur d'eau, mise en œuvre dans le moulin à poudre cité plus haut, s'exerçait directement et à la façon du vent dans les moulins ordinaires. Jusqu'ici nous sommes toujours dans le même ordre d'idées qu'avec l'éolipyle.

En tout cas, la date de publication de l'ouvrage de Branca (1629) est postérieure de quinze ans à celle du livre de Salomon de Caus. La même remarque s'applique à une petite fontaine jaillissante de Kircher, jeu de physique analogue à la fontaine de Héron, mais fondé sur l'impulsion de la vapeur d'eau. Kircher, né en 1602, n'avait que douze ans, lors de la publication de l'ingénieur français, et l'impression du *Museum kircherianum* eut lieu seulement en 1719.

L'évêque anglais Wilkins, né en 1614, l'un des fondateurs de la Société Royale, dans un ouvrage publié en 1648, c'est-à-dire postérieur de trente-quatre ans à celui de Salomon de Caus, a traité également des éolipyles et de l'application du courant d'air projeté par leur étroit orifice, pour activer ou concentrer la chaleur dans la fonte du verre et des métaux, ainsi que pour faire marcher la broche à rôtir. Ce sont toujours là des variantes de l'éolipyle; elles montrent que son rôle n'est pas négligeable dans la suite historique de nos inventions. Il a reparu de nos jours, dans des conditions toutes nouvelles, sous la forme de la turbine à vapeur.

Mais une connaissance plus claire de la force élastique de la vapeur et des effets directs développés par sa pression, même sans écoulement, avait déjà été signalée antérieurement aux publications précédentes, dans un ouvrage de Salomon de Caus, intitulé : *les Raisons des forces mouvantes*, imprimé à Francfort en 1614, puis à Paris en 1624.

Salomon de Caus (c'est-à-dire originaire du pays de Caux, près Dieppe) était un habile homme, ingénieur du roi et architecte, fort instruit, de grande réputation en son temps, mort à Paris du temps de Louis XIII. On lui a forgé, en 1834, une légende imaginaire, échafaudée sur une fausse lettre de Marion de Lorme, d'après laquelle il aurait inventé la machine à vapeur et été enfermé comme fou à Bicêtre. Cette légende, hâtons-nous de le dire, n'a aucun fondement. Plus heureux que Papin, Salomon de Caus a vécu considéré et chargé d'entreprises profitables, par la faveur des princes; il savait les servir d'une façon efficace. C'est

lui qui a décoré le parc du prince de Galles, à Riche-
mond, et les admirables jardins de l'électeur à Hei-
delberg. Il connaissait l'art d'élever et de diriger l'eau,
pour lui faire produire des arrosements, des jets
d'eau, des sources et des cascades. Dans son ouvrage
intitulé : *les Raisons des forces mouvantes*, résumé de
ses connaissances sur l'art d'élever l'eau, il indique en
passant, comme l'un des artifices praticables : « l'aide
du feu, dont il se peut faire par diverses machines ».
Il rappelle d'abord, comme un fait bien connu, qu'une
boule close, remplie d'eau et mise sur le feu, ne tarde
pas à crever avec explosion; puis il cite, à titre
d'exemple particulier de la force de la vapeur pour
élever l'eau, l'emploi d'une boule de cuivre, avec orifice
latéral pour introduire l'eau, et tuyau vertical, soudé
à la partie supérieure; l'un et l'autre, pourvus d'un
robinet. En mettant la boule sur le feu, l'eau montera
par le tuyau : le tout avec figure à l'appui. Il est clair
qu'il s'agit ici d'un principe et d'un appareil schéma-
tique, comme nous disons aujourd'hui, plutôt que
d'une machine utilisable sous cette forme même dans
la pratique. Salomon de Caus était un ingénieur trop
rompu aux difficultés de celle-ci, pour ne pas voir les
imperfections d'un appareil aussi primitif.

Quoi qu'il en soit, il ne paraît pas moins certain que
c'est là le plus ancien énoncé, clair et formel, du

principe de la force élastique, sur lequel repose la machine à vapeur. Il n'était guère d'ailleurs possible d'aller plus loin, à une époque où l'on ignorait les lois mêmes de l'élasticité de l'air, ainsi que de celle de la vapeur d'eau, les lois de la détente, enfin la possibilité de réaliser le vide et le rôle de la pression atmosphérique.

Que dire à cet égard du marquis de Worcester, pour lequel on a souvent revendiqué la gloire d'avoir inventé la machine à vapeur? C'était, d'après Walpole son contemporain, un mécanicien de pure fantaisie, infatué d'idées chimériques, qu'il a consignées dans un ouvrage intitulé : *A century of inventions* (1663). Il y propose une machine destinée à élever l'eau à l'aide du feu, c'est-à-dire par l'action de la vapeur d'eau; c'est précisément le problème résolu en principe par Salomon de Caus : la machine de Worcester semble dériver de l'appareil de ce dernier. Mais la description de la machine de Worcester, de l'aveu commun, est inintelligible : soit par l'effet d'une ambiguïté volontaire, destinée à cacher le secret de ses dispositions; soit par suite de l'ignorance du marquis, la proposition étant due à un collaborateur du métier, dont l'aide lui aurait manqué ensuite pour fabriquer l'appareil. Aussi, les auteurs anglais les plus éclairés, tels que Robert Stuart, déclarent-ils aujourd'hui que

« les droits du marquis au titre d'inventeur se rédui-
sent aux éloges emphatiques qu'il fait lui-même de
l'avantage et des propriétés miraculeuses de ses inventions. S'il est vrai qu'il ait fait quelque découverte et
qu'il ait essayé de l'utiliser, en faisant construire une
machine, il est vrai aussi de dire qu'il ne reste pas
plus de traces de la découverte que de la machine
elle-même. L'opinion la plus probable est qu'il n'a fait
ni l'une ni l'autre. »

C'est ainsi que nous arrivons jusqu'au temps de
Papin, le premier qui ait exécuté des recherches
méthodiques, dont le détail soit constaté par des documents datés et imprimés, sur l'application en vase
clos de la vapeur d'eau à des machines industrielles.
Son point de départ est intéressant à signaler. En
effet, il ne chercha pas d'abord à appliquer le ressort
de la vapeur elle-même, n'ayant pris que plus tard la
question par ce côté. Aux débuts, ce que Papin tâche
d'utiliser, c'est la force motrice due à l'action du vide,
c'est-à-dire à la pression atmosphérique.

Ce nouveau point de vue était la conséquence des
découvertes qui venaient d'être faites en physique par
Torricelli, Pascal et Otto de Guericke. On a souvent
raconté cette histoire; mais il est nécessaire de la
résumer en deux mots, comme préambule. C'était une
vieille doctrine que la nature ne souffre pas le vide.

Héron d'Alexandrie, pour ne parler que des auteurs déjà cités dans cette étude, n'admet pas l'existence d'un vide parfait, groupé de façon à former un espace aggloméré; mais seulement celle d'un vide disséminé par interstices dans l'air, le feu, l'élément liquide, etc. On sait comment les fontainiers de Florence connaissaient par la pratique l'impossibilité d'élever par des pompes aspirantes l'eau au-dessus de 32 pieds. Galilée, interrogé par eux, s'en tira par une réponse vague et illusoire. Mais son élève, Torricelli, trouva la véritable explication, en montrant que dans un tube rempli de mercure et retourné dans une cuvette, ce métal ne s'élève qu'à 28 pouces : la hauteur des colonnes d'eau et de mercure ainsi soulevées est en raison inverse de la densité de ces liquides et elle mesure une seule et même force, la pression atmosphérique. — Pascal vérifia cette grande découverte, en répétant l'expérience sur une montagne, telle que le Puy de Dôme, et Otto de Guericke l'appliqua à produire le vide, à l'aide de pompes, dans un espace confiné : c'est l'inventeur de la machine pneumatique.

Les idées des physiciens et des philosophes furent aussitôt modifiées par ces grandes découvertes. Au point de vue mécanique entre autres, il en résultait cette conséquence inattendue et surprenante que tous les corps placés sur la terre éprouvent une pression

énorme; car elle équivaut au poids d'un kilogramme
environ par centimètre carré. De là une multitude
d'expériences, instituées pour vérifier l'existence de
cette pression et en déduire les conséquences; de là
aussi une étude approfondie des diverses machines et
procédés propres à produire le vide. Huygens et Boyle,
les maîtres de Papin, y ont consacré bien du temps,
et Papin, sous leur direction, apprit à les connaître. Il
eut l'idée d'en tirer une force motrice, applicable à
diverses industries; cette idée, commune d'ailleurs à
plus d'un physicien contemporain, le guida dans ses
premiers travaux. Il suffit en effet, après avoir fait le
vide sous un piston ajusté à l'entrée d'un corps de
pompe, de laisser agir la pression atmosphérique,
pour disposer d'une action équivalente à celle d'un
poids, facile à calculer d'après ce qui précède; ce poids
agit pendant un intervalle mesuré par la longueur du
corps de pompe. On pouvait ainsi faire monter l'eau;
opération qui préoccupait à la fois les ingénieurs pré-
posés à des mines sans cesse envahies, et les architectes chargés de construire les jardins de Versailles;
on pouvait encore mettre en mouvement les moulins,
lancer des projectiles, etc. Bref, on était conduit à
chercher à remplacer les forces naturelles spontanées,
telles que celles des cours d'eau ou du vent, par un
agent plus facile à régier.

Il s'agissait donc de découvrir des procédés commodes et économiques pour faire le vide et pour le renouveler, au fur et à mesure, de façon à développer la force motrice d'une manière continue. L'emploi du travail des hommes ou des animaux, pour produire le vide destiné à servir d'agent moteur, constituait une sorte de cercle vicieux ; car il était évidemment préférable d'utiliser ce travail directement. Il en est de même des forces hydrauliques, qui furent un moment proposées.

On crut trouver le nouvel agent dans la poudre à canon. L'abbé d'Hautefeuille la proposa ; Huygens en étudia l'emploi (1681), et Papin à sa suite. Son mémoire : *De novo pulveris pyrii usus*, publié dans les *Acta eruditorum* de Leipsick, en septembre 1688, renferme la description d'une machine à faire le vide au moyen de la poudre à canon. Celle-ci, enflammée à l'aide d'une « mèche d'Allemagne » (cordeau), de longueur suffisante, chassait par son explosion l'air contenu sous le piston et qui sortait par une soupape. Puis le piston, en s'abaissant, soulevait un poids : dans une expérience de Huygens, ce poids s'éleva à 1200 livres environ. Quoi qu'il en soit du principe, cet appareil fonctionna mal, surtout quand il s'agit d'en renouveler les effets. Il fallait régler le poids de la poudre, sous peine de déterminer l'explosion du corps de pompe ;

28.

l'inflammation même était périlleuse pour la personne chargée d'introduire périodiquement la cartouche. La soupape ne se fermait pas à temps, de façon à laisser sortir tout l'air au moment de l'inflammation, et sans qu'il en rentrât aussitôt après. La poudre même, ce qu'on ne savait pas bien alors, développe des gaz. Bref, après des expériences réitérées à Marbourg et à Londres, le procédé fut abandonné. Il n'a été repris que de notre temps, au moyen, non de la poudre, mais des machines à gaz, qui permettent de mieux régler l'inflammation, la dilatation et la détente : ces machines n'ont réussi qu'après la découverte d'une série de lois physiques et chimiques, ignorées au XVIIe siècle.

C'est alors que Papin conçut son idée géniale, celle de l'emploi de la vapeur d'eau pour soulever le piston. Il n'y vit d'abord que la production du vide; mais il ne tarda pas à apercevoir le rôle principal de la vapeur. En effet, il écrit à Leibnitz : « Outre la succion dont je me servais, j'emploie la force de la pression que l'eau exerce sur les corps, en se dilatant par sa vaporisation. »

Dans son enthousiasme sur la puissance nouvelle qu'il entrevoit, il s'écrie : « Une livre d'eau a plus de puissance qu'une livre de poudre à canon. »

Cette phrase exprimait ses espérances et ses illusions. Il convient de nous y arrêter un moment, pour montrer combien peu Papin soupçonnait l'origine première des forces qu'il cherchait à mettre en jeu; ses idées théoriques ne s'élevaient pas au-dessus d'un certain niveau, et les temps d'ailleurs n'étaient pas venus. Il y a fallu toutes les découvertes de la chimie et de la thermodynamique.

Parlons d'abord de la livre d'eau. En soi, prise à la température ordinaire, elle ne fournira pas d'autre force que celle qui résulte de son poids. Pour lui en communiquer d'autres, il faut l'échauffer, c'est-à-dire y introduire une énergie étrangère, celle de la chaleur. Celle-ci résulte le plus ordinairement des énergies chimiques, tirées de la combustion, c'est-à-dire de la combinaison de l'oxygène de l'air avec le carbone et l'hydrogène des combustibles. Ce sont ces derniers, dont Papin parle à peine, qui, par leur réaction sur l'oxygène atmosphérique, sont la véritable source de la force développée par la machine à vapeur.

En principe, cette force introduite dans une livre d'eau pourrait être regardée comme susceptible d'un accroissement indéfini; mais en pratique elle est fort limitée, ne présentant dans nos machines à haute pression qu'un travail utilisable, équivalant au maximum à six unités de chaleur environ, et qui opère avec développement d'une pression de huit atmosphères.

La force emmagasinée dans la poudre à canon et dans les matières explosives est d'une autre nature et d'une intensité plus grande. Observons d'abord que leur énergie réside toute en elles-mêmes. Dans la plupart des cas, elle est développée par une combustion interne; les comburants et les combustibles se trouvant associés dans un même mélange, comme la poudre noire, ou mieux, dans une même combinaison, comme la nitroglycérine, ou la poudre-coton. Cette énergie n'est pas d'ailleurs illimitée, ou sans limite connue, ainsi que le supposent trop souvent des inventeurs ignorants. Les limites de la force des matières explosives sont données par une théorie certaine et faciles à calculer : il suffit de connaître la nature chimique des réactions produites par l'explosion, le volume des gaz et la quantité de chaleur qu'elles développent.

Pour la poudre à canon, cette énergie totale est cinq fois aussi grande que celle qui est emmagasinée dans l'eau liquide, portée de 100 à 170°, au sein d'une chaudière. Pour la nitroglycérine, elle est onze fois aussi grande. La portion même de cette énergie utilisable dans les armes à feu est bien plus considérable que celle fournie par l'eau de nos machines. D'après les données de MM. Sebert et Hugoniot, elle répondrait, pour une livre de poudre noire, à 160 unités de chaleur; c'est-à-dire qu'elle serait vingt-cinq fois plus considérable que celle de l'eau enfermée dans nos machines. En outre, elle développe une pression de 2400 atmosphères dans les canons, c'est-à-dire trois cents fois plus grande.

Sans entrer dans plus de détails sur ce sujet, qui nous mènerait trop loin, on voit quelle était la grandeur des illusions de Papin, nées de l'ignorance où l'on était alors sur le véritable rôle de la chaleur, sur les lois de la détente et surtout sur la nature de la combustion. Elles n'enlèvent rien d'ailleurs à l'importance des découvertes de Papin.

Il avait bien vu que ce qu'il n'avait pas réussi à réaliser avec la poudre, il allait le faire avec la vapeur d'eau. Les expériences exécutées avec son digesteur lui avaient à la fois appris la puissance réelle de cet agent et les moyens à employer pour le mettre en œuvre, pour le diriger, et même pour se tenir en garde contre l'excès de son action. Aussi la découverte de Papin ne repose-t-elle pas sur un simple énoncé, ou sur l'indication sommaire d'un principe. Mais il a décrit en détail sa méthode et sa machine, dans l'ouvrage qui a pour titre : *Nova methodus ad vires motrices validissimas levi pretio comparandas* (*Acta eruditorum, Lipsiæ*, septembre 1690).

Il l'a réimprimé en 1695, en français, à Cassel, dans

son *Recueil de diverses pièces*, sous le titre suivant : *Nouvelle manière de produire à peu de frais des forces mouvantes extrêmement grandes*. Papin y indique en ces termes le principe de sa machine : « Comme l'eau a la propriété, étant par le feu changée en vapeurs, de faire ressort comme l'air et ensuite de se recondenser si bien par le froid, qu'il ne lui reste plus aucune apparence de cette force de ressort, j'ai cru qu'il ne serait pas difficile de faire des machines dans lesquelles, par le moyen d'une chaleur médiocre et à peu de frais, l'eau ferait le vide parfait. » — « On voit, dit-il encore, combien cette machine, qui est si simple, pourrait former de prodigieuses forces et à bon marché. Car on sait qu'une colonne d'air qui s'appuie sur un tuyau d'un pied de diamètre pèse presque 2 000 livres. » Et aussitôt, apercevant avec quelle promptitude une idée scientifique se change en applications industrielles : « Cette invention se pourrait appliquer à tirer l'eau des mines, jeter des bombes, ramer contre le vent. Cette force serait préférable à celle des galériens pour aller vite en mer. »

La machine à vapeur était une chose trop compliquée pour être instituée ainsi subitement, de toutes pièces et par un même homme. Voici, à mon avis, et d'accord avec Arago, ce que l'on est autorisé à regarder comme l'œuvre personnelle de Papin.

En 1690, Papin a conçu la possibilité de faire une machine à vapeur et à piston; il a décrit un appareil remplissant ces conditions, où il combinait la force élastique de la vapeur d'eau avec la propriété de cette vapeur de se condenser par le froid, en laissant vide l'espace qu'elle occupait. De là résulte une double force motrice, l'une attribuable à la force élastique de la vapeur, l'autre à la pression atmosphérique : la machine de Papin les utilisait toutes deux. Elle avait double effet, avec deux corps de pompe. Elle était disposée de façon à transformer un mouvement rectiligne en un mouvement de rotation continu, suivant des artifices connus depuis plusieurs siècles, et qui ont été encore perfectionnés depuis. La soupape de sûreté est due aussi à Papin.

Tels sont les titres essentiels de Papin. Leur publication et leur description sont antérieures de plusieurs années aux brevets anglais pris par Savery en 1698, puis par Newcomen, Cawley et Savery en 1705, brevets dont les auteurs empruntèrent à Papin l'idée du piston mû par la vapeur et celle de la condensation de cette dernière. Cela résulte non seulement de la publicité incontestable des travaux de Papin en 1690 et 1695, mais aussi des relations de Newcomen avec Hookes, par qui il avait eu une connaissance raisonnée de l'invention de Papin.

Mais ce que Papin n'avait pas réussi à obtenir, c'est-à-dire l'application de la machine à vapeur à l'industrie, les artistes anglais y parvinrent. Il fallait pour cela, reconnaissons-le hautement, qu'à un inventeur proprement dit, homme à projets, confiné dans ses ateliers privés, succédassent des ingénieurs proprement dits, rompus aux traditions de l'industrie. C'est là le mérite réel des Anglais, qui rendirent pratiques les machines de Papin, à l'aide de dispositions techniques bien mieux appropriées.

Il convient de mettre ici les choses au point et de les présenter sous leur jour véritable. Autre chose est la priorité scientifique, qui appartient à Papin, et la propriété industrielle, sanctionnée par la législation des brevets, qui fut dévolue à Savery, Newcomen et Cawley. Aucun reproche ne saurait être adressé à ces derniers, quelque dure que cette législation pût paraître au premier inventeur. Dès lors la machine à vapeur commença à se répandre, vers 1710. Cependant le nouvel engin n'a pris tout son essor qu'à la suite des travaux de Watt (1769). Watt est, à proprement parler, le second fondateur de la machine à vapeur.

Ce n'est pas ici le lieu de refaire l'histoire complète de cette machine, devenue désormais étrangère à son premier inventeur. Mais il y aurait une extrême injustice à oublier de dire que Papin a le premier appliqué son invention à la marche des navires, ainsi qu'il en annonçait le projet dès 1690. Il a construit le premier bateau à vapeur qui ait navigué, bateau dont nous avons rappelé plus haut la catastrophe.

Tandis qu'il a pu voir les premières applications de sa machine à l'industrie, applications cruelles pour lui, parce qu'elles étaient faites par d'autres, qui ne lui en ont su aucun gré, il devait au contraire s'écouler plus d'un demi-siècle, jusqu'au moment où Périer et le marquis de Jouffroy renouvelèrent des essais, qui devaient aboutir à transformer tout le système de la navigation.

Les chariots à vapeur, que Papin avait aussi entrevus comme en rêve, et dont il avait bien jugé la difficulté supérieure à celle des bateaux, sont venus plus tard encore. Papin et ses contemporains ne soupçonnèrent pas l'invention des rails, nécessaires à la marche des chemins de fer, et la génération à laquelle j'appartiens se souvient encore d'avoir assisté à leur construction.

Nulle histoire peut-être ne marque mieux que celle-ci la progression des industries modernes, qui transforment les sociétés humaines; comment elles ont pour point de départ et pour base essentielle les travaux de théorie pure des savants, tels que Galilée et Torricelli, qui découvrent les faits et les principes fondamentaux dans leurs laboratoires; puis viennent

29

les inventeurs d'applications scientifiques, personnages inquiets et tourmentés, mélange de gens recommandables, de charlatans et d'esprits chimériques, qui
aperçoivent les applications, sans toujours réussir à
les réaliser; jusqu'au jour où les ingénieurs, qui eux
n'ont ni trouvé les faits ou les principes, ni même
deviné leurs applications, réussissent à les mettre en
œuvre, par des procédés vraiment pratiques, empruntés
leur expérience technique : ils les réalisent enfin, à
leur profit particulier et pour celui de la société. Il est
rare que ces trois rôles, et même que deux d'entre
eux, soient joués par une seule et même personne. De
là tant de mécomptes et de protestations. En principe
et en justice abstraite, la part légitime et idéale en
quelque sorte des profits des inventions devrait être
partagée entre ces trois catégories de personnes :
savants purs, inventeurs industriels d'applications
scientifiques, et ingénieurs praticiens. Mais en fait,
elle finit d'ordinaire par échoir entièrement à la dernière. Trop heureux si le bénéfice définitif n'aboutit
pas à un dernier larron, pour parler comme le fabu-
liste, je veux dire au spéculateur avisé qui, sans avoir
fait aucun effort intellectuel, attend le moment où la
fourniture du capital, nécessaire à la réalisation et
produit par l'argent des autres, lui permet d'absorber
à son propre avantage tout le fruit des travaux des

véritables créateurs. Ainsi va le monde; la plainte
désespérée des inventeurs de génie, tels que Papin,
n'a pas encore réussi à changer leur destin :

Desine fata Deùm flecti sperare precando :

et je ne sais si la nouvelle organisation rêvée par
les socialistes, leur assurera un meilleur avenir.

EN L'AN 2000 [1]

MESSIEURS

Je vous remercie d'avoir bien voulu nous inviter à votre banquet et d'avoir réuni dans ces agapes fraternelles, sous la présidence de l'homme dévoué au bien public qui est assis devant moi, les serviteurs des laboratoires scientifiques, parmi lesquels j'ai l'honneur de compter depuis bientôt un demi-siècle, et les maîtres des usines industrielles, où se crée la richesse nationale. Par là vous avez prétendu affirmer cette alliance indissoluble de la science et de l'industrie, qui caractérise les sociétés modernes. Vous en avez le droit et le devoir plus que personne, car les industries chimiques ne sont pas le fruit spontané de la nature : elles sont issues du travail de l'intelligence humaine.

1. Discours de M. Berthelot, prononcé au Banquet de la Chambre syndicale des produits chimiques, le 5 avril 1894.

Est-il nécessaire de vous rappeler les progrès accomplis par vous pendant le siècle qui vient de s'écouler? La fabrication de l'acide sulfurique et de la soude artificielle, le blanchiment et la teinture des étoffes, le sucre de betterave, les alcaloïdes thérapeutiques, le gaz d'éclairage, la dorure et l'argenture, et tant d'autres inventions, dues à nos prédécesseurs? Sans surfaire notre travail personnel, nous pouvons déclarer que les inventions de l'âge présent ne sont certes pas moindres : l'électrochimie transforme en ce moment la vieille métallurgie et révolutionne ses pratiques séculaires; les matières explosives sont perfectionnées par les progrès de la thermochimie et apportent à l'art des mines et à celui de la guerre le concours d'énergies toutes-puissantes; la synthèse organique surtout, œuvre de notre génération, prodigue ses merveilles dans l'invention des matières colorantes, des parfums, des agents thérapeutiques et antiseptiques.

Mais, quelque considérables que soient ces progrès, chacun de nous en entrevoit bien d'autres : l'avenir de la chimie sera, n'en doutez pas, plus grand encore que son passé. Laissez-moi vous dire à cet égard ce que je rêve : il est bon d'aller en avant, par l'acte quand on le peut, mais toujours par la pensée. C'est l'espérance qui pousse l'homme et lui donne l'énergie des grandes actions; l'impulsion une fois donnée, si on ne réalise pas toujours ce qu'on a prévu, on réalise quelque autre chose, et souvent plus extraordinaire encore : qui aurait osé annoncer, il y a cent ans, la photographie et le téléphone?

Laissez-moi donc vous dire mes rêves : le moment est propice, c'est après boire que l'on fait ses confidences. On a souvent parlé de l'état futur des sociétés humaines ; je veux, à mon tour, les imaginer, telles qu'elles seront en l'an 2000 : au point de vue purement chimique, bien entendu ; nous parlons chimie à cette table.

Dans ce temps-là, il n'y aura plus dans le monde ni agriculture, ni pâtres, ni laboureurs : le problème de l'existence par la culture du sol aura été supprimé par la chimie! Il n'y aura plus de mines de charbon de terre, ni d'industries souterraines, ni par conséquent de grèves de mineurs! Le problème des combustibles aura été supprimé, par le concours de la chimie et de la physique. Il n'y aura plus ni douanes, ni protectionnisme, ni guerres, ni frontières arrosées de sang humain! La navigation aérienne, avec ses moteurs empruntés aux énergies chimiques, aura relégué ces institutions surannées dans le passé! Nous serons alors bien prêts de réaliser les rêves du socialisme... pourvu que l'on réussisse à découvrir une chimie spirituelle, qui change la nature morale de l'homme aussi

profondément que notre chimie transforme la nature
matérielle!

Voilà bien des promesses; comment les réaliser?
C'est ce que je vais essayer de vous dire.

Le problème fondamental de l'industrie consiste à
découvrir des sources d'énergie inépuisables et se
renouvelant presque sans travail.

Déjà nous avons vu la force des bras humains rem-
placée par celle de la vapeur, c'est-à-dire par l'énergie
chimique empruntée à la combustion du charbon; mais
cet agent doit être extrait péniblement du sein de la
terre, et la proportion en diminue sans cesse. Il faut
trouver mieux. Or le principe de cette invention est
facile à concevoir : il faut utiliser la chaleur solaire, il
faut utiliser la chaleur centrale de notre globe. Les
progrès incessants de la science font naitre l'espérance
légitime de capter ces sources d'une énergie illimitée.
Pour capter la chaleur centrale, par exemple, il suffirait de creuser des puits de 4 à 5 000 mètres de profondeur : ce qui ne surpasse peut-être pas les moyens
des ingénieurs actuels, et surtout ceux des ingénieurs
de l'avenir. On trouvera là la chaleur, origine de toute
vie et de toute industrie. Ainsi l'eau atteindrait au fond
de ces puits une température élevée et développerait
une pression capable de faire marcher toutes les
machines possibles. Sa distillation continue produi-

rait cette eau pure, exempte de microbes, que l'on recherche aujourd'hui à si grands frais, à des fontaines parfois contaminées. A cette profondeur, on posséderait une source d'énergie thermoélectrique sans limites et incessamment renouvelée. On aurait donc la force partout présente, sur tous les points du globe, et bien des milliers de siècles s'écouleraient avant qu'elle éprouvât une diminution sensible.

Mais revenons à nos moutons, je veux dire à la chimie. Qui dit source d'énergie calorifique ou électrique, dit source d'énergie chimique. Avec une telle source, la fabrication de tous les produits chimiques devient facile, économique, en tout temps, en tout lieu, en tout point de la surface du globe.

C'est là que nous trouverons la solution économique du plus grand problème peut-être qui relève de la chimie, celui de la fabrication des produits alimentaires. En principe, il est déjà résolu : la synthèse des graisses et des huiles est réalisée depuis quarante ans, celle des sucres et des hydrates de carbone s'accomplit de nos jours, et la synthèse des corps azotés n'est pas loin de nous. Ainsi le problème des aliments, ne l'oublions pas, est un problème chimique. Le jour où l'énergie sera obtenue économiquement, on ne tardera guère à fabriquer des aliments de toutes pièces, avec le carbone emprunté à l'acide carbonique, avec l'hydrogène pris à l'eau, avec l'azote et l'oxygène tirés de l'atmosphère.

Ce que les végétaux ont fait jusqu'à présent, à l'aide de l'énergie empruntée à l'univers ambiant, nous l'accomplissons déjà et nous l'accomplirons bien mieux, d'une façon plus étendue et plus parfaite que ne le fait la nature : car telle est la puissance de la synthèse chimique.

Un jour viendra où chacun emportera pour se nourrir sa petite tablette azotée, sa petite motte de matière grasse, son petit morceau de fécule ou de sucre, son petit flacon d'épices aromatiques, accommodés à son goût personnel ; tout cela fabriqué économiquement et en quantités inépuisables par nos usines ; tout cela indépendant des saisons irrégulières, de la pluie, ou de la sécheresse, de la chaleur qui dessèche les plantes, ou de la gelée qui détruit l'espoir de la fructification ; tout cela enfin exempt de ces microbes pathogènes, origine des épidémies et ennemis de la vie humaine.

Ce jour-là, la chimie aura accompli dans le monde une révolution radicale, dont personne ne peut calculer la portée ; il n'y aura plus ni champs couverts de moissons, ni vignobles, ni prairies remplies de bestiaux. L'homme gagnera en douceur et en moralité, parce qu'il cessera de vivre par le carnage et la destruction des créatures vivantes. Il n'y aura plus de

distinction entre les régions fertiles et les régions stériles. Peut-être même que les déserts de sable deviendront le séjour de prédilection des civilisations
humaines, parce qu'ils seront plus salubres que ces
alluvions empestées et ces plaines marécageuses,
engraissées de putréfaction, qui sont aujourd'hui les
sièges de notre agriculture.

Dans cet empire universel de la force chimique,
ne croyez pas que l'art, la beauté, le charme de la vie
humaine soient destinés à disparaître. Si la surface
terrestre cesse d'être utilisée, comme aujourd'hui, et
disons-le tout bas, défigurée, par les travaux géométriques de l'agriculteur, elle se recouvrira alors de
verdure, de bois, de fleurs ; la terre deviendra un vaste
jardin, arrosé par l'effusion des eaux souterraines, et
où la race humaine vivra dans l'abondance et dans la
joie du légendaire âge d'or.

Gardez-vous cependant de penser qu'elle vivra dans
la paresse et la corruption morale. Le travail fait partie
du bonheur : qui le sait mieux que les chimistes ici
présents? Or, il a été dit dans le livre de la Sagesse :
« Qui accroît la science accroît le travail ». Dans le
futur âge d'or, chacun travaillera plus que jamais. Or,
l'homme qui travaille est bon, le travail est la source
de toute vertu. Dans ce monde renouvelé, chacun travaillera avec zèle, parce qu'il jouira du fruit de son

travail; chacun trouvera dans cette rémunération légitime et intégrale, les moyens pour pousser au plus haut point son développement intellectuel, moral et esthétique.

Messieurs, que ces rêves ou d'autres s'accomplissent, il sera toujours vrai de dire que le bonheur s'acquiert par l'action, et dans l'action poussée à sa plus haute intensité par le règne de la science.

Telle est mon espérance, qui triomphe du monde, suivant le vieux mot chrétien; tel est notre idéal à tous! C'est celui de la Chambre syndicale des Produits chimiques. Je bois au travail, à la justice et au bonheur de l'humanité!

FIN

TABLE

—

298-09.— Coulommiers. Imp. PAUL BRODARD. — 13-09.

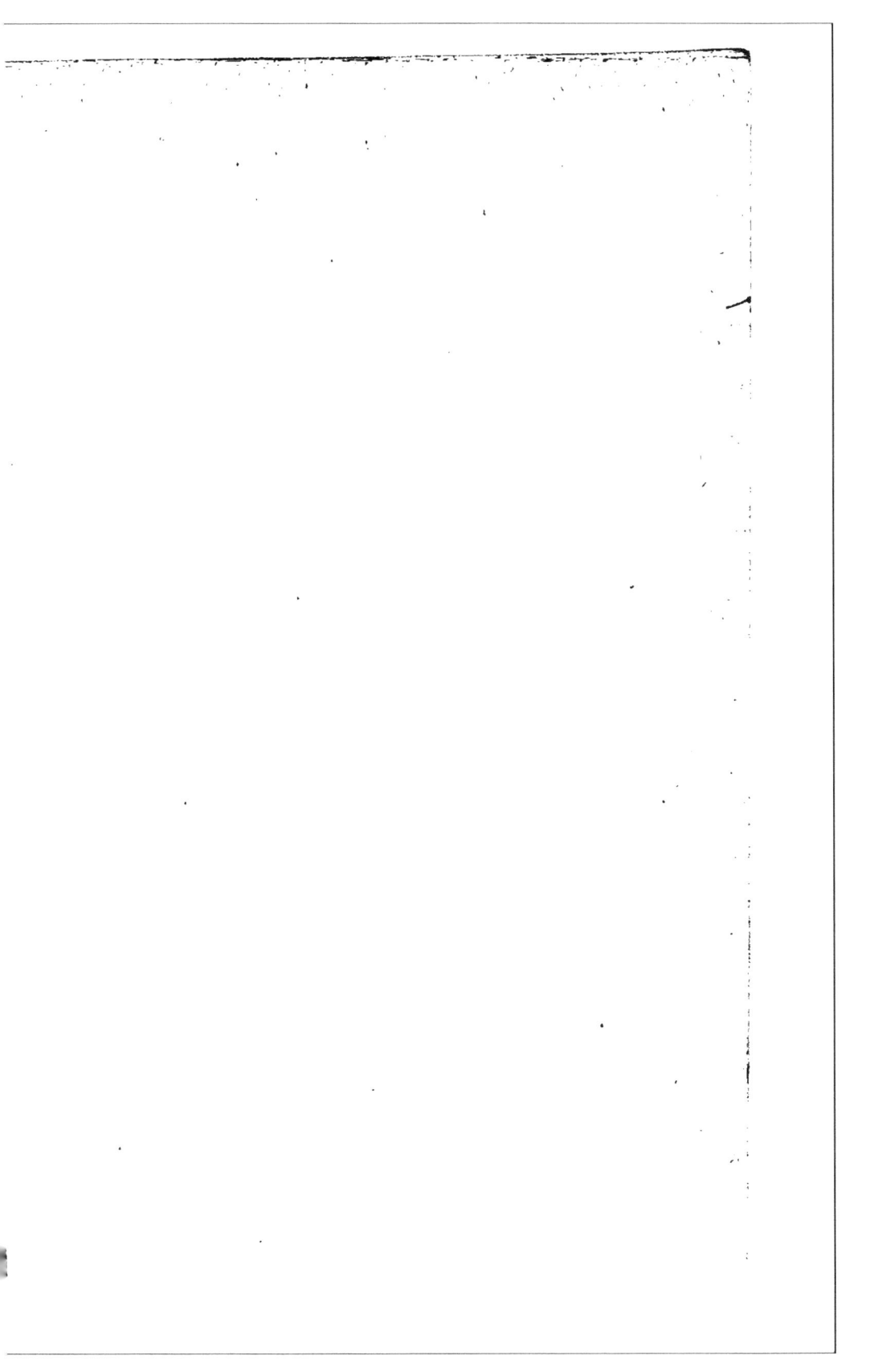

www.ingramcontent.com/pod-product-compliance
Lightning Source LLC
Chambersburg PA
CBHW060911220326
41599CB00020B/2920